# HORMONE

## Die chemischen Boten des Körpers

Lawrence Crapo



Erschienen bei Spektrum der Wissenschaft in Heidelberg

HORMONE

Dieses Buch ist meinem Freund Timothy Beckett gewidmet, dessen viel zu früher Krebstod mich tief getroffen hat. Sein unerschütterlicher Mut, seine außerordentlichen Fähigkeiten als Arzt und sein fortwährend freundliches Wesen bleiben unvergessen.

# Inhalt

# Vorwort

Vor einigen Jahren ging ich in San Francisco mit ein paar Freunden, die mit mir an einer wissenschaftlichen Tagung teilnahmen, in ein chinesisches Restaurant. Wie immer wartete ich am Ende des Mahls auf einen jener dünnen gefalteten Glückskekse, die in ihrem Inneren auf einem Papierstreifen einen der Sprüche bergen, deren flüchtiger Hauch von Weisheit uns den Tag verschönen kann. Diesmal jedoch riß mich eine geradezu niederschmetternde Botschaft aus meiner dem guten Essen zuzuschreibenden allgemeinen Zufriedenheit: „Unnachgiebig in der Meinung, aber immer in der falschen!"

Dieser aufrüttelnde Spruch hängt nun an der Tür zu meinem Arbeitsraum, um mich und alle anderen, die eintreten, an jene eigentümliche Leidenschaft zu erinnern, der gerade Akademiker so gerne frönen. Mit jener Warnung im Hinterkopf habe ich mich bei der Abfassung dieses Buches über Hormone und andere Botenstoffe sehr bemüht, wissenschaftliche Fakten über Meinungen zu stellen, auch wenn der Text dadurch für Leser, die nicht mit dem Gebiet vertraut sind, gelegentlich etwas schwierig wird.

Viele der Themen, die auf den folgenden Seiten erörtert werden, unterliegen einem schnellen Wandel, dessen Triebfeder die außerordentliche Produktivität zahlreicher Forschungslabors in der ganzen Welt ist. So werden sich einige der in diesem Buch dargelegten Vorstellungen sicherlich innerhalb der nächsten fünf oder zehn Jahre als veraltet erweisen. Trotzdem bin ich solchen sich rasch entwickelnden Teilgebieten nicht ausgewichen; ich empfinde sie als faszinierend, und ich möchte mit diesem Buch den Leser an meiner Begeisterung für die Botenstoffe und ihre Bedeutung für unser Leben teilhaben lassen.

Entscheidend unterstützt haben mich bei dieser Aufgabe Jane Bavelas und Miriam Miller, die bei der redaktionellen Bearbeitung des Manuskriptes keine Mühe scheuten. Die Klarheit der Darstellung, die schließlich erreicht wurde, geht zu einem großen Teil auf ihre ausführlichen Kommentare zurück. Außerdem möchte ich Laura Ackerman-Shaw und Pamela Manley für ihre Hilfe bei den Abbildungen und meiner Frau Kathy für ihre Unterstützung danken.

Erwähnen muß ich aber auch unseren Hund Alyosha, der, auf dem Teppich ausgestreckt, manch endlose Nacht mit mir verbrachte. Dem fragenden Blick aus seinen großen Samojedenaugen, mit denen er mich unentwegt anstarrte, war zu entnehmen, daß er sich nie im klaren darüber war, ob ich eigentlich genau wußte, was ich da tat, und wann es wieder etwas zu fressen geben würde.

Lawrence Crapo
Stanford-Universität
August 1985

# Die Evolution von Botenstoffen

*Die Evolution geht vor wie ein Bastler, der ein Werkstück über Millionen und Abermillionen Jahre bearbeitet und es unaufhörlich nachbessert, indem er hier etwas wegschneidet, dort ein Teil verlängert und jede Gelegenheit ergreift, sein Werk neuen Verwendungszwecken anzupassen ... Die Evolution schafft keine Neuheiten aus dem Nichts. Sie arbeitet an dem, was bereits existiert; entweder wandelt sie ein System ab, um ihm neue Funktionen zu verleihen, oder sie kombiniert mehrere Systeme miteinander, um daraus ein leistungsstärkeres zu machen.*

François Jacob,
*Evolution and Tinkering*

Ein größeres Gedränge kann man sich kaum vorstellen. Wie eine Stadtautobahn am späten Freitagnachmittag ist unser Kreislaufsystem buchstäblich vollgestopft mit Botenstoffen. Eine endlose Flut von Hormonen strömt vorbei – alle auf der Suche nach Rezeptoren in entfernten Zielgeweben, wo sie innerhalb der Zellen eine Kaskade lebenserhaltender Prozesse auslösen werden. Wie ein Meer von Automobilen auf dem Weg zu ihren Bestimmungsorten sehen wir die Hormone vorüberziehen, die überall regulierend eingreifen und die instrumentale Besetzung für das komplizierteste physiologische Netzwerk liefern, das die Natur je hervorgebracht hat. Das Thyroxin aus der im Hals gelegenen Schilddrüse, das die Stoffwechselrate kontrolliert, ist unterwegs zu seinen Rezeptoren, die an vielen verschiedenen Zellen des Körpers zu finden sind. Daneben steuert das Cortisol aus der Nebenniere seine Zielorgane an. Das Wachstumshormon befindet sich auf dem Weg von der Hirnanhangsdrüse zur Leber, um dort die Produktion von Wachstumsfaktoren anzukurbeln. Hinzu kommen das Parathormon, das unseren Calciumhaushalt reguliert, das Insulin, das für den richtigen Blutzuckerspiegel sorgt, und viele andere mehr – eine ganze Heerschar von Hormonen, die alle ihre eigenen Ziele ansteuern.

Damit haben wir einen faszinierenden, wenn auch oberflächlichen Eindruck von der chemischen Regulation im Körper gewonnen. Unseren Blicken entzogen ist der komplizierte Prozeß der Synthese, der sich im Inneren der hormonbildenden Zellen abspielt. Gleichermaßen verborgen bleibt uns die Wechselwirkung der Hormone mit den Zellen ihres Zielgewebes, die die Botschaft empfangen und in eine Folge von chemischen Reaktionen umsetzen. Hormone werden meist in Drüsen produziert und steuern dann – ohne den genauen Weg zu kennen, sozusagen intuitiv – ihr Zielgewebe an. Der Wirkungsort eines Hormons wird letztlich durch die Lage jener Zellen bestimmt, die mit den jeweils passenden Rezeptoren ausgestattet sind. Eine Art Schlüssel-Schloß-Beziehung legt fest, welche Hormone mit welchen Zellen in Wechselwirkung treten.

Zu jeder Zeit kreisen Hunderte von Botenstoffen im Blutstrom. Bei solch einem dichten Verkehr müßte es eigentlich häufig zu Unfällen wie Massenkollisionen oder auch dem Steckenbleiben eines Anhängers unter einer Überführung kommen. Doch das System, an dem die natürliche Selektion drei Milliarden Jahre lang gefeilt hat, arbeitet bemerkenswert reibungslos. Die Hormone entfalten nur dort ihre Wirkung, wo die entsprechenden Rezeptoren vorhanden sind, und nirgendwo sonst. So bindet sich das schilddrüsenstimulierende Hormon (TSH) aus der Hirnanhangsdrüse nur an Schilddrüsenzellen und veranlaßt sie, Thyroxin zu produzieren, während LH, das luteinisierende Hormon aus der gleichen Drüse, die Leydigschen Zellen in den Hoden zur Bildung des männlichen Geschlechtshormons Testosteron anregt. Hormone kommen einander gewöhnlich nicht in die Quere. Nur gelegentlich läuft etwas falsch: Jungen beginnen wie Mädchen auszusehen, wenn die Testosteronrezeptoren nicht funktionieren, und manchmal entwickelt sich ein *Diabetes mellitus* (Zuckerkrankheit), weil nicht genügend Insulin vorhanden ist. Insgesamt handelt es sich jedoch um ein außerordentlich gut koordiniertes System, das die vielen verschiedenen Stoffwechselaktivitäten des Körpers aufeinander abzustimmen vermag.

Der menschliche Körper kann kaum als ein technisches Meisterwerk beschrieben werden: Es hat nämlich nie einen Konstruktionsplan für seine Entwicklung gegeben. Der Evolutionsprozeß ist, wie François Jacob richtig sagt, der Bastelei näher als der Maschinenbaukunst. Während ein Ingenieur Projekte durchführt, indem er nach einem exakten Plan bestimmte Rohstoffe verwendet und Präzisionswerkzeuge benutzt, fügt ein Bastler oft das zusammen, was er gerade findet, und seien es Schrott und Abfall. So könnten die Hormone, Neurotransmitter und anderen Botenstoffe, die heute in höheren Lebewesen vorkommen, aus ähnlichen Molekülen in niederen Organismen hervorgegangen sein, wo sie höchstwahrscheinlich völlig anderen Zwecken dienten. Hier wird eine Wirtschaftlichkeit und Ausdauer sichtbar, die vermuten läßt, daß ein Bastler am Werk war, der gewissermaßen Dinge aus der evolutionären Gruschelkiste zusammengeklebt hat und es so den Zellen ermöglichte, zum gegenseitigen Nutzen über chemische Boten miteinander zu kommunizieren.

## Von der Ursuppe zu den ersten Botenstoffen

Die Erde hat sich vor etwa 4,5 Milliarden Jahren aus einer Staubwolke des Sonnensystems entwickelt, und die ersten Lebewesen – primitive anaerobe (ohne Sauerstoff lebensfähige) Bakterien – traten vor etwa 3,5 Milliarden Jahren auf. Dazwischen liegt ein Spielraum von einer Milliarde Jahren, in dem aus unbelebter anorganischer und organischer Materie Leben entstanden sein muß. Wir wissen fast nichts über diesen wunderbaren Schöpfungsakt, auch wenn wir uns inzwischen zumindest ein grobes Bild davon machen können. Ozeane und Atmosphäre der Urzeit, die das Milieu für die Entstehung von Leben auf der Erde bildeten, hatten wenig mit den heutigen Verhältnissen gemein. So war die Uratmosphäre arm an Sauerstoff, aber reich an Stickstoff, Wasserstoff, Kohlendioxid, Ammoniak, Wasser, Schwefelwasserstoff, Methan und wahrscheinlich noch anderen einfachen Verbindungen. Daß das Leben sich in dieser Atmosphäre aus unbelebter Materie entwickelt haben könnte, schlugen erstmals Haldane und Oparin in den zwanziger Jahren dieses

Jahrhunderts vor. Die ultraviolette Strahlung der Sonne hätte leicht bis auf die Erdoberfläche vordringen können, um die für chemische Syntheseprozesse notwendige Energie zu liefern. In den fünfziger Jahren experimentierten dann Miller und Urey in ihrem Labor mit gasförmigen Gemischen aus Wasserstoff, Ammoniak, Methan und Wasser, die sie elektrischen Ladungen aussetzten. Sie konnten die Bildung einer ganzen Reihe organischer Moleküle nachweisen, unter denen auch Aminosäuren – die Bausteine von Peptidhormonen und anderen Proteinen – zu finden waren. Es ist nicht allzu schwer, sich anhand dieses Experiments vorzustellen, wie sich die Urozeane zur „Ursuppe" entwickelten, einem Flüssigkeitskörper, in dem es von biologischen Grundbausteinen wie Aminosäuren, Nucleotiden und anderen einfachen organischen Verbindungen nur so wimmelte. Aus ihnen konnten dann die ersten Lebewesen entstehen. Die chemische Evolution war also eine notwendige Voraussetzung für die biologische Evolution; einfache Moleküle hatten sich zusammenfinden müssen, um die komplizierteren Moleküle lebender Strukturen hervorzubringen. Wem die Vorstellung, letztlich aus einer großen „Suppenschüssel" hervorgegangen zu sein, unangenehm ist, mag sich an eine alternative Theorie halten, die kürzlich entwickelt wurde: Danach haben wir uns aus kristallinen Genen in einer Schicht von Tonmineralen entwickelt!

Von der Bildung der aus einfachen organischen Molekülen bestehenden Ursuppe bis zum Auftreten primitiver einzelliger Lebewesen ist es ein großer Schritt. Aber noch innerhalb der ersten Milliarde von Jahren tauchten die ersten Zellen in der Ursuppe auf und bildeten das Ausgangsmaterial für die natürliche Selektion. Während der nächsten 3,5 Milliarden Jahre wurden dann durch einen stetigen Evolutionsprozeß immer höher entwickelte und leistungsfähigere Organismen geschaffen. Allmählich bildete sich in Gestalt der Desoxyribonucleinsäure (DNA, vom englischen *deoxyribonucleic acid*) ein genetisches Material heraus, das durch zwei grundlegende Eigenschaften gekennzeichnet ist: Es kann sich selbst exakt kopieren (Replikation), und seine Information kann durch spezielle Adaptormoleküle in Peptide und Proteine übersetzt werden (Translation). Der Zusammenschluß von Zellen machte Botenstoffe notwendig, die die Zellaktivitäten koordinieren konnten. Wir wollen uns im folgenden vor allem mit diesen Botenstoffen und ihrer Rolle beschäftigen, die sie bei der Koordination der Funktionen vieler verschiedener Zellsysteme in höheren Organismen einschließlich des Menschen spielen.

In den langen Zeiträumen der Evolution hat sich aus den ersten einzelligen Organismen allmählich das biochemische Wunderwerk des menschlichen Körpers entwickelt, dessen Komplexität uns in vielerlei Hinsicht auch heute noch rätselhaft ist. Im Laufe dieses Jahrmilliarden währenden Evolutionsprozesses sind zwei Hauptkommunikationsnetze entstanden, die gemeinsam die vielfältigen Beziehungen zwischen den verschiedenen Körperregionen koordinieren: das endokrine System (vom griechischen *endon* für innen und *krinein* für absondern) und das Nervensystem. Beide arbeiten mit chemischen Boten, um ihre lebensbewahrende Aufgabe zu erfüllen.

Die zwei hoch entwickelten Netzwerke dienen dazu, den Gleichgewichtszustand des Körpers unabhängig von inneren und äußeren Veränderungen aufrechtzuerhalten und alle Körperprozesse in die richtige Bahn zu lenken. Die Botenstoffe, deren sich das Nervensystem dabei bedient, sind sogenannte Neurotransmitter, die als molekulare Signale von einer Nervenzelle zur nächsten wandern. Sie werden, wie beispielsweise Noradrenalin und Acetylcholin, in den Nervenzellen synthetisiert und an deren verdickten Enden (den sogenannten axonalen Endknöpfen) ausgeschüttet, sobald dort elektrische Impulse einlaufen. Die Neurotransmitter wandern dann über einen schmalen Spalt zur benachbarten Nervenzelle, wo sie von speziellen Membranrezeptoren gebunden werden. Das wiederum löst auch in dieser Zelle letztlich einen elektrischen Impuls aus.

Das endokrine System besteht aus Drüsen und Zellhaufen, die als Hormone bezeichnete Botenstoffe in den Blutstrom ausschütten. Das Blut transportiert diese Substanzen zu ihren verschiedenen Wirkungsorten. Die Hormone sind die Langstreckenläufer unter den chemischen Boten, denn sie werden von einer Körperregion entsandt, um an einer ganz anderen, oft weit entfernten Stelle ihre lebenswichtige Funktion zu erfüllen.

Hormonsystem und Nervensystem haben also gemein, daß sie Botenstoffe und Rezeptoren benutzen, um Informationen zwischen Zellen zu übermitteln. Ihr Zusammenspiel dient der Regulation der verschiedenartigsten Prozesse im Körper (siehe Bild 1.1). Beide Systeme sind darauf ausgerichtet, trotz sich ändernder Umweltbedingungen das physiologische Gleichgewicht aufrechtzuerhalten. Das endokrine System arbeitet vergleichsweise langsam, da es zum Transport seiner Botenstoffe das Kreislaufsystem benutzt. Dagegen zeichnet sich das Nervensystem durch eine sehr schnelle Informationsübermittlung aus. Beide Systeme zusam-

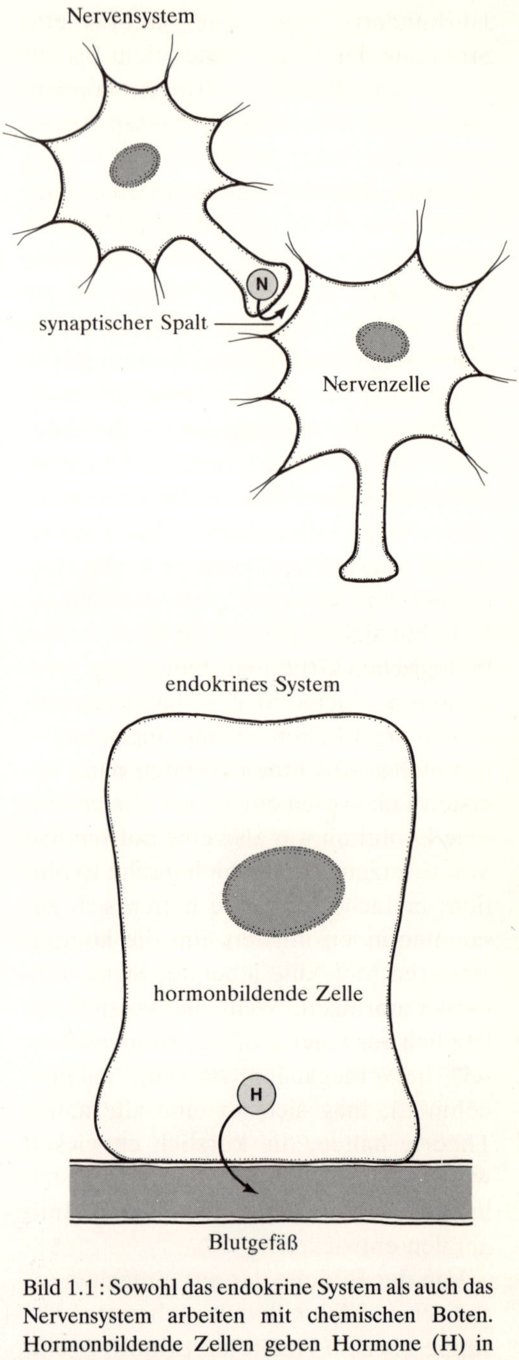


Bild 1.1 : Sowohl das endokrine System als auch das Nervensystem arbeiten mit chemischen Boten. Hormonbildende Zellen geben Hormone (H) in den Blutkreislauf ab, die an entfernten Orten ihre Wirkungen entfalten. Eine Nervenzelle dagegen schüttet in den schmalen synaptischen Spalt zu einer Nachbarzelle sogenannte Neurotransmitter (N) aus, die dann direkt an der postsynaptischen Membran der benachbarten Zelle wirksam werden.

men koordinieren sämtliche Funktionen des Körpers.

Wie sich besonders in letzter Zeit herausgestellt hat, sind viele dieser Botenstoffe (Hormone wie Neurotransmitter) Peptide, also einfache Moleküle aus kettenartig verknüpften Aminosäuren. Sie werden innerhalb der Zelle nach Montageplänen zusammengebaut, die in der zelleigenen DNA über den genetischen Code verschlüsselt sind. Die Reihenfolge der Nucleotidbausteine in der DNA bestimmt, in welcher Folge die Aminosäuren bei der Peptidsynthese miteinander verbunden werden. Für jedes der verschiedenen Peptide gibt es ein bestimmtes Gen, dessen Information in der DNA verschlüsselt ist.

Wann aber tauchten solche Gene für Peptidhormone erstmals im genetischen Programm auf, und zu welchem Zweck? Bis heute wissen wir weder, wie primitive genetische Codes ausgesehen haben, noch, wie die ersten Zellen organisiert waren, denn beide sind inzwischen ausgestorben und durch neue, höher entwickelte Versionen ersetzt worden. Wir können jedoch einige Spekulationen wagen. In den mehr als vier Milliarden Jahren, in denen sich auf der Erde die chemische und biologische Evolution vollzogen hat, sind an die 500 Millionen Arten von Lebewesen entstanden und wieder verschwunden. Heute existieren noch mindestens eine Million Arten – Überlebende eines strengen Selektionsprozesses, der vor langen Zeiten begann. Wir Menschen haben viele biochemische Eigenschaften mit den anderen Überlebenden gemein, darunter den universellen genetischen Code sowie viele sehr ähnliche Stoffwechselwege und nah verwandte Enzyme.

Eine jahrtausendelange Erforschung des menschlichen Körpers war nötig, ehe Hormone und andere Botenstoffe entdeckt wurden. Einen Anfang machten die alten Griechen mit ihrer Theorie der Körperregulation. Sie nahmen an, daß alle Dinge aus den vier Elementen Luft, Wasser, Feuer und Erde bestanden und daß diese mit den vier Qualitäten trokken, feucht, heiß und kalt in den grundlegenden Körpersäften Blut, Schleim, gelbe und schwarze Galle kombiniert waren. Gesundheit war eine Frage des Gleichgewichts zwischen diesen Bestandteilen; gerieten sie in Unordnung, wurde der Mensch krank. Diese Vierfaktoren-Theorie der humoralen (über die Körperflüssigkeiten erfolgende) Regulation der Körperfunktion kann als einfacher Vorläufer unserer heutigen Vorstellung eines endokrinen Kontrollsystems gelten. In der Antike gab es bereits genügend klinische Beobachtungen, die zu einer endokrinen Theorie hätten führen können. Kastrate sind ein gutes Beispiel: Wenn man einem jungen Mann die Hoden entfernt, führt das zu einem Verlust an sexueller Potenz, Libido, Muskelkraft und geschlechtstypischer Behaarung. Doch obwohl kastrierte Jünglinge im Altertum durchaus nichts Unbekanntes waren, kam die Idee, daß die Hoden eine wichtige Substanz wie das männlichkeitsbewahrende Testosteron sezernieren (absondern), erst viel später auf.

Langsam erweiterte sich das Wissen über die Anatomie des menschlichen Körpers, und damit rückten auch die wichtigsten Drüsen stärker in den Vordergrund: die Hirnanhangsdrüse, die Schilddrüse, die Nebenschilddrüsen, die Bauchspeicheldrüse, die Nebennieren, die Eierstöcke und die Hoden. Ihre Funktion blieb jedoch noch lange im dunkeln und gab Anlaß zu zahlreichen Spekulationen, um nicht zu sagen Phantastereien. Während die Ärzte eifrig bemüht waren, die klinischen Syndrome von Drüsenerkrankungen wie beispielsweise Kretinismus, Myxödem, Schilddrüsenüberfunktion, Diabetes, Nebennieren-Insuffizienz, Tetanie und Akromegalie zu erfassen, beschäftigten sich die Physiologen mehr mit grundlegenden Prozessen. Ihre Untersuchungen im vorigen Jahrhundert führten langsam zu der allgemein anerkannten Vorstellung, daß endokrine Drüsen Stoffe in den Blutstrom absondern und daß diese Sekrete physiologische Vorgänge im ganzen Körper regulieren.

## Die Theorie der inneren Sekretion

Der französische Physiologe Claude Bernard führte 1855 den Begriff „innere Sekretion“ ein, um die Physiologie der Leber zu beschreiben. Dieses Organ produziert den Einfachzucker Glucose und gibt ihn ans Blut ab, um auch bei längeren Hungerperioden einen ausreichend hohen Blutzuckerspiegel aufrechtzuerhalten. Das Konzept der *inneren* Sekretion, bei der die Sekrete mit dem Blutstrom durch den Körper kreisen, muß von der *äußeren* Sekretion unterschieden werden; davon spricht man, wenn das Sekret nicht in den Blutkreislauf, sondern anderswohin ausgeschüttet wird, wie es für den Schweiß aus den Schweißdrüsen oder für die Enzyme der Bauchspeicheldrüse gilt, die direkt in den Darm gelangen. (Die Bauchspeicheldrüse sezerniert allerdings zusätzlich noch die beiden Hormone Insulin und Glucagon in das Blut, die den Zuckerstoffwechsel regulieren.)

Der Gedanke, daß Drüsen und andere Organe Sekrete in den Blutkreislauf ausschütten, fand jedoch zunächst nicht den richtigen Anklang, bis 1895 der englische Physiologe Edward Schaefer eine bahnbrechende Arbeit zu dieser Thematik veröffentlichte. Schaefer wies darauf hin, daß Hunde *Diabetes mellitus* entwickeln, wenn man ihnen die Bauchspeicheldrüse entfernt, und daß dies durch die Transplantation von Bauchspeicheldrüsengewebe verhindert werden kann. Er schloß daraus, daß diese Drüse etwas in das Blut abgibt, das einen drastischen Anstieg der Zuckerkonzentration in Blut und Urin unterbindet. Er mutmaßte außerdem, daß auch die Schilddrüse ein inneres Sekret produziert, denn er hatte beobachtet, daß sich Myxödeme bei Mensch und Tier durch Schilddrüsenextrakte verhindern lassen. Mit der Theorie der inneren Sekretion war der Weg frei für die sensationellen Fortschritte in der Physiologie und Biochemie der Hormone, die sich im 20. Jahrhundert vollzogen.

Von der Spekulation über Drüsen, die Substanzen ins Blut abgeben, bis zu unserem heutigen Kenntnisstand in der Hormonphysiologie war es jedoch ein langer Weg. Zunächst mußten spezifische und hoch empfindliche Tests entwickelt werden, damit man die verschiedenen Hormone überhaupt nachweisen konnte. Dann benötigte man Extrakte der betreffenden Drüsen, die mit äußerster Sorgfalt hergestellt werden mußten, um die zu untersuchende Substanz nicht während der Prozedur zu verlieren oder zu zerstören. Die Herstellung eines Extraktes und die Entwicklung eines Tests sind aber erst der Anfang. Der nächste Schritt besteht darin, das Hormon in möglichst reiner Form zu isolieren. Mit geeigneten analytischen Verfahren kann dann vielleicht seine chemische Struktur aufgeklärt und schließlich das Hormon im Labor synthetisiert werden. Nun endlich läßt sich untersuchen, wie und wo das Hormon wirkt, wie es sich an Rezeptoren bindet und wie es entfernte Körperzellen zu bestimmten biochemischen Reaktionen veranlaßt.

In den Rang einer eigenständigen Wissenschaft gelangte die Endokrinologie durch das Adrenalin, das zuerst isolierte und synthetisierte Hormon. Zehn Jahre lang hatten zahlreiche Wissenschaftler an dieser Aufgabe gearbeitet. Die ersten adrenalinhaltigen Extrakte stellten 1894 Oliver und Schaefer aus den Nebennieren verschiedener Tiere her. Wurden diese Extrakte Hunden in die Venen injiziert, so stieg deren Blutdruck an, und die Stärke ihrer Herzkontraktionen nahmen deutlich zu: Man hatte einen Hormontest gefunden! Nun begann eine lange Forschungsreise bis ins 20. Jahrhundert. 1901 wurde Adrenalin schließlich isoliert und gereinigt und drei Jahre später im Labor synthetisiert. Gemessen an den einfachen Möglichkeiten, die den Biomedizinern damals zur Verfügung standen, war dies eine enorme Leistung.

Noch während man mit der Isolierung und der Synthese von Adrenalin beschäftigt war, wurde völlig unerwartet bei Untersuchungen am Dünndarm ein weiteres Hormon entdeckt: das Sekretin. Man wußte damals bereits, daß dem Zwölffingerdarm (Duodenum) über einen Gang aus der Bauchspeicheldrüse ein Verdauungssaft zugeführt wird. Dies geschieht immer dann, wenn der im Magen angesäuerte Nahrungsbrei in das Duodenum und den eigentlichen Dünndarm (Jejunum) übertritt. Außerdem war aus Experimenten mit Hunden bekannt, daß der direkte Kontakt von verdünnter Salzsäure mit den Wandzellen von Duodenum und Jejunum den Strom des Bauchspeicheldrüsensaftes in den Darm stark anschwellen ließ. Die Säure mußte also über die Wandzellen die Bauchspeicheldrüse irgendwie veranlassen, mehr Verdauungssaft zu sezernieren.

Wie aber konnte dieses Signal vom Dünndarm an die Bauchspeicheldrüse gelangen? Man vermutete damals, daß die Freisetzung des Verdauungssaftes über einen Reflexbogen des Nervensystems ausgelöst wurde, der wohl die beiden Organe miteinander verband. Zu jener Zeit herrschte noch die Meinung, daß für die Kommunikation innerhalb des Körpers in erster Linie das Nervensystem verantwortlich sei. Die eleganten Experimente von Bayliss und Starling, die 1902 zur Entdeckung von Sekretin führten, schoben dann das endokrine System als Kommunikationsnetz in den Blickpunkt der Wissenschaftler, so daß es schließlich auch auf dem Forschungssektor zu einem ernsthaften Konkurrenten des Nervensystems wurde. Wir wissen heute, daß Sekretin nach seiner Freisetzung aus den Wandzellen des Dünndarms über das Blut zur Bauchspeicheldrüse gelangt und dort die Zellen anregt, einen an Verdauungsenzymen reichen Saft zu bilden. Wann immer also salzsäurehaltiger Magenbrei in den Zwölffingerdarm übertritt, wird Sekretin ins Blut ausgeschüttet und die Bauchspeicheldrüse in Aktion versetzt.

Ein Zeuge dieser wichtigen Entdekkung von Bayliss und Starling war C. J. Martin, der das Ereignis mit folgenden Worten beschrieben hat:

*Zufällig war ich bei dieser Entdeckung anwesend. Bei einem betäubten Hund war eine Schlinge des Jejunums freipräpariert und an ihren Enden abgebunden worden. Die Nerven, die sie versorgten, hatte man entfernt, so daß die Schlinge nur über die Blutgefäße mit dem Körper verbunden war. Nach Zugabe von verdünnter Salzsäure in das Duodenum ließ sich für einige Minuten eine Sekretion aus der Bauchspeicheldrüse beobachten. Als sie abgeklungen war, wurde die denervierte Jejunum-*

*schlinge mit einigen Kubikzentimetern Salzsäure beschickt. Zu unserer Überraschung stellte sich ein ähnlich starker Sekretfluß ein. Ich erinnere mich, wie Starling ausrief: „Dann muß es ein chemischer Reflex sein!“ Schnell schnitt er ein Dünndarmstück heraus und bearbeitete die Schleimhaut in verdünnter Salzsäure mit Sand. Das Filtrat injizierte er in die Jugularvene des Hundes. Wenig später reagierte die Bauchspeicheldrüse mit einer noch stärkeren Sekretion als zuvor. Es war ein großer Nachmittag.*

Es vergingen allerdings noch weitere 65 Jahre, bis die verantwortliche chemische Substanz, das Sekretin, schließlich in reiner Form isoliert und als ein kleines Peptid aus 27 Aminosäuren identifiziert war. Entscheidende technologische Fortschritte in der Proteinchemie waren notwendig, damit die Struktur des Sekretins und vieler anderer Peptid-Botenstoffe bestimmt werden konnte.

Bald nach der Entdeckung des Sekretins führte Starling 1905 in einem Vortrag mit dem Titel *The Chemical Correlation of the Functions of the Body* den Begriff *Hormon* ein. In diesem wichtigen Vortrag baute er die Überlegungen Schaefers zur inneren Sekretion weiter aus und entwikkelte das folgende Konzept: Hormone werden in bestimmten Körperregionen gebildet und als Botenstoffe über den Blutstrom in andere Regionen transportiert, wo sie an spezifischen Zielorten ihre Wirkungen entfalten und so im gesamten Körper die Stoffwechsellage regulieren. Das Wort „Hormon“ leitet sich vom griechischen Verb *hormao* ab, das antreiben oder anregen bedeutet. Ein Hormon ist also eine Substanz, die Stoffwechselprozesse in Gang setzt, die sonst nicht ablaufen würden. Hormone treiben unsere Stoffwechselmaschinerie dazu an, die anstehenden Aufgaben in optimaler Weise zu erfüllen. Alle Hormone zusammen bilden ein Netzwerk, das man endokrines System nennt, und die Lehre von diesem System und seinen Krankheitserscheinungen wird als *Endokrinologie* bezeichnet. Auf der Grundlage der Arbeiten von Schaefer und anderen Wissenschaftlern des 19. Jahrhunderts verlieh Starling dieser neuen Disziplin die entscheidenden Impulse.

Entdeckung, Reinigung und Synthese von Adrenalin und Sekretin veranschaulichen einen Vorgang, der sich während des 20. Jahrhunderts für die vielen verschiedenen Hormone immer wieder von neuem abgespielt hat. Man fertigt Extrakte aus Drüsen oder Organen an und entwickelt biologische Testverfahren, um die Existenz des jeweiligen Hormons nachzuweisen. Anschließend wird der Test verfeinert und dazu benutzt, die Reinigungs- und Isolierungsschritte zu überwachen. Wenn das Hormon schließlich in reiner Form isoliert ist, kann es chemisch identifiziert und therapeutisch eingesetzt werden.

Gelegentlich findet die Reindarstellung eines Hormons starke weltweite Beachtung. Die Isolierung von Insulin durch Banting und Best sowie die des sogenannten Thyrotropin-Releasing-Hormons TRH (das englische *release* bedeutet freisetzen) aus dem Hypothalamus durch Schally und Guillemin sind Beispiele für Leistungen, die das öffentliche Interesse erregten. Doch in den meisten Fällen hat sich die Entdeckung und Reinigung von Hormonen eher in den stillen Winkeln weltbekannter Forschungsstätten vollzogen.

Die Erforschung der hormonellen Wirkungsmechanismen hinkte zwar etwas hinter der Isolierung der Hormone her, doch waren die dabei gemachten Entdeckungen gleichermaßen aufregend. Adrenalin, das Hormon, das man zuerst isoliert hatte, war auch das erste, dessen Wirkungsmechanismus man auf-

Bild 1.2: Der britische Physiologe Ernest Henry Starling, der zu den Begründern der modernen Endokrinologie zählt, führte 1905 den Begriff „Hormon" für die im Körper kreisenden Botenstoffe ein.

zudecken vermochte. In den fünfziger Jahren dieses Jahrhunderts zeigte Sutherland, daß Adrenalin in Leberzellen die Synthese eines als *second messenger* bezeichneten intrazellulären Botenstoffes anregt. Dabei handelt es sich um cyclisches Adenosinmonophosphat (cyclo-AMP oder cAMP), das seinerseits eine Kaskade biochemischer Reaktionen auslöst, die schließlich zur Bildung von Glucose durch die Leberzellen führt. Die Entdeckung des cyclo-AMP war für das Verständnis hormoneller Wirkungsmechanismen ein bedeutender wissenschaftlicher Durchbruch. Seit Sutherlands wegweisender Entdeckung hat man für viele verschiedene Hormone nachgewiesen, daß sie ihre Wirkung über cAMP als zweiten Boten entfalten. Man kann dazu folgende allgemeine Regel aufstellen: Wenn sich ein Hormon wie Adrenalin an seinen Rezeptor auf der Zelloberfläche bindet, wird dadurch eine Reihe chemischer Reaktionen ausgelöst, die innerhalb der Zelle zur Synthese von cAMP führen; das Hormon an der Außenseite der Zellmembran ist der erste Bote (*first messenger*), während cAMP als zweiter Bote im Zellinneren als Katalysator weiterer chemischer Reaktionen wirksam wird. Mit diesem wichtigen Wirkungsmechanismus werden wir uns im nächsten Kapitel noch eingehender auseinandersetzen.

Während der ersten Hälfte des 20. Jahrhunderts wurden die Bestimmungsverfahren für Hormone immer empfindlicher und genauer. Die ursprünglichen biologischen Tests (Bioassays), die auf spezifischen physiologischen Hormonwirkungen aufbauten, wurden im Zuge der Reinigung und Strukturaufklärung der Hormone nach und nach von empfindlicheren Bioassays und chemischen Testverfahren abgelöst. In den fünfziger Jahren hatte man zahlreiche weitere Hormone isoliert und etliche Testverfahren ersonnen, um sie im Blut nachzuweisen. Die Situation war aber noch keineswegs optimal zu nennen. Viele der Tests waren aufwendig, technisch kompliziert und zu unempfindlich, um den normalen Blutspiegel vieler Hormone zu erfassen. Trotzdem erwiesen sie sich aber als gut genug, um einen umfassenden Eindruck vom endokrinen System zu vermitteln, der sich so zusammenfassen läßt: Hormone werden von spezifischen Zellen in bestimmten Organen von Wirbeltieren gebildet und ins Blut abgegeben, das sie zu ihren Wirkungsorten im ganzen Körper bringt.

Heute – nach vielerlei Extraktionen, Assays, Reindarstellungen und Synthesen – stehen wir vor einem ganzen Berg von Fakten über viele verschiedene Hormone. Es wurden ungeheure Anstrengungen unternommen, um diesen Wissensstand zu erreichen, und ebenso überwältigend war der Nutzen, der der Menschheit daraus erwuchs. Einst tödlich verlaufende oder zu geistigem Verfall führende Krankheiten wie Diabetes, Kretinismus, Myxödem, Nebennierenversagen, Unterfunktion der Hirnanhangsdrüse und viele andere Störungen des endokrinen Systems sind inzwischen unter Kontrolle gebracht. Was die Behandlungsmöglichkeiten anbelangt, kann sich die Endokrinologie heute in der Tat am Bereich der Infektionskrankheiten messen lassen, und zwar aufgrund einer ähnlichen historischen Entwicklung: Beide Gebiete bauen auf dem soliden Fundament einer mehr als hundertjährigen mühevollen und sorgfältigen Forschung auf, zu deren Nebenprodukten zahlreiche äußerst nützliche therapeutische Neuerungen zählen. Angesichts dieser Fortschritte kann der gegenwärtige nationale Trend, die wissenschaftliche Ausbildung unserer Kinder zu reduzieren und der Grundlagenforschung die Gelder zu entziehen, nur als töricht bezeichnet werden; er bedroht im Kern eine einst blühende und tatkräftige Gesellschaft, die immer mehr einer Welt von Weltraumwaffen, Heimvideos und Whirl-Pools entgegenstrebt.

Die erwähnten Fortschritte legten den Grundstein für neue Verfahren, mit denen sich die klassischen Vorstellungen der Hormonphysiologie ausbauen ließen und die nicht nur zu einer völlig neuen Sicht der Dualität von hormonalen und neuralen Kommunikationssystemen führten, sondern auch zu einer totalen Revision unserer Vorstellungen über die Evolution der Hormone und anderer Botenstoffe.

## Moderne Konzepte

Mehrere tausend Jahre lang hat man die Funktion des menschlichen Körpers erforscht, bis man auf die Existenz von Hormonen und weiterer Botenstoffe gestoßen ist. Das klassische Konzept, nach dem Hormone von besonderen Zellen in spezifischen Organen des Körpers gebildet und über das Blut zu ihren entfernten Wirkungsorten transportiert werden, entwickelte sich aus der mehr als hundertjährigen systematischen Arbeit Tausender von Wissenschaftlern. Es schloß die Vorstellung ein, daß Hormone allein bei höheren Lebewesen vorkommen und daß sie notwendig sind, um in diesen komplexen Organismen die vielen verschiedenartigen physiologischen Prozesse zu koordinieren.

In den letzten Jahren hat diese klassische Betrachtungsweise eine drastische Umwälzung erfahren. Hormonsysteme haben sich als wesentlich komplizierter erwiesen, als man ursprünglich angenommen hatte, und sie lassen sich wohl eher mit dem verwirrenden Spiel einer Jugendfußballmannschaft vergleichen als mit einer überfüllten Stadtautobahn. Man hat Hormone nicht nur in den merkwürdigsten Regionen des menschlichen Körpers entdeckt, an denen man sie niemals vermutet hätte, sondern auch bei niederen Lebewesen, in denen ihre Bedeutung allerdings noch nicht endgültig geklärt ist. Diese überraschenden Entdeckungen haben an den Fundamenten der klassischen Hormonphysiologie gerüttelt und zu einer Neubewertung der chemischen Botenstoffe geführt.

Der Nachweis von Hormonen an gänzlich unerwarteten Stellen war die Folge einer sprunghaften Weiterentwicklung der verwendeten Testverfahren – so wie das Galileische Teleskop unseren geistigen Horizont bis zu den Monden des Jupiters ausdehnte. Die Voraussetzungen für eine entscheidende Verfeinerung der Hormontests waren in den fünfziger Jahren geschaffen worden. Den Grundstein hatten Physik und Immunologie gelegt: Zum einen hatte man Radioisotope entdeckt und wandte sie begeistert bei der Untersuchung biologischer Systeme an, zum anderen besaß man inzwischen recht gute Kenntnisse über die Wechselbeziehungen zwischen Antikörpern und Antigenen. Die auf dieser Basis entwickelten „Radioimmunoassays" sind im Grunde genommen recht einfach. Das radioaktiv markierte Hormon bildet mit einem spezifischen Antikörper einen Komplex. Die darin gebundene Radioaktivität ist ein Maß für die Affinität (chemische Anziehungskraft) zwischen Antikörper und radioaktiv markiertem Hormon. Setzt man unmarkiertes Hormon hinzu, konkurriert dieses mit dem radioaktiven um die Bindungsstellen auf den Antikörpern, so daß die Radioaktivität der Komplexe absinkt.

Berson und Yalow entwickelten dieses radioimmunologische Testverfahren, um die Konzentrationen von Insulin im Plasma von Diabetikern und gesunden Personen zu bestimmen. Zunächst injizierten sie Rinder-Insulin in Meerschweinchen, die daraufhin Antikörper gegen dieses Insulin produzierten. Anschließend markierten sie reines Rinder-Insulin mit $J^{131}$, einem Radioisotop von Jod. Mit diesem $J^{131}$-Insulin und den Antikörpern aus den Meerschweinchen war es ihnen möglich, die Insulinkonzentrationen im menschlichen Blutplasma zu bestimmen.

Mit ihrem Testverfahren eröffneten sie der Forschung völlig neue Wege, die daraufhin einen geradezu explosionsartigen Verlauf nahm. Inzwischen stehen für viele verschiedene Hormone Radioimmunassays zur Verfügung. Die außerordentlich hohe Empfindlichkeit und Spezifität dieser Methode erlaubt es, mit sehr kleinen Proben von Plasma und Gewebeextrakten zu arbeiten. Zudem lassen sich viele Parallelansätze von Plasma mit geringen Hormonkonzentrationen schnell aufarbeiten. Es ist ein geradezu ideales Verfahren, um verwickelten biologischen Systemen auf den Grund zu gehen.

Hormone, von denen man früher glaubte, daß sie nur von bestimmten Organen gebildet würden, hat man inzwischen an ganz verschiedenen Stellen des Körpers entdeckt. So ist das Bauchspeicheldrüsenhormon Insulin auch im Gehirn gefunden worden; das Hypothalamushormon Somatostatin hat man wiederum in der Bauchspeicheldrüse und im Darm nachgewiesen; die Darmhormone Gastrin und Cholecystokinin wurden im Zentralnervensystem entdeckt, wo sie vermutlich als Neurotransmitter dienen! Überraschenderweise sondern auch viele bösartige Tumoren verschiedenartige Hormone in das Blut ab. Hormone sind fast überall zu finden, und noch ist kein Ende der Entdeckungen abzusehen.

Am aufregendsten war jedoch der kürzlich gelungene Nachweis von Peptidhormonen bei niederen Wirbellosen. Jesse Roth und seine Mitarbeiter von den National Institutes of Health (USA) haben mit Hilfe modifizierter Insulintests bei Fruchtfliegen, Regenwürmern, Einzellern und Pilzen insulinähnliche Substanzen entdeckt; ferner wiesen sie bei Einzellern die Hormone Somatostatin und ACTH (adrenocorticotropes Hormon) nach. Auch andere Forscher sind bei niederen Lebewesen fündig geworden, so daß es an diesen Entdeckungen offensichtlich nichts zu deuteln gibt. Es bedarf jedoch noch einer Menge Arbeit, um eindeutig nachzuweisen, daß Insulin und andere Hormone, die man bei Mikroorganismen gefunden hat, mit menschlichen Hormonen verwandt oder gar identisch sind.

Die Entdeckung von Peptidhormonen sowohl bei Einzellern als auch an den verschiedensten Stellen des menschlichen Körpers ist überaus bedeutsam für die Aufklärung der Evolution von Botenstoffen. Roth baute auf diesen Befunden die Hypothese auf, daß sich das endokrine System und das Nervensystem aus einem gemeinsamen Vorläufer entwickelt haben, in dem primitive Zellen chemische Boten als Signale für benachbarte Zellen einsetzten. Solche Botenstoffe müssen im Hinblick auf Wachstum oder Nahrungserwerb einen gewissen Selektionsvorteil bedeutet haben, so daß sie während der Evolution in starkem Maße erhalten blieben. Von höher entwickelten Organismen wurden schließlich einige dieser primitiven Signalsubstanzen als Hormone, Neurotransmitter und sonstige interzelluläre Boten wie Gewebewachstumsfaktoren, Prostaglandine und Interferon übernommen. Demnach traten chemische Signale schon sehr früh in der Evolution als Kommunikationsmittel zwischen Zellen auf; durch die natürliche Selektion sind sie zu den Hormonen, Pheromonen, Neurotransmittern und anderen Botenstoffen heutiger Lebewesen weiterentwickelt worden.

Ein solcher Evolutionsverlauf vermag zum Teil die bemerkenswerte Einheitlichkeit der interzellulären Kommunikation zu erklären, die in letzter Zeit zutage getreten ist. Roths Hypothese über die Herkunft der Botenstoffe, die er 1982 veröffentlicht hat, basiert auf der Entdekkung von Hormonen bei Bakterienformen, die sich vor etwa einer Milliarde Jahren herausgebildet haben. Gemessen an ihren einzelligen Urahnen, die vor schätzungsweise 3,5 Milliarden Jahren auf der Erde erschienen, stehen diese Mikroorganismen mit ihrer ausgeklügelten biochemischen Maschinerie und der Fähigkeit zur Synthese hormonähnlicher Substanzen auf einer hohen Entwicklungsstufe.

Wie beschrieben, haben sich das endokrine System und das Nervensystem aus ähnlichen evolutionären Wurzeln parallel entwickelt. Die Verknüpfungen zwischen beiden werden noch deutlicher, sobald man tiefer ins Detail geht. Wenn wir einige der faszinierenden Entdeckungen der letzten Zeit näher betrachten, stellen wir fest, daß manche Nervenzellen Moleküle produzieren, die ans Blut abgegeben werden und an entfernten Körperstellen als Hormone wirken, und daß andererseits einige Hormone, wenn sie von Nervenzellen synthetisiert werden, als Neurotransmitter Verwendung finden. Im Verlauf der Evolution differenzierten sich die Botenstoffe zu Bestandteilen des Hormonsystems und des Nervensystems, doch es gibt immer noch Überschneidungen – gemeinsame Strukturen, die ein Ausdruck der Einheitlichkeit und Sparsamkeit der Natur sind.

Bisher haben wir uns nur auf solche Botenstoffe beschränkt, die wie Hormone und Neurotransmitter die Kommunikation zwischen Drüsen, Nervenzellen und anderen Zellsystemen höherer Organismen regulieren. Aber auch im Inneren der Zellen gibt es die verschiedensten Botenmoleküle: Repressoren („Unterdrücker“) und Induktoren („Auslöser“), die die Aktivität von Genen steuern, Enzyme, die die vielen Stoffwechselprozesse regulieren, und das cAMP, das wiederum Enzymaktivitäten verändert. Sämtliche Hormone entfalten ihre Wirkung auf die Zellen, indem sie diese intrazellulären Botenstoffe beeinflussen.

Viele Lebewesen wie beispielsweise Insekten und Fische sondern Signalsubstanzen ab, die von Artgenossen über besondere Rezeptoren empfangen werden können. Solche Botenstoffe, die also von Drüsen nach *außen* abgegeben werden, nennt man *Pheromone* (abgeleitet vom griechischen *pherein* für tragen).

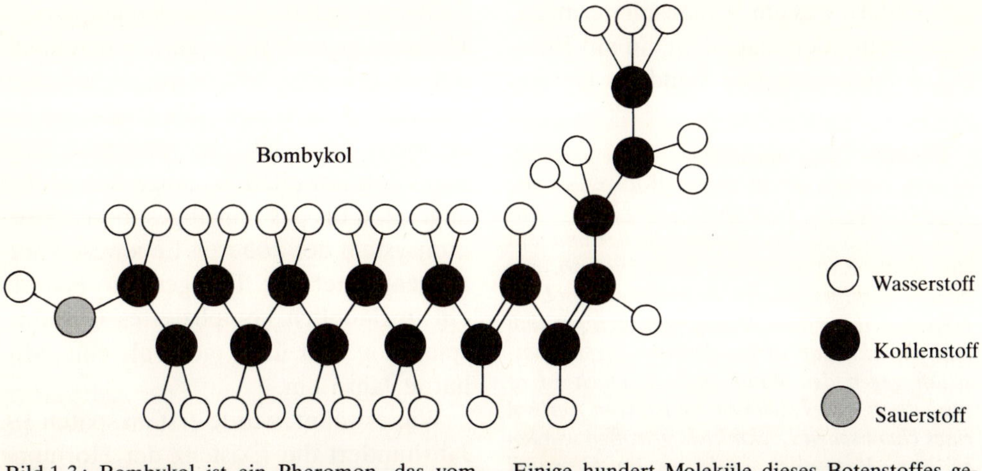


Bild 1.3: Bombykol ist ein Pheromon, das vom Weibchen des Seidenspinners (*Bombyx mori*) abgesondert wird und sich mit dem Luftstrom verteilt. Einige hundert Moleküle dieses Botenstoffes genügen, um einem Seidenspinnermännchen die Gegenwart des Weibchens zu signalisieren.

Pheromone sind sehr wirksam und hoch spezifisch. Sie dienen als Sexuallockstoffe und Alarmsubstanzen, als Leitsignale zu Nahrungsquellen sowie zur Markierung von Revieren. Bienenköniginnen sondern ein Pheromon ab, das von den Arbeiterinnen aufgenommen wird und verhindert, daß diese neue Königinnen heranziehen. Ameisen legen Pheromonspuren an, um Artgenossen zu Futterquellen zu leiten; ist die Nahrung dort erschöpft, setzen die zum Nest zurückkehrenden Ameisen keine weiteren Pheromonmarken, so daß sich die Spur innerhalb weniger Minuten verflüchtigt. Eines der stärksten Pheromone, die man bisher entdeckt hat, ist das *Bombykol*, der Sexuallockstoff des Seidenspinners. Es handelt sich um ein kleines Molekül mit 16 linear angeordneten Kohlenstoffatomen (siehe Bild 1.3). Bereits einige hundert Moleküle pro Kubikzentimeter genügen, um ein Männchen anzulocken. Bombykol ist flüchtig und kann daher mit dem Wind etliche Kilometer weit vom Weibchen weg transportiert werden. Lewis Thomas hat in seinem Buch *Das Leben überlebt* (Originaltitel: *The Lives of a Cell*) lebhaft geschildert, was ein Seidenspinnermännchen empfinden mag, dem ein mit Bombykol geschwängerter Wind ins Gesicht bläst:

*Die Botschaften sind dringend, aber soviel wir wissen, können sie in einem Wohlgeruch der Doppelsinnigkeit eintreffen. „Zu Hause heute 16 Uhr", sagt das Nachtfalterweibchen und läßt eine kurze Explosion von Bombykol ab, von dem ein einziges Molekül in meilenweitem Umkreis die Haare jedes Männchens erzittern läßt und bewirkt, daß es im Aufruhr der Leidenschaft gegen den Wind anfliegt. Doch ist es zweifelhaft, ob es sich bewußt ist, vom Aerosol eines chemischen Lockmittels getroffen worden zu sein. Vermutlich findet es im Gegenteil plötzlich, daß es ein wunderbarer Tag ist, das Wetter bemerkenswert erfrischend, genau die richtige Zeit, um die alten Flügel ein wenig zu bewegen und forsch gegen den Wind zu fliegen. Unterwegs, der Fährte des Bombykol folgend, bemerkt es noch andere Männchen, die in derselben Richtung dahineilen, alle in guter Stimmung und zum Wettfliegen aufgelegt, bloß um des Sportes willen. Wenn unser Männchen dann sein Ziel erreicht, mag es ihm als ein höchst erstaunlicher Zufall erscheinen, ein unerhörter Glücksfall: „Du meine Güte, was haben wir denn hier!"*

Es ist ganz natürlich, wenn Sie sich jetzt fragen, ob auch wir Menschen solche Pheromone produzieren. Hoffentlich nicht! Denn es gäbe eine Menge Probleme, wenn wir alle den Sekreten unserer Mitmenschen preisgegeben wären und eine Luft voller Duftspuren und Sexuallockstoffen uns ständig dazu verleitete, in leidenschaftlicher Verwirrung gegen den Wind anzulaufen.

## Von Bakterien zum Menschen

Botenstoffe haben sich in einem Jahrmilliarden währenden Evolutionsprozeß entwickelt. Substanzen, die einst mit unbekanntem Zweck in primitiven Organismen entstanden sind, wurden langsam zu Hormonen umfunktioniert, um schließlich als Informationsüberträger zwischen den Zellen zu dienen. Die Evolution hat an dem Material, das die natürliche Selektion übrigließ, so lange den Hobel angesetzt, bis das fein abgestimmte Hormonsystem der höheren Lebewesen herausgearbeitet war. Der gesamte Prozeß, ein unglaublich kompliziertes Geduldsspiel, zog sich über mehr als eine Milliarde Jahre hin.

Wie erwähnt, wurde erst im späten 19. Jahrhundert die Existenz der Hormone direkt nachgewiesen. Die Entwicklung hoch empfindlicher Hormontests und weitere wissenschaftliche Fortschritte auf den Gebieten der Biologie und Chemie haben dann dazu geführt, daß wir Struktur und Wirkungsweise von Hormonen heute sehr genau kennen. Ihr Nachweis in primitiven Organismen und im Nervensystem höherer Lebewesen hat in letzter Zeit die Diskussion über die Regulation des Körpers durch Botenstoffe neu belebt.

Alle heutigen Lebewesen besitzen eine auffallend ähnliche biochemische Maschinerie. Sie könnten also durchaus einer gemeinsamen Urpopulation entstammen, deren Mitglieder sich untereinander kreuzten. Daher ist es auch nicht völlig verwunderlich, daß man bei niederen Organismen auf hormonartige Substanzen gestoßen ist, die denen der höheren Lebewesen ähneln. Wie wir gesehen haben, sind Hormone bereits in Erscheinung getreten, bevor sie irgendeine Funktion zu erfüllen hatten und lange bevor wir oder mit uns verwandte Arten auf der Bildfläche erschienen. Die Hormone lungerten einfach in den Bakterien- und Pilzzellen herum und warteten auf ihre Stunde. Einige nützliche Aufgaben werden sie vermutlich erfüllt haben, bevor sie schließlich im Laufe der Evolution als spezifische Botenstoffe der höheren Organismen selektiert wurden.

Die Pheromone sind ebenso faszinierend wie die Neurotransmitter des Nervensystems und die intrazellulären Regulatoren wie cAMP, doch um die instrumentale Besetzung des Stoffwechselorchesters im menschlichen Körper zu ergründen, werden wir sie in diesem Buch außer acht lassen und uns ganz auf die Hormone konzentrieren, jene Flotte von Biokurieren, die im Blut umherkreist. Wo kommen all diese Hormone nur her, welche Ziele steuern sie an und was tun sie dort? Mit diesen Fragen werden wir uns auseinandersetzen und anhand verschiedener wissenschaftlicher Fortschritte versuchen zu zeigen, wie sich unser Wissen hierüber nach und nach erweitert hat.

# Über Hormone und anderes

*Personen, die in dieser Erzählung nach einem Motiv suchen, werden gerichtlich belangt; Personen, die darin nach einer Moral suchen, werden verbannt; Personen, die darin nach einer Fabel suchen, werden erschossen.*

Mark Twain, Einleitung zu
*Die Abenteuer des Huckleberry Finn*

Nun sind wir soweit, daß wir uns mit dem eigentlichen Sinn dieses Hormonsystems auseinandersetzen können, mit dem uns der geheimnisvolle Bastler ausgestattet hat. Es gibt hier weder ein Grundmotiv noch einen strengen Aufbau wie bei einer Fabel; die verschiedenen Netzwerke innerhalb des Körpers, die mit chemischen Boten arbeiten, sind durch ein gewisses Wirtschaftlichkeitsprinzip locker miteinander verbunden. Falls Sie sich erfolgreich durch dieses Kapitel kämpfen, können Sie sich auf eine Reihe von faszinierenden Entdeckungen freuen, die im restlichen Teil des Buches abgehandelt werden. Wenn es zuweilen etwas wissenschaftlich zugeht, müssen Sie nicht gleich in Panik geraten. Machen Sie sich zunächst ein grobes Bild von dem, was kommt, und denken Sie über einige der Abbildungen nach; dann unternehmen Sie am besten einen kleinen Spaziergang, und nach Ihrer Rückkehr beschäftigen Sie sich etwas eingehender mit den schwierigeren Passagen. Sie werden zwar von Zeit zu Zeit das Gefühl haben, sich eher in einem Dornengestrüpp aufzuhalten als in einem Rosengarten, doch gibt es keinen anderen Weg, um unser ausgeklügeltes Hormonsystem in seiner Komplexität zu verstehen. Lehnen Sie sich also zurück, gönnen Sie sich einen guten Schluck, schalten Sie etwas Musik ein – für dieses Kapitel würde ich die Brandenburgischen Konzerte empfehlen – und fassen Sie Mut für eine kurze Reise durch die Welt der Hormonphysiologie.

Beim Menschen und bei höheren Lebewesen werden Hormone in besonderen Körperregionen gebildet, deren Zellen sich auf eine einzige Funktion spezialisiert haben. Diese Zellen sind zu Drüsen oder Zellhaufen zusammengefaßt – beinahe wie kleine Fabriken in Silicon Valley – und produzieren dort Hormone, die sie an das Blut abgeben. Über das Kreislaufsystem gelangen die Hormone durch den Körper zu entfernten Wirkungsorten, wo sie sich an bestimmte Rezeptoren ihrer Zielzellen binden und dadurch im Zellinneren eine Kaskade chemischer Reaktionen auslösen. Die hormonproduzierenden Drüsen arbeiten eng zusammen, indem sie ständig über Rückkopplungsmechanismen miteinander kommunizieren, um im ganzen Körper eine optimal ausgewogene Stoffwechsellage zu erhalten. Dank dieser exakten Koordination ist das Hormonsystem imstande, mit zahlreichen lebensbedrohenden Störungen aus der Umwelt fertig zu werden. Gerät eine stoffwechselrelevante Verbindung wie die Glucose auf eine falsche Bahn, stürzen sofort die Hormone aus dem Dik-

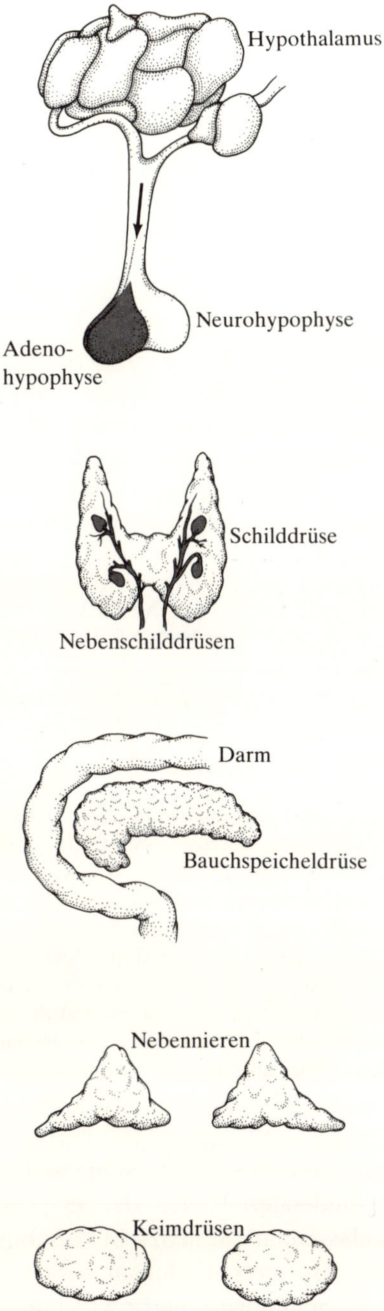


Bild 2.1: Die wichtigsten hormonproduzierenden Organe des menschlichen Körpers. Die gezeigten Organe schütten ihre Hormone in den allgemeinen Blutkreislauf aus – mit Ausnahme des Hypothalamus: Die meisten seiner Hormone gelangen nämlich in das Pfortadersystem, das den Hypothalamus direkt mit der Adenohypophyse verbindet.

kicht, um heftigst den Status quo zu verteidigen und die Störung zu beheben.

## Die Hormonfabriken

Die Abbildung auf der gegenüberliegenden Spalte zeigt die wichtigsten Hormonproduzenten des menschlichen Körpers. Sie spiegelt die klassische Betrachtungsweise wider, wonach das endokrine System aus einzelnen abgegrenzten Drüsen und Zellhaufen zusammengesetzt ist, die gemeinsam unseren Stoffwechsel kontrollieren. Die von den Zellen dort produzierten Hormone werden direkt in den Blutkreislauf sezerniert und strömen mit dem Blut zu ihren Wirkungsorten in anderen Körperregionen. Das typische Verteilungsmuster der Hormonfabriken im Körper hat sich vermutlich im Laufe der Evolution herausgebildet, um eine optimale Wirksamkeit des Hormonsystems als Stoffwechselregulator zu gewährleisten.

Der *Hypothalamus* ist ein Teil des Gehirns und nimmt in der Hierarchie der Hormondrüsen die Spitzenposition ein; als eine Art Schaltzentrale oder Verrechnungsstelle erhält er Informationen von Nervenzellen anderer Hirnregionen und übermittelt daraufhin entsprechende Signale an die direkt unter ihm gelegene *Hirnanhangsdrüse* oder *Hypophyse.* Es gibt mindestens neun verschiedene Hypothalamushormone, wobei es sich in allen Fällen um Peptide handelt. Sieben von ihnen werden direkt in ein besonderes Blutgefäßnetz ausgeschüttet, das sogenannte *Hypothalamus-Hypophysen-Pfortadersystem* (Pfeil in Bild 2.1), das die Verbindung zu einem Teil der Hypophyse herstellt. Die Hypothalamushormone stimulieren oder hemmen dort die Freisetzung von Hypophysenhormonen;

dementsprechend unterscheidet man zwischen Releasing-Hormonen und Inhibiting-Hormonen. Vom Hypothalamus gehen also chemische Signale aus, die die Aktivität zahlreicher wichtiger Drüsen im Körper regulieren. Als Kontrollzentrum erhält er nicht nur Informationen aus anderen Regionen des Gehirns, sondern anhand des Hormonspiegels im Blut auch über den Aktivitätsgrad der von ihm kontrollierten Drüsen. Eine solche Rückkopplung wird im Fachjargon *Feedback* genannt.

Als Beispiel wollen wir die Regulation der Schilddrüse (Fachbegriff: Thyreoidea) durch den Hypothalamus näher betrachten (siehe dazu Bild 2.2). Das Thyrotropin-Releasing-Hormon (TRH), ein Peptidhormon des Hypothalamus, gelangt über das Pfortadersystem zur Hypophyse. Dort regt es die Freisetzung des Thyrotropins oder schilddrüsenstimulierenden Hormons (TSH) an, das durch den Blutstrom zu TSH-Rezeptoren auf den Zellen der Schilddrüse transportiert wird. Die Bindung von TSH an seine Rezeptoren hat zur Folge, daß die Schilddrüse vermehrt Thyroxin ausschüttet, um den Stoffwechsel des Körpers zu regulieren. Der erhöhte Thyroxinspiegel im Blut hemmt nun seinerseits die weitere Produktion von TRH und TSH, so daß sich die TRH/TSH/Thyroxin-Kaskade auf ein optimales Gleichgewicht einreguliert. Stellen Sie sich vor, Ihre Schilddrüse würde eines Tages ganz einfach aufhören, Thyroxin zu produzieren – während alle anderen Stoffwechselprozesse ganz normal weiterlaufen –, um einmal in Ruhe zu beobachten, was dann im Körper geschieht. Der Hypothalamus wird auf den fallenden Thyroxinspiegel im Blut mit einer verstärkten Produktion von TRH reagieren. Der erhöhte TRH-Spiegel im Pfortadersystem wird seinerseits die TSH-bildenden Zellen der Hypophyse veranlassen, mehr TSH auszuschütten. Dieses Hormon wiederum wirkt direkt auf die Schilddrüse und regt sie an, den Thyroxinspiegel im Blut wieder auf den Normalwert einzustellen. Ähnlich fein abgestimmten Funktionshierarchien begegnen wir auch beim Hypothalamus-Hypophysen-Nebennieren-System und beim Hypothalamus-Hypophysen-Keim-

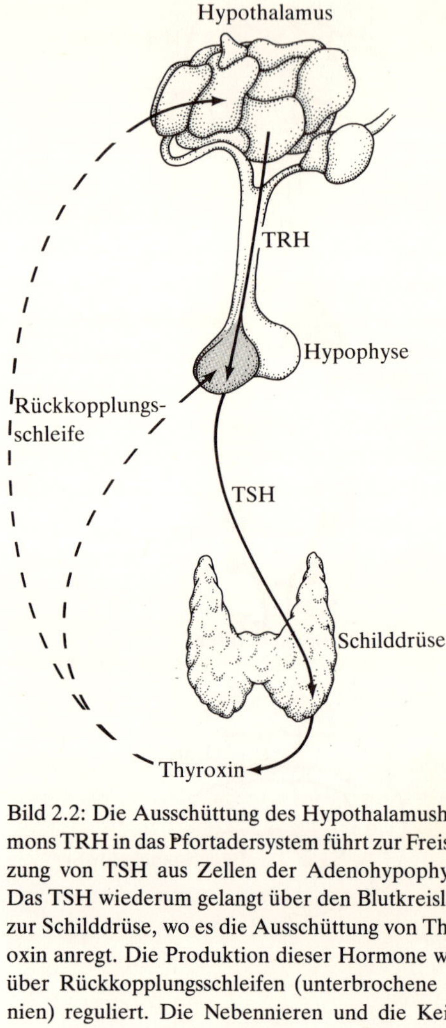


Bild 2.2: Die Ausschüttung des Hypothalamushormons TRH in das Pfortadersystem führt zur Freisetzung von TSH aus Zellen der Adenohypophyse. Das TSH wiederum gelangt über den Blutkreislauf zur Schilddrüse, wo es die Ausschüttung von Thyroxin anregt. Die Produktion dieser Hormone wird über Rückkopplungsschleifen (unterbrochene Linien) reguliert. Die Nebennieren und die Keimdrüsen bilden mit Hypothalamus und Hypophyse ähnliche, fein abgestimmte Regulationssysteme.

drüsen-System, das die Hormonproduktion in Eierstöcken und Hoden steuert.

Die *Hypophyse* liegt an der Basis des Gehirns direkt unterhalb des Hypothalamus und besteht aus einem drüsigen Teil, den man *Adenohypophyse* oder *Hypophysenvorderlappen* nennt, und einem als *Neurohypophyse* oder *Hypophysenhinterlappen* bezeichneten neuralen Teil. Die Adenohypophyse nimmt in der Funktionshierarchie vom Hypothalamus zu den Körperdrüsen die zweite Position ein und sezerniert sechs Peptidhormone. Diese besitzen ein breites Wirkungsspektrum, wie aus Tabelle 2.1 hervorgeht. Zusätzlich produziert die Adenohypophyse noch einige andere interessante Peptide wie Beta-Endorphin und Dynorphin, deren Funktion bisher nicht geklärt ist. Es liegt auf der Hand, daß jede ernsthafte Beeinträchtigung von Hypothalamus oder Hypophyse infolge einer Erkrankung oder einer Verletzung den Stoffwechsel im Körper total durcheinanderbringen und zu schweren Schäden führen kann.

Die *Schilddrüse* oder *Thyreoidea* verdankt ihren Namen ihrer schildförmigen Gestalt (das griechische Wort *thyreos* bedeutet Schild). Sie liegt direkt unter dem Adamsapfel im Hals und produziert verschiedene Hormone, die den Grundumsatz im Körper kontrollieren, darunter auch das bereits erwähnte Thyroxin. Wie wir gesehen haben, wird die Aktivität der Schilddrüse durch das Hypophysenhormon TSH so reguliert, daß der Blutspiegel des Thyroxins in einem engen Bereich eingepegelt bleibt.

Die *Nebenschilddrüse* oder *Parathyreoidea* besteht aus vier kleinen Drüsen, die im Hals in unmittelbarer Nähe der Schilddrüse liegen. Sie bilden das Parathormon (PTH), das den Calciumspiegel im Blut reguliert. PTH fördert die Aufnahme von Calcium aus der Nahrung durch den Dünndarm, die Freisetzung von Calcium aus den Knochen und seine Rückresorption durch die Nieren. Wenn Ihre Nebenschilddrüse aufhört, PTH zu produzieren, und in Ihrem Blut daraufhin der Calciumspiegel sinkt, müssen Sie sich auf einen schweren tetanischen Anfall (Muskelkrampf) gefaßt machen. Stellt Ihre Nebenschilddrüse dagegen zuviel PTH her, haben Sie mit Schmerzen in den Knochen und mit Nierensteinen zu rechnen.

Die Hormone der *Bauchspeicheldrüse* (Pankreas) und des *Darmes* regulieren die Verdauung und die Verwertung der Nahrung. Sobald der Mageninhalt in den Dünndarm übertritt, werden diese Hormone in das Blut ausgeschüttet. Insulin und Glucagon aus der Bauchspeicheldrüse sind für die Regulation des Stoffwechsels von Kohlenhydraten, Proteinen und Fetten verantwortlich. Wenn Insulin nicht in ausreichenden Mengen zur Verfügung steht oder die Bindung an seine Rezeptoren gestört ist, treten die Symptome der Zuckerkrankheit (*Diabetes mellitus*) auf. Ganz ähnlich wird die Ausschüttung von Verdauungssäften in den Darm aus Gallenblase und Bauchspeicheldrüse von Hormonen wie Sekretin und Cholecystokinin gesteuert, die in den Epithelzellen des Darmes gebildet werden. Die Hormone aus Darm und Bauchspeicheldrüse koordinieren die Verdauungsvorgänge, die es uns erlauben, Nahrungsstoffe verschiedenster Art zu verwerten.

Von den beiden *Nebennieren* liegt jeweils eine direkt über jeder Niere. Die lebenserhaltende Bedeutung dieser Drüsen wurde erst in der Mitte des 19. Jahrhunderts erkannt, als Thomas Addison entdeckte, daß schwere Schwächezustände beim Menschen auf einer Erkrankung der Nebennieren beruhen können; der gleiche Zusammenhang ließ sich auch bei Tieren nachweisen. Jede Nebenniere gliedert sich in zwei Zonen. Die innere Zone, die man *Nebennierenmark* oder *Medulla* nennt, bildet das Hormon Adrenalin, während in der äußeren, als *Cortex* oder *Nebennierenrinde* bezeichneten Zone die Steroidhormone Cortisol und Aldosteron sowie einige andere Substanzen produziert werden.

Cortisol besitzt ein breites Wirkungsspektrum; es erhält den Appetit, sorgt für den richtigen Blutdruck und gewährleistet einen ausgewogenen Ernährungszustand, der das allgemeine Wohlbefinden fördert. Produktion und Ausschüttung stehen unter der Kontrolle des adrenocorticotropen Hormons (ACTH) aus der Adenohypophyse, das seinerseits durch das Corticotropin-Releasing-Hormon (CRH) aus dem Hypothalamus reguliert wird. Die drei Hormone CRH, ACTH und Cortisol bilden ein kaskadenartiges Regulationssystem mit Rückkopplungshemmung, das darauf ausgelegt ist, den Cortisolspiegel im Blut auf einem optimalen Niveau zu halten.

Hauptzielorgan des Aldosterons, des zweiten wichtigen Nebennierenrindenhormons, ist die Niere; indem dieses Hormon dort die Resorption von Salzen fördert, verhindert es die Ausscheidung von Mineralstoffen. In ähnlicher Weise greift es auch an anderen Stellen im Körper ein. Seine Wirkung auf den Mineralhaushalt führt gleichzeitig zur Regulation des Blutdrucks. Außerdem veranlaßt Aldosteron die Niere, Kalium im Urin auszuscheiden; bei einem Mangel dieses Hormons sinkt also nicht nur der Blutdruck, sondern es kann auch der Kaliumspiegel im Blut gefährlich ansteigen.

Die Zellen des *Nebennierenmarks* schütten in Streßsituationen Adrenalin aus. Adrenalin wirkt auf Herz, Lunge und Blutgefäße und sorgt dafür, daß über das Blut vermehrt Sauerstoff und Nährstoffe zu den übrigen Organen transportiert werden. Außerdem regt es die zusätzliche Bereitstellung von Brennstoffen wie Glucose und Fettsäuren an. Adrenalin ist ein Notfallhormon, das der Körper (zusammen mit einigen anderen) einsetzt, wenn er schnell größere Energiemengen benötigt – ein Hormon also, das stets zur Stelle ist, wenn es irgendwo Ärger gibt.

Die *Keimdrüsen* oder *Gonaden* sind für die Fortpflanzung verantwortlich. Sie haben also in erster Linie die Aufgabe, das Überleben der Art zu sichern und nicht das des Individuums. Ähnlich wie die Schilddrüse und die Nebennieren stehen auch die Keimdrüsen unter der Kontrolle von Hypothalamus und Hypophyse. Ihre wichtigsten Produkte sind zum einen die Keimzellen, von denen bei der Befruchtung zwei verschiedengeschlechtliche zu neuem Leben verschmelzen, und zum anderen die Geschlechtshormone, die die Reifung der Keimzellen, die Paarung und die Einnistung des befruchteten Eies in die Gebärmutter fördern. Die Eierstöcke bilden die Hormone Östradiol und Progesteron. Unter der zyklischen Kontrolle durch die Hypophyse steuern diese Hormone den Menstruationszyklus und den Eisprung, durch den die Eizelle in den Eileiter gelangt. Östradiol ist außerdem für die Ausbildung der weiblichen Geschlechtsmerkmale zuständig. Testosteron, das von den Hoden gebildet wird, steuert während der Embryonalentwicklung wie auch während der Pubertät die Entwicklung des männlichen Geschlechts. Es kontrolliert Libido und Potenz des Mannes und sorgt für die Bewahrung der männlichen Geschlechtsmerkmale im Erwachsenenalter sowie für die Entwicklung der Samenzellen in den Follikelzellen der Hoden.

Die Tabelle 2.1 gibt eine Übersicht über die Hormone und ihre Bildungsorte sowie ihre Funktionen. Einige Hormone sind Glied eines Regulations- und Rückkopplungssystems zwischen Hypothalamus, Hypophyse und Zielorgan, andere dagegen, etwa die, die mit Verdauung und Stoffwechsel von Nahrungsstoffen betraut sind, arbeiten

**Tabelle 2.1: Hormone und ihre Funktionen**

| Bildungsort | Hormon | Funktion |
|---|---|---|
| Hypothalamus | abgabefördernde und abgabehemmende Hormone (Releasing- und Inhibiting-Hormone) | Regulation der Adenohypophyse |
| Adenohypophyse | ACTH | Kontrolle der Nebennierenrinde |
| | FSH | Regulation der Keimdrüsen |
| | Wachstumshormon | Stimulation des Wachstums |
| | LH | Regulation der Keimdrüsen |
| | Prolactin | Anregung der Milchproduktion |
| | TSH | Kontrolle der Schilddrüse |
| Neurohypophyse | Vasopressin | Kontrolle des Wasserhaushaltes |
| | Oxytocin | Uteruskontraktion und Milchfluß |
| Schilddrüse | Thyroxin | Kontrolle des Stoffwechselumsatzes |
| Nebenschilddrüse | Parathormon | Regulation des Calciumhaushaltes |
| Darm | Darmhormone | Verdauung der Nahrung |
| Bauchspeicheldrüse | Insulin, Glucagon | Glucosestoffwechsel |
| Nebennieren | Cortisol | Dauerstreß, Entzündungshemmung |
| | Aldosteron | Elektrolythaushalt |
| | Adrenalin | Streßreaktion |
| Eierstöcke | Östradiol, Progesteron | Ausbildung weiblicher Geschlechtsmerkmale |
| Hoden | Testosteron | Ausbildung männlicher Geschlechtsmerkmale |

eher als Einzelgänger. Gemäß der klassischen Betrachtungsweise sind spezialisierte Zellen zu Drüsen oder Zellhaufen organisiert, von denen die Hormone an das Blut abgegeben werden, um so zu ihren entfernten Wirkungsorten zu gelangen. Wie wir im ersten Kapitel gesehen haben, ist das jedoch noch nicht alles, denn einige Hormone werden auch an anderen Körperstellen produziert (beispielsweise im Gehirn oder von Krebszellen), ohne daß wir bisher wissen, welche Aufgaben sie dort erfüllen. Trotzdem sollte man mit den traditionellen Vorstellungen vertraut sein, denn immerhin liefern sie einen Rahmen, den es durch veränderte Denkkonzepte, wie sie mit Sicherheit auf uns zukommen werden oder sich bereits heute andeuten, zu erweitern gilt. In der klassischen Betrachtungsweise fehlen beispielsweise manche anderen inzwischen bekannten Botenstoffe, die in der Hypophyse, im Gehirn und im Darm vorkommen, weil man noch nicht weiß, wie sie zu dem herkömmlichen Bild passen.

Wir wissen heute, daß zwei Haupttypen von Hormonen in unserem Körper kreisen: *Peptidhormone* und *Steroidhormone*. Beide sind in Produktionsweise, Baumaterial und Wirkungsmechanismus völlig verschieden. Peptidhormone bestehen aus *Aminosäuren*, die kettenförmig aneinandergeknüpft werden. Sie binden sich an spezifische Oberflächenrezeptoren *auf* ihren Zielzellen und lösen über intrazelluläre Botenstoffe (*second messenger*) eine chemische Kettenreaktion in der betreffenden Zelle aus. Steroidhormone dagegen leiten sich vom

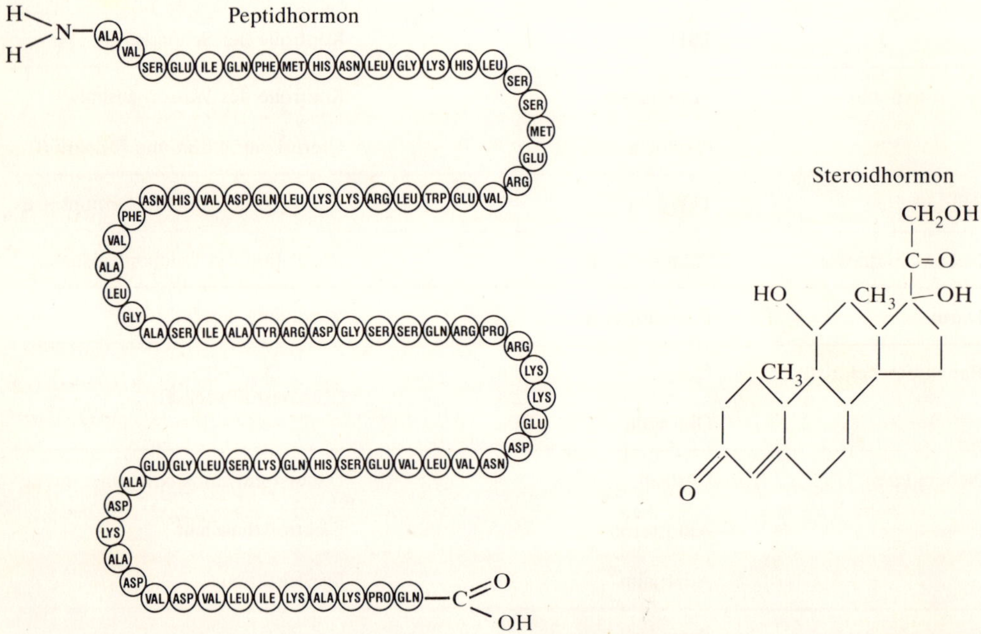


Bild 2.3: Peptidhormone bauen sich aus Aminosäuren auf, die über Peptidbindungen kettenartig verknüpft sind. Als Beispiel ist hier das Parathormon aus der Nebenschilddrüse abgebildet, das aus 84 Aminosäuren besteht und an der Regulation des Calciumstoffwechsels mitwirkt. Die Stammverbindung sämtlicher Steroidhormone ist das Cholesterin (siehe auch Bild 2.6). Das rechts dargestellte Cortisol, ein Hormon der Nebennierenrinde, zeigt die charakteristische Ringstruktur der Steroide.

*Cholesterin* ab, das durch eine typische Ringstruktur charakterisiert ist (siehe Bild 2.3). Sie durchdringen die Zellmembran und binden sich *innerhalb* der Zelle an Rezeptoren, die sie zum Zellkern transportieren. Dort entfalten sie schließlich ihre Wirkung, indem sie die Transkription der DNA verändern. Peptid- und Steroidhormone bilden zusammen ein Regulationsnetz, das den gesamten Körper durchzieht. Es ist wichtig, genau zu verstehen, wie diese beiden Gruppen von Hormonen synthetisiert werden und auf welche Weise sie auf ihr Zielgewebe einwirken.

## Die Synthese von Peptidhormonen

Im genetischen Code sind 20 Aminosäuren verschlüsselt. Da der Code universell ist, bauen sich alle natürlich vorkommenden pflanzlichen und tierischen Proteine aus verschiedenen Kombinationen eben dieser 20 Aminosäuren auf. Peptidmoleküle bestehen aus zwei oder mehreren Aminosäuren, die über sogenannte Peptidbindungen miteinander verknüpft sind; lange Ketten von mehr als 100 Aminosäuren nennt man Proteine. Peptidhormone (also Hormone, die aus Aminosäuren aufgebaut sind) gibt es in den verschiedensten Formen und Größen: TRH beispielsweise besteht nur aus drei Aminosäuren, ACTH dagegen aus 39 und PTH sogar aus 84. Die Zellen, die Peptidhormone synthetisieren, besitzen in ihrer DNA Nucleotidsequenzen, die über den genetischen Code die Reihenfolge der Aminosäuren in diesen Hormonen festlegen. Mit anderen Worten: Die Aminosäuresequenz der Peptidhormone ist in der Nucleotidsequenz der DNA verschlüsselt.

Die Synthese eines Peptidhormons beginnt im Zellkern oder Nucleus (siehe Bild 2.4). Der für das Hormon codierende DNA-Abschnitt wird zunächst in einen langen Strang nucleärer Ribonucleinsäure (nRNA) umgeschrieben; anschließend überführt ein Enzym, das sämtliche nicht benötigte Information herausschneidet, diesen Strang in sogenannte *messenger*- oder Boten-RNA, abgekürzt mRNA. Die mRNA wandert nun vom Zellkern ins Cytoplasma, wo die Information für das Hormon, also die Nucleotidsequenz der mRNA, in eine Peptidkette übersetzt wird. Das wachsende Peptid passiert die Membran eines cytoplasmatischen Hohlraumsystems, von dem kleine hormonhaltige Bläschen abgeschnürt und in andere Zellareale transportiert werden. Zu diesem Zeitpunkt ist das Peptidmolekül noch länger als nötig, da es an dem einen Ende einen überflüssigen Abschnitt trägt. Erst wenn dieser durch Enzyme abgespalten ist, liegt die endgültige Version des Hormons vor.

Die ursprüngliche, lange Peptidkette nennt man *Prä-Prohormon*. Die Prä-Region ist ein kurzer Strang von Aminosäuren, der für den Übertritt des Peptids in das Hohlraumsystem (das sogenannte endoplasmatische Reticulum) verantwortlich ist. Sobald er seine Aufgabe erfüllt hat, wird er abgespalten und quasi wie ein überflüssiges Gepäckstück auf die Abraumhalde des Zellstoffwechsels geworfen. Die Pro-Region erleidet später das gleiche Schicksal. Das fertige Peptidhormon wird schließlich in Speichergranula verpackt, in denen es darauf wartet, zum geeigneten Zeitpunkt über die Plasmamembran in das Blut ausgeschüttet zu werden. Bild 2.4 zeigt diesen Vorgang am Beispiel des Parathormons (PTH), das von den Zellen der Nebenschilddrüse an das Blut abgegeben wird, wenn der Calciumspiegel unter den Normalwert sinkt. Über den Blutstrom gelangt es zu den Knochen und zu den Nieren, wo es die Freisetzung von Calcium ($Ca^{2+}$) aus der Knochensubstanz beziehungsweise die Rückresorption von Calcium aus dem Urin fördert. Gleichzeitig stimuliert es auch die Bildung von aktivem Vitamin D, um die Calciumaufnahme aus dem Dünndarm zu steigern. All diese Prozesse wirken so zusammen, daß der $Ca^{2+}$-Spiegel im Blut wieder auf Normalniveau gebracht wird. Daraufhin erhalten die Zellen der Nebenschilddrüsen die Nachricht, die Ausschüttung von PTH zu stoppen. Dank dieses empfindlichen Rückkopplungsmechanismus bleibt der Calciumspiegel stets auf dem richtigen Niveau, so daß die Herzmuskelzellen, die Muskelzellen und die vielen anderen Zellen, die von einem normalen $Ca^{2+}$-Gehalt im Blut abhängig sind, funktionsgerecht arbeiten können.

Wenn Sie noch einmal die ganze Geschichte Revue passieren lassen und Ihr Augenmerk auf die Komplexität des Synthesevorgangs richten, werden Sie sich vielleicht verwundert fragen, wozu diese ganze aufwendige Maschinerie mit ihren unzähligen Enzymen und Transferprozessen nötig ist, von denen die meisten erst in jüngster Zeit entdeckt worden sind. Warum gibt es eine so komplizierte Informationsübertragung von der DNA über die nRNA auf die mRNA? Warum das Prä-Prohormon, das Prohormon, das Hohlraumsystem und die Speichergranula? Waren drei Milliarden Jahre natürlicher Auslese nötig, um einen Vorgang zu entwickeln, bei dem tausend Dinge schief gehen können? Genaue Antworten auf diese Fragen bleiben der zukünf-

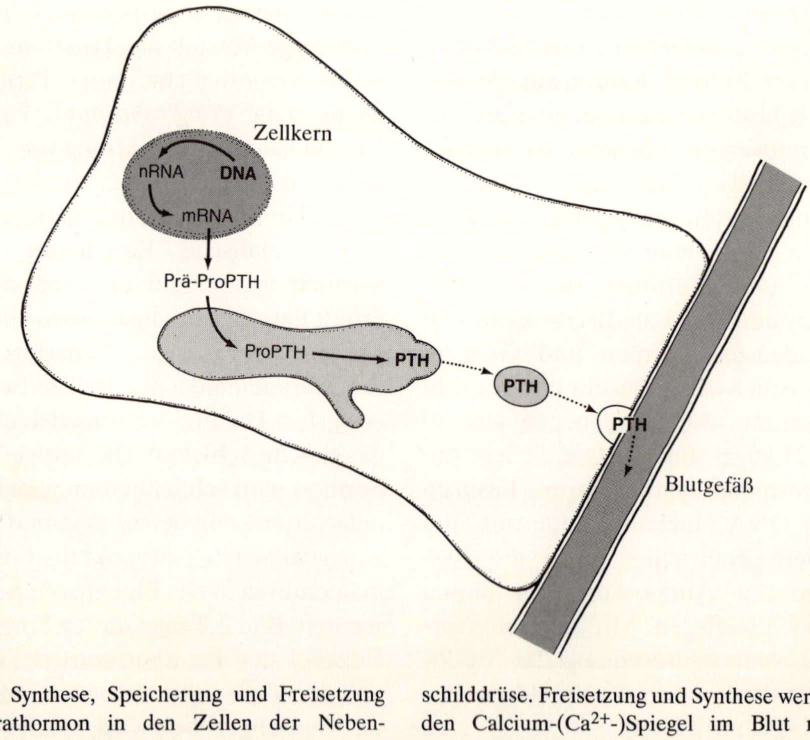


Bild 2.4: Synthese, Speicherung und Freisetzung von Parathormon in den Zellen der Nebenschilddrüse. Freisetzung und Synthese werden über den Calcium-($Ca^{2+}$-)Spiegel im Blut reguliert.

tigen Forschung über die Regulation der Peptidhormonsynthese überlassen. Wir wissen zur Zeit fast nichts darüber, wie ein sinkender Calciumspiegel im Blut den Zellen der Nebenschilddrüse signalisiert, PTH auszuschütten und, ausgehend von der DNA, neues PTH zu synthetisieren. Gleichermaßen unbekannt ist, wie Änderungen im Blutzuckerspiegel die Synthese von Insulin und Glucagon regulieren.

Die größeren Peptidhormone von Hypophyse, Nebenschilddrüse, Darm und Bauchspeicheldrüse dürften ebenfalls nach dem gleichen komplexen Schema synthetisiert werden. Über die Einzelheiten der Regulation müssen wir allerdings noch viel lernen. Auch über die Synthese der sehr kleinen Peptidhormone aus dem Hypothalamus wissen wir erst wenig.

## Die Wirkungsweise der Peptidhormone

Von ihren Produzenten ausgeschüttet, kreisen die Peptidhormone im Blutstrom durch den ganzen Körper; sie winden sich durch enge Kapillaren, um zu ihren spezifischen Wirkungsorten zu gelangen, wo sie wichtige chemische Reaktionen auslösen werden: LH ist auf der Suche nach Leydigschen Zellen in den Hoden, ACTH nach Nebennierenrindenzellen, PTH nach Knochen- und Nierenzellen und Insulin nach Leber-, Fett- und Muskelzellen. Wie aber erkennt ein Peptidhormon die Zellen seines Zielorgans, oder umgekehrt, wie erkennen die Zellen ein bestimmtes Hormon? Bild 2.5 gibt einen schematischen Überblick über diesen Erkennungsprozeß. Alle hormonempfindlichen Zellen besitzen wie jede andere Zelle des Körpers eine Hülle, die man *Plasmamembran* nennt und die das Zellinnere von der Außenwelt trennt. Das Innere der Zelle besteht aus dem *Cytoplasma* und dem *Zellkern*. Im Plasma ist praktisch die gesamte Stoffwechselmaschinerie der Zelle untergebracht, einschließlich der vielen Enzyme, der Mitochondrien, des endoplasmatischen Reticulums, der Golgi-Komplexe, der Lysosomen und zahlreicher wichtiger Nährstoffe. Der Zellkern wird von einer eigenen Hülle, der *Kernmembran*, umgeben und enthält die DNA sowie Proteine und Enzyme, die für die Regulation und Transkription der genetischen Information verantwortlich sind. Die Peptidhormone werden von spezifischen Rezeptormolekülen erkannt, die an der Zelloberfläche in die Plasmamembran eingebettet sind. Hormon und Rezeptor passen wie Schloß und Schlüssel zueinander.

Im Blut schwimmen viele verschiedene Hormone in jeweils geringen Konzentrationen. Aus dieser verdünnten Mischung filtern die hormonempfindlichen Zellen mit ihren spezifischen Oberflächenrezeptoren das zu ihnen passende Hormon heraus. Die Natur hat die Hormone und ihre Rezeptoren parallel entwickelt, um chemische Ferngespräche durch den gesamten Körper zu ermöglichen. Peptidhormonrezeptoren besitzen einige besondere Eigenschaften, die es ihnen ermöglichen, als extrem effiziente Hormondetektoren zu arbeiten. An erster Stelle ist ihre hohe Spezifität zu nennen, die gewährleistet, daß sie stets das richtige Hormon festhalten: TSH-Rezeptoren auf der Oberfläche von Schilddrüsenzellen binden ausschließlich TSH und lassen andere Peptidhormone vorüberziehen, ACTH-Rezeptoren auf den Nebennierenrindenzellen fischen nur ACTH-Moleküle aus dem Hormoncocktail. Zweitens besitzen die Rezeptoren

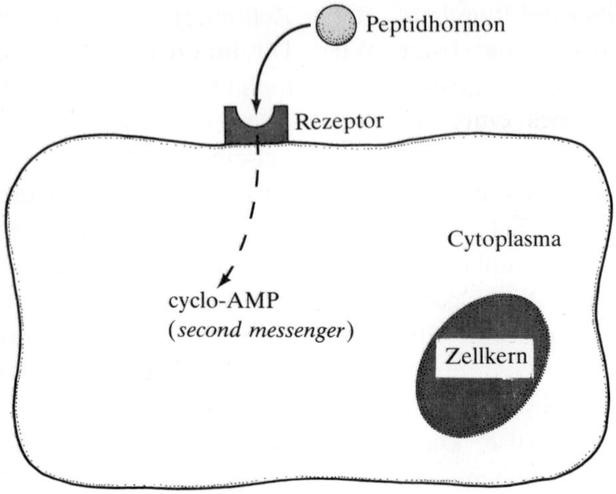


Bild 2.5: Ein Peptidhormon entfaltet seine Wirkung im Zielgewebe durch die Bindung an einen spezifischen Rezeptor auf der Zelloberfläche; durch diesen Vorgang wird im Inneren der Zelle die Bildung des intrazellulären Botenstoffes cyclo-AMP induziert. Als Katalysator ist Adenylatcyclase beteiligt.

eine sehr hohe Bindungsaffinität zu ihren Hormonen, was wegen deren äußerst geringer Konzentration im Blut auch unerläßlich ist.

Was geschieht, nachdem ein Peptidhormon sich an seinen Rezeptor auf der Zelloberfläche gebunden hat? Auf welche Weise löst die Bindung an der *Oberfläche* eine chemische Kettenreaktion im *Inneren* der Zelle aus? Eine Antwort auf diese wichtigen Fragen fanden in den fünfziger Jahren dieses Jahrhunderts Sutherland und seine Mitarbeiter, als sie den Wirkungsmechanismus von Adrenalin und Glucagon untersuchten.

Sie entdeckten in Leberzellen eine neue Substanz, das cyclische Adenosinmonophosphat (kurz cyclo-AMP oder cAMP genannt), und konnten zeigen, daß es sich nach Zufuhr von Adrenalin und Glucagon in den Zellen anhäufte. Anhand weiterer Untersuchungen erkannten sie, daß cyclo-AMP aus Adenosintriphosphat (ATP) entsteht; an der Umwandlung ist als Katalysator das Enzym Adenylatcyclase beteiligt, das in die Plasmamembran eingebettet ist und aktiviert wird, wenn sich Adrenalin oder Glucagon an ihre Rezeptoren auf der Zelloberfläche gebunden haben. Sutherland vermutete daher, daß die Hormone ihre Wirkung an der Zelloberfläche entfalten, indem sie die Aktivierung der Adenylatcyclase und damit die Synthese von cyclo-AMP in der Zelle induzieren, und daß dann das cyclo-AMP im Cytoplasma eine Serie chemischer Reaktionen in Gang setzt. Um den intrazellulären Botenstoff von den Hormonen zu unterscheiden, die als „erste Boten" (*first messengers*) an der Zelloberfläche wirksam werden und die cyclo-AMP-Synthese in der Zelle auslösen, hat man das cyclo-AMP *second messenger* (zweiter Bote) genannt.

Inzwischen ist cyclo-AMP in vielen Zellen des menschlichen Körpers und in vielen Organismen unterschiedlichster Entwicklungsstufen nachgewiesen worden, auch in Bakterien. Seine Entdeckung durch Sutherland bereitete den Boden für mannigfache Untersuchungen, dank derer wir die Wirkungsweise von Peptidhormonen heute recht gut verstehen, wie die nächsten Kapitel zeigen werden. Es gibt allerdings einige Peptidhormone, etwa Insulin, Prolactin und Wachstumshormon, die nicht cyclo-AMP als zweiten Boten benutzen. Wenn wir die noch unbekannten intrazellulären Biokuriere dieser Hormone entdecken, werden sich uns gewiß wieder neue Einblicke in die Wirkungsweise von Hormonen eröffnen.

## Steroidhormone

Die Steroidhormone verkörpern eine völlig andere Hormonklasse als die Peptidhormone. Steroide sind in der Regel viel kleiner als Peptide und können die Plasmamembran ungehindert in beide Richtungen passieren. In hormonempfindlichen Zellen werden solche Hormone jedoch von Steroidrezeptoren mit hoher Bindungsaffinität eingefangen. Von den in Tabelle 2.1 aufgeführten Hormonen sind lediglich die der Nebennieren, der Eierstöcke und der Hoden Steroide. In den Zellen der Nebennierenrinde werden Cortisol und Aldosteron gebildet; Östradiol und Progesteron entstehen in den interstitiellen Zellen („Zwischenzellen") der Eierstöcke, während Testosteron in den Leydigschen Zellen der Hoden produziert wird.

Die Synthese aller Steroidhormone geht vom Cholesterin aus, das im Cytoplasma in Fett-Tröpfchen gespeichert ist. Die von Enzymen katalysierte schrittweise Umwandlung von Cholesterin in Steroidhormone ist in Bild 2.6 schematisch dargestellt. In dieser Reaktionskette kommt dem Zwischenprodukt Pregnenolon eine Schlüsselstellung zu, da sich von ihm einerseits die Nebennierenrindenhormone und andererseits die Geschlechtshormone abzweigen. Die Umwandlung von Cholesterin in Pregnenolon ist der geschwindigkeitsbestimmende Schritt der Steroidhormonsynthese und wird durch Hypophysenhormone gesteuert. Die Enzyme für die nachfolgende Verarbeitung von Pregnenolon zu Cortisol und Aldosteron kommen lediglich in den Nebennierenrin-

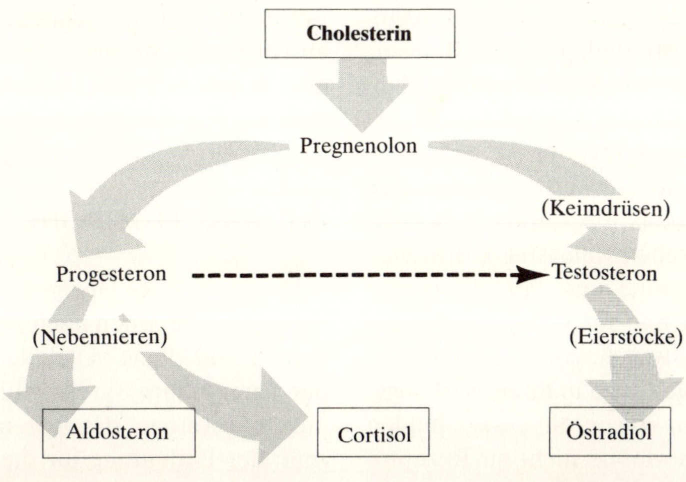


Bild 2.6: Die Synthese der wichtigsten Steroidhormone aus Cholesterin beziehungsweise aus Pregnenolon findet in den Rindenzellen der Nebennieren sowie in besonderen Zellen der Keimdrüsen statt.

denzellen vor, während die für die Synthese von Testosteron und Östradiol hauptsächlich in den Zellen von Hoden beziehungsweise Eierstöcken zu finden sind.

Interessanterweise können Peptid- und Steroidhormone ihre Synthese gegenseitig regulieren und tun das auch. Der Ausstoß von Steroidhormonen aus den Nebennieren und Keimdrüsen wird durch Peptidhormone aus der Hypophyse gesteuert. So steigt die Synthese von Cortisol in den Zellen der Nebennierenrinde unter dem Einfluß des Hypophysenhormons ACTH beträchtlich an. ACTH bindet sich an Rezeptoren auf der Plasmamembran von Nebennierenrindenzellen und verursacht dadurch die Bildung von cyclo-AMP im Zellinneren. Als zweiter Bote aktiviert cyclo-AMP in der Zelle die Schlüsselenzyme, die die Produktion von Pregnenolon aus Cholesterin und damit letztlich den Ausstoß von Cortisol erhöhen.

Über einen ähnlichen Mechanismus führt das Hypophysenhormon LH, das ebenfalls ein Peptid ist, zu einer vermehrten Produktion von Testosteron in den Hoden und von Östradiol in den Eierstöcken. Steigende Cortisol-, Testosteron- und Östradiolspiegel im Blut sorgen durch direkte Rückkopplungshemmung dafür, daß der Ausstoß von ACTH und LH aus der Hypophyse gedrosselt wird, und unterdrücken wahrscheinlich auch die Produktion der betreffenden hypothalamischen Releasing-Hormone.

Steroidhormone und Peptidhormone werden nicht nur auf völlig verschiedenen Reaktionswegen synthetisiert, sie unterscheiden sich auch in ihren Wirkungsmechanismen. Wie bereits gesagt, binden sich Steroidhormone nicht an Rezeptoren auf der Zelloberfläche, sondern dringen ungehindert in die Zelle ein, wo sie von Steroidrezeptoren im Cytoplasma abgefangen werden. Der Steroid-Rezeptor-Komplex wandert anschließend in den Zellkern und heftet sich dort an spezifische Regionen der DNA. Dadurch wird ein bestimmter Abschnitt der Nucleotidsequenz für die Übertragung in mRNA (Boten-RNA) freigegeben; die mRNA sorgt schließlich dafür, daß im Cytoplasma spezielle Proteine synthetisiert werden. Steroidhormone fördern also die Synthese spezifischer Proteine und verändern dadurch die Stoffwechsellage der Zelle. Peptidhormone arbeiten ganz anders. Sie führen über cyclo-AMP zu einer Abwandlung von Proteinen, die bereits in der Zelle vorhanden sind. Steroidhormone lassen demnach neue Proteine entstehen, während Peptidhormone inaktive Proteine (in diesem Fall Enzyme) aktivieren. Da die Enzymaktivierung ein wesentlich schnellerer Prozeß ist als die Neusynthese von Proteinen, wirken Peptidhormone viel rascher als Steroidhormone. Sie können eine Stoffwechselbahn innerhalb von Minuten auf volle Touren bringen, während Steroidhormone Stunden brauchen, um den Stoffwechsel zu verändern. Peptidhormone sind auf schnelle Wirkungen ausgerichtet, Steroidhormone eher auf eine langsame, aber dauerhafte Beeinflussung von Stoffwechselvorgängen.

## Andere Hormone

Einige wichtige Hormone gehören weder zu den Peptiden noch zu den Steroiden; es sind kleine Moleküle, die sich von der Aminosäure Tyrosin ableiten. Eines dieser Hormone, das Adrenalin, ist von zentraler Bedeutung für die Geschichte der Endokrinologie. Es wurde nicht nur als erstes Hormon überhaupt aus Extrakten isoliert und in seiner chemischen Struktur aufgeklärt, sondern auch in jenen Experimenten eingesetzt, bei denen Sutherland in Leberzellen das cyclo-AMP als *second messenger* entdeckte. Bei der Behandlung mancher bedrohlichen allergischen Reaktion dient Adrenalin als lebensrettendes Medikament. Bei starkem Streß wird es von den Nebennieren ausgeschüttet, um Lunge und Herzkreislaufsystem in ihren Funktionen zu unterstützen und gespeicherte Energieträger für den erhöhten Stoffwechselumsatz bereitzustellen.

Adrenalin wird in den Zellen des Nebennierenmarks in mehreren, von spezifischen Enzymen kontrollierten Schritten aus der Aminosäure Tyrosin synthetisiert. Zwei Reaktionen scheinen durch Nervenimpulse gesteuert zu werden, die aus dem sympathischen Nervensystem einlaufen; der letzte Schritt, die Umwandlung von Noradrenalin in Adrenalin, steht unter der Kontrolle des Nebennierenrindenhormons Cortisol. Im Zielgewebe bindet sich Adrenalin an Rezeptoren auf der Zelloberfläche und stimuliert die Bildung von cyclo-AMP, doch kann es seine Wirkung auch über andere intrazelluläre Botenstoffe entfalten. Im allgemeinen verhält sich Adrenalin also wie ein Peptidhormon, obwohl es sehr klein und von völlig anderer Struktur ist. Es gehört zu jener Sorte von Hormonen, auf die Sie keinesfalls verzichten möchten, wenn von allen Seiten feindliche Geschöpfe auf Sie eindringen, um Sie mit aller Macht aus der Fassung zu bringen.

Thyroxin ist wie Adrenalin weder ein Peptid noch ein Steroid. Es wird zusammen mit Trijodthyronin in den Schilddrüsenzellen gebildet (und zwar ebenfalls aus Tyrosin). Das Strukturmerkmal dieser beiden Hormone sind Jodatome, von denen das Thyroxin vier und das Trijodthyronin drei besitzt; deshalb bezeichnet man sie auch als T 4 und T 3. Die Art und Weise, wie T 4 und T 3 ihre Wirkung entfalten, ist einzigartig. Sie diffundieren direkt in das Cytoplasma, wo T 4 in T 3 umgewandelt wird. T 3 wandert anschließend in den Zellkern, um dort mit einem Proteinrezeptor von hoher Bindungsaffinität in Wechselwirkung zu treten, der an die DNA geheftet ist. Dies löst die Produktion von mRNA aus, die wiederum dazu führt, daß bestimmte, von den Zellen benötigte Proteine hergestellt werden. T 3 ist das einzige Hormon, von dem man weiß, daß es direkt in den Zellkern marschiert, ohne zuvor an Rezeptoren auf der Plasmamembran oder im Cytoplasma gebunden zu werden. In seiner Wirkungsweise ähnelt es insofern den Steroidhormonen, als es im Zellkern die mRNA-Synthese in Gang setzt.

## Regulation über Rückkopplungsschleifen

Wir haben nun eine allgemeine Vorstellung von der Synthese und den Wirkungsweisen der Hormone gewonnen. Diese Botenstoffe, die sich in der Jahrmilliarden währenden Evolution von den Bakterien bis zum Menschen herausgebildet haben, regulieren überall im Körper Lebensprozesse in einer komplexen und doch irgendwie geordneten Weise. Drüsen und hormonbildende Zellhaufen reagieren auf chemische Signale, indem sie verschiedene Peptide, Steroide und Tyrosinabkömmlinge an das Blut abgeben. Im Blutstrom gehen diese Botenstoffe auf die Suche nach spezifischen Rezeptoren in entfernt gelegenen Zielgeweben. Die resultierenden Wechselwirkungen sind so miteinander verflochten, daß das scheinbare Durcheinander doch Methode hat. Durch Rückmeldungen von den Zielgeweben erfahren die hormonbildenden Drüsen, was draußen vor sich geht. Thyroxin aus der Schilddrüse signalisiert der Hypophyse, TSH zurückzuhalten. Das gleiche gilt für Cortisol in bezug auf ACTH. Ein steigender Calciumspiegel im Blut gibt der Nebenschilddrüse den Befehl, die Produktion von PTH zu drosseln, und die Synthese von Insulin durch Zellen der Bauchspeicheldrüse wird ständig so eingestellt, daß der Blutzuckerspiegel innerhalb bestimmter Grenzwerte bleibt.

Diese Verzahnung zwischen Hormonsynthese und Hormonwirkung bildet die Grundlage für ein fein abgestimmtes chemisches Regulationssystem, das im gesamten Körper zahlreiche biochemische Prozesse koordiniert. Mehr als drei Milliarden Jahre natürlicher Selektion sind vergangen, um dieses phantastische Funktionsschema zu schaffen – Jahrmilliarden, in denen die Natur mit dem Ziel, die Überlebenschancen zu erhöhen, immer wieder hier und dort herumprobiert hat, bis der Entwurf zu einem stromlinienförmigen Ganzen gereift war. Die Hormone sind Informationsträger, die dem Körper ermöglichen, auf einem optimalen Niveau zu arbeiten, und die uns erlauben, auch angesichts dramatischer Umweltveränderungen zu überleben.

# Eine Million Schweine

Im Hypothalamus kann man die Gerüchteküche des Gehirns vermuten. Er ist so etwas wie das Casablanca des Zentralnervensystems – ein Ort, an dem mysteriöse Nachrichten aus dem Gehirn sortiert und in die Sprache der Peptidhormone übertragen werden; hier dürften sich all jene Leser so richtig wohl fühlen, die für die abenteuerliche Seite des Lebens zu begeistern sind. Ein Aufgebot von Hunderten von Wissenschaftlern hat über Dutzende von Jahren die Gehirne von mehr als einer Million Schweine und ähnlich vielen Schafen untersucht, um die Peptidhormone des Hypothalamus zu identifizieren, die die Adenohypophyse regulieren. Niemals zuvor haben uns so viele Schweine zu so viel Wissen über so wenige Hormone verholfen.

Der *Hypothalamus* ist eine kleine Region an der Basis des Gehirns direkt oberhalb der Hypophyse. In der Hierarchie des Hormonsystems nimmt er die Spitzenposition ein, und seine Aufgabe besteht darin, die aus verschiedenen Hirnarealen einlaufenden Signale zusammenzufassen. Der Hypothalamus ist der Ort, an dem Nervenimpulse in Hormonsignale übersetzt werden, die dann über die Hypophyse weitere Drüsen oder Organe des Körpers in ihrer Aktivität beeinflussen. Die Entdeckung von Hypothalamushormonen, die die Aktivität der Adenohypophyse regulieren, hat sich während der vergangenen Jahrzehnte als eines der aufregendsten Kapitel in der Geschichte der Hormonphysiologie entpuppt. Der Nachweis dieser Hormone erfolgte nicht über Nacht; er war vielmehr das Ergebnis vieler Jahre harter und manchmal frustrierender Arbeit in zahlreichen Forschungsstätten der ganzen Welt.

Die Hypothalamushormone kommen im Gehirn nur in äußerst geringen Mengen vor, so daß es ausgesprochen schwierig war, sie aufzuspüren, zu isolieren und schließlich ihre chemische Struktur aufzuklären. Da mit der Zeit immer mehr Wissenschaftler daran scheiterten, diese Hormone nachzuweisen, fingen viele an, die Existenz solcher Hypothalamushormone generell in Frage zu stellen. Doch nach fast 15 Jahren unermüdlichen Einsatzes gelang zwei Forschergruppen endlich der entscheidende Durchbruch: 1969 isolierten die Teams von Schally und Guillemin unabhängig voneinander als erstes Hypothalamushormon das Thyrotropin-Releasing-Hormon (TRH) und bestimmten seine chemische Struktur. Schallys Gruppe verbrauchte für die Isolierungsprozedur die Hypothalami von über einer Million Schweinen, während Guillemin auf eine ähnlich große Zahl von Schafen zurückgriff. Es war sicherlich keine Aufgabe für schwache Gemüter, diesen Meilenstein in der neuroendokrinologischen Forschung zu setzen. Dahinter stand eine Meisterleistung biomedizinischer Technik in monumentalem Maßstab, die ungeheure Mengen an Geld und Personal verschlang und ein hohes Maß an Einsatzbereitschaft und Zielstrebigkeit erforderte.

## Die Entwicklung einer Theorie

Die *Hirnanhangsdrüse* ist eine kleine Drüse, die an der Basis des Gehirns in einer knöchernen Senke, dem sogenannten *Türkensattel* (*Sella turcica*), liegt. Sie war schon den alten Griechen bekannt, die ihr in Anlehnung an das Wort *phyein* (wachsen) die Bezeichnung *hypophysis* verliehen. Die Hirnanhangsdrüse oder Hypophyse ist also ein „Gewächs" unterhalb des Gehirns und mit diesem über einen kurzen Stiel verbunden (siehe Bild 3.1). Im zweiten Jahrhundert nach Christus hatte der berühmte Mediziner Galen in der Hypophyse eine Art Abfallgrube gesehen, in der über den Hypophysenstiel Abbauprodukte aus dem Gehirn gesammelt wurden. Von der Hypophyse sollten diese über die Nasennebenhöhlen der Nase zugeführt werden und dort als *pituita* (Nasenschleim) in Erscheinung treten (daher auch die Fachbezeichnung *Glandula pituitaria* und das englische *pituitary*). Überraschenderweise hielt sich diese Vorstellung 1500 Jahre lang, nämlich bis ins 17. Jahrhundert, als Schneider in Deutschland und Lower in England im Experiment nachwiesen, daß unter normalen Umständen niemals Flüssigkeit vom Gehirn zur Nase fließen kann. Und erst im 20. Jahrhundert setzte sich die Vorstellung von der Hypophyse als Steuerdrüse durch, die mehrere Hormone an das Blut abgibt, um Stoffwechsel und Keimdrüsenfunktion zu regulieren.

Aufgrund eingehender anatomischer und physiologischer Untersuchungen hat man inzwischen erkannt, welch außer-

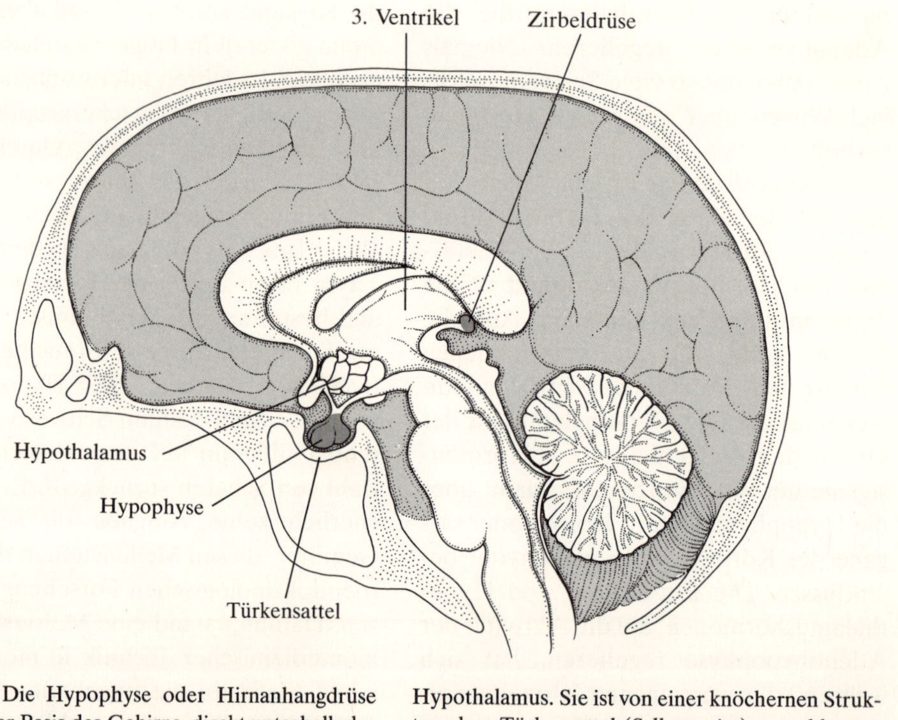


Bild 3.1: Die Hypophyse oder Hirnanhangdrüse liegt an der Basis des Gehirns, direkt unterhalb des Hypothalamus. Sie ist von einer knöchernen Struktur, dem Türkensattel (*Sella turcica*), umschlossen.

gewöhnliches Organ die Hypophyse ist: Sie reguliert die Aktivität einer ganzen Reihe von Hormondrüsen im gesamten Körper. Der vordere Teil, die *Adenohypophyse*, schüttet LH und FSH aus, um die Keimdrüsen zu kontrollieren, TSH, um die Aktivität der Schilddrüse zu steuern, ACTH, um die Nebennierenrinde zu aktivieren, sowie Somatotropin (Wachstumshormon) und Prolactin. Der hintere Teil, die *Neurohypophyse*, sezerniert Vasopressin (auch Adiuretin oder antidiuretisches Hormon, ADH, genannt), das den Wasserhaushalt reguliert, sowie Oxytocin, das für die Kontraktionen der Gebärmutter und für das Einschießen der Milch nach der Geburt verantwortlich ist. Bei all diesen Hormonen handelt es sich um Peptide, von denen man lange Zeit annahm, daß sie ausschließlich unter der Kontrolle einfacher Rückkopplungsmechanismen stehen. Das Bild von der Hypophyse als Steuerinstanz für die Stoffwechselvorgänge des Körpers geriet jedoch ins Wanken, als man allmählich erkannte, daß sie selbst unter dem Einfluß höherer Hirnzentren wie des Hypothalamus steht. Die Entdeckung, daß Hypophysenhormone als Antwort auf die verschiedenartigsten Umweltreize ausgeschüttet werden, war nur damit zu erklären, daß Verbindungswege zwischen Nervensystem und Hypophyse bestanden.

Als erstes wurde die Frage der neuralen Kontrolle der Neurohypophyse geklärt. Bereits 1894 hatte Ramón y Cajal ein Bündel von Nervenfasern entdeckt, das vom Hypothalamus zur Neurohypophyse verlief. Später bestätigten andere Wissenschaftler, daß die Neurohypophyse reichlich von Nerven hypothalamischen Ursprungs durchsetzt ist. Die Zellkörper dieser Nervenfasern liegen nahe der Sehbahn (*Tractus opticus*) und dem dritten Hirnventrikel in zwei eng umrissenen Arealen, dem supraoptischen und dem paraventrikulären Kerngebiet (*Nucleus supraopticus* und *N. paraventricularis*, siehe Bild 3.2). Hier findet die Synthese der Neurohypophysenhormone Vasopressin und Oxytocin statt, die – in Granula verpackt – entlang der Axone zur Neurohypophyse transportiert und dort in den Nervenendigungen gespeichert werden. Die Freisetzung dieser Hormone erfolgt auf entsprechende Reize, die den Hypothalamus über den Blutstrom oder über das Nervensystem erreichen.

Die gesuchte Verbindung zwischen Gehirn und Neurohypophyse entpuppte sich so auf elegante Weise als eine neuroendokrine Einheit: Die gleichen hypothalamischen Nervenzellen, die in ihren zu Kerngebieten zusammengefaßten Zellkörpern Hormone synthetisieren, kontrollieren auch deren Ausschüttung in den Blutstrom; die Axonendigungen dieser Nervenzellen, in denen die Hormone gespeichert werden, sind letztlich Hauptbestandteil der Neurohypophyse. (Ein Organ, das im wesentlichen aus den Endabschnitten der Axone neurosekretorischer Zellen besteht und unmittelbaren Kontakt zum Blutgefäßsystem hat, nennt man auch *Neurohämalorgan*).

Die Natur der Verbindung zwischen Adenohypophyse und Nervensystem war nicht so einfach aufzuklären, und die jahrelange Suche nach der Antwort ließ so manchen Forscher nahezu verzweifeln. Man konnte etwa in der Adenohypophyse keinerlei Nervenfasern nachweisen, die vom Hypothalamus oder aus anderen Hirnregionen kamen. Wie aber signalisierte das Gehirn der Adenohypophyse, Hormone auszuschütten? Sicherlich nicht über eine einfache Nervenbahn wie im Falle der Neurohypophyse!

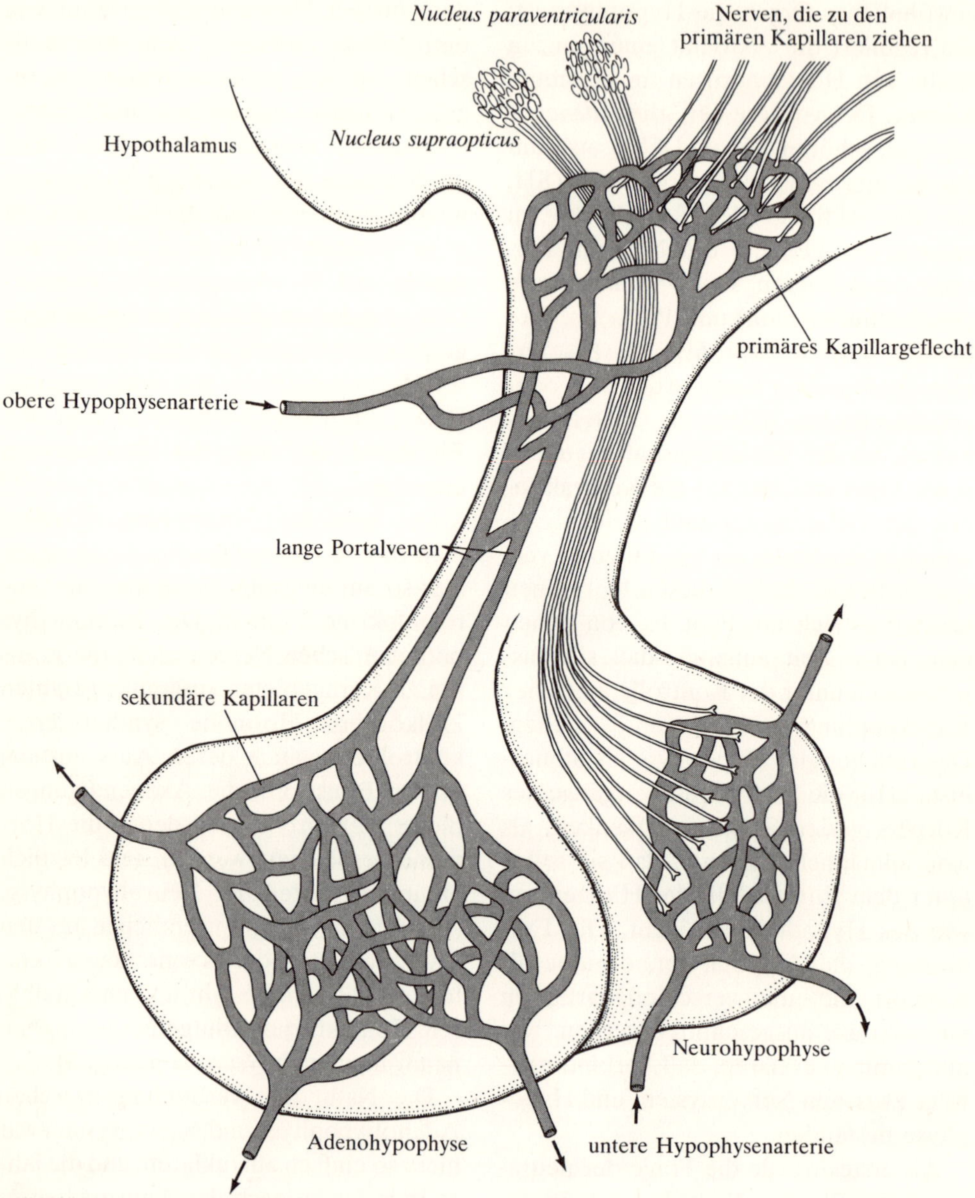


Bild 3.2: Die Hypophyse besteht aus zwei verschiedenen Teilen. Die Neurohypophyse ist ein Neurohämalorgan und unterliegt daher einer direkten neuralen Kontrolle. Nervenreize, die an den hormonbildenden Nervenzellen der beiden hypothalamischen *Nuclei* (Nervenzellgruppen) einlaufen, steuern die Freisetzung der in den Axonendigungen gespeicherten Hormone. Die Adenohypophyse dagegen ist eine reine Drüse; ihre Aktivität wird durch abgabefördernde beziehungsweise abgabehemmende Hormone aus dem Hypothalamus reguliert, die in das Pfortadersystem ausgeschüttet werden.

In den dreißiger Jahren wußte man bereits, daß bei Säugetieren das Zentralnervensystem auf präzise Weise die Ausschüttung von Gonadotropinen (LH und FSH) kontrolliert; der Mechanismus war jedoch unbekannt. Schon 1797 hatte man herausgefunden, daß weibliche Kaninchen wenige Stunden nach der Kopulation einen Eisprung haben; wie später gezeigt wurde, ist diese Ovulation ein Reflex auf den Kopulationsreiz, bei dem vom Rückenmark an das Gehirn weitergeleitete Signale für die Freisetzung von LH aus der Adenohypophyse sorgen. Es stellte sich weiterhin heraus, daß die Ovulation auch durch viele andere Reize induziert werden kann, darunter Temperatur, Licht, Nahrungsversorgung und psychologische Faktoren. Der Hypothalamus rückte als Bindeglied zwischen Gehirn und Hypophyse in den Mittelpunkt des Interesses, als Wissenschaftlern mit Hilfe von Elektroden, die sie in verschiedene Hirngebiete eingeführt hatten, der Nachweis gelang, daß die elektrische Reizung des Hypothalamus bei Kaninchen und anderen Tieren die Ovulation auszulösen vermag. Ähnliche elektrische Reizungen des Hypothalamus führten auch zur Freisetzung von ACTH, TSH und Wachstumshormon aus der Hypophyse, während bei direkter Reizung der Hypophyse keine Hormone von dort ausgeschüttet wurden.

Ein weiterer Befund unterstrich die Abhängigkeit der Hypophyse vom Hypothalamus: Wurden im Hypothalamus bestimmte Areale zerstört, sank anschließend die sekretorische Aktivität der Adenohypophyse. Es lag auf der Hand, daß die Unversehrtheit des Hypothalamus von entscheidender Bedeutung für die Informationsübertragung vom Zentralnervensystem zur Hypophyse ist. Der Hypothalamus stellte ganz offensichtlich das Bindeglied zwischen dem Nervensystem und dem Hormonsystem dar, doch blieben die Einzelheiten dieser Verbindung so lange im dunkeln, bis die anatomischen Grundlagen geklärt waren. Man nahm damals allgemein an, daß Hypothalamus und Adenohypophyse über noch nicht identifizierte Nervenfasern in Kontakt stehen.

Ein Durchbruch kam Anfang der dreißiger Jahre, als Popa und Fielding im Rahmen eingehender anatomischer Untersuchungen Blutgefäße entdeckten, die die Kapillaren des Hypothalamus mit denjenigen der Hypophyse verbanden. Sie nannten dieses Gefäßsystem *Hypothalamus - Hypophysen - Pfortadersystem*, nahmen aber fälschlicherweise an, das Blut flösse von der Hypophyse zum Hypothalamus. Wislocki und King wiesen später nach, daß es umgekehrt vom Hypothalamus über das Pfortadersystem im Hypophysenstiel in die Adenohypophyse strömt. Damit war die Zeit reif für eine revolutionäre neue Theorie über die Regulation der Hypophyse durch den Hypothalamus – eine Theorie, die der intellektuelle Motor für die neuroendokrinologischen Experimente der kommenden 20 Jahre war.

Diese Theorie, die von Geoffrey Harris und einigen anderen Wissenschaftlern verbreitet wurde, besagte, daß hypothalamische Nervenzellen Hormone synthetisieren, die direkt in die Blutkapillaren des Hypothalamus ausgeschüttet werden und über das Pfortadersystem zur Adenohypophyse gelangen, wo sie die Hypophysenzellen veranlassen, ihrerseits Hormone an das Blut abzugeben (siehe Bild 3.2). Die neue Theorie erklärte also sowohl das Fehlen jeglicher neuralen Verbindung zwischen Hypothalamus und Adenohypophyse als auch die Existenz des einzigartigen Blutgefäßsystems im

Hypophysenstiel, das der Adenohypophyse Blut aus dem Hypothalamus zuführt. Dieselbe Theorie verlangte außerdem einen Mechanismus, der es erlaubte, daß Signale aus dem Zentralnervensystem hypothalamische Nervenzellen dazu anregten, Hypophysenhormone freizusetzen. Harris war nicht nur der Hauptverfechter dieser Theorie, sondern steuerte auch viel experimentell gewonnenes Beweismaterial bei.

Seine Vorstellung, daß hypothalamische Releasing-Hormone die Grundlage für die neurale Kontrolle der Adenohypophyse bilden und daß auf diese Weise das Gehirn die Hormonsekretion wichtiger Drüsen im ganzen Körper steuert, war für die Endokrinologie von zentraler Bedeutung.

Den ersten Beweis für die neue Theorie lieferten Experimente an Tieren, denen der Hypophysenstiel durchtrennt worden war, um die Verbindung zwischen Hypothalamus und Hypophyse zu unterbrechen. Diese Versuche waren zwar von ihrer Konzeption her recht einfach, jedoch gar nicht so leicht durchzuführen. Wie Harris zeigte, gelang es häufig nicht, auf diese Weise die Freisetzung von Hypophysenhormonen (wie den Gonadotropinen) zu unterbinden, da die Pfortadergefäße sehr schnell wieder über die Schnittstelle hinweg zusammenwuchsen. Erst als Harris ein Plättchen in die Schnittstelle einsetzte und dadurch die Regeneration der Gefäße verhinderte, kam es bei den Versuchstieren nicht mehr zum Eisprung. Damit war bewiesen, daß für die Freisetzung von LH und FSH aus der Hypophyse dieses Blutgefäßsystem intakt sein muß. Andere Wissenschaftler konnten bei verschiedenen Versuchstieren die Befunde von Harris bestätigen.

Zusammen mit Jacobsohn wagte sich Harris dann an folgendes Experiment: Er entnahm die Hypophyse aus der Grube des Türkensattels und verpflanzte sie an eine andere Stelle im Gehirn; dort wuchsen mit der Zeit Blutgefäße in die Hypophyse ein, die keinerlei Verbindung zum Hypothalamus besaßen. Die so ver-

**Tabelle 3.1: Hormone des Hypothalamus**

| Kurzbezeichnung | Name des Hormons |
|---|---|
| CRH | *C*orticotropin-*R*eleasing-*H*ormon |
| GHRH (SRH) | *G*rowth-*H*ormone-(Wachstumshormon-)*R*eleasing-*H*ormon (*S*omatotropin-*R*eleasing-*H*ormon) |
| GIH | *G*rowth-Hormone-Release-*I*nhibiting-*H*ormon (Somatostatin) |
| GRH (FSHRH/LHRH) | *G*onadotropin-*R*eleasing-*H*ormon (Releasing-Hormon für das follikelstimulierende und das luteinisierende Hormon) |
| PIH | *P*rolactin-Release-*I*nhibiting-*H*ormon |
| PRH | *P*rolactin-*R*eleasing-*H*ormon |
| TRH | *T*hyrotropin-*R*eleasing-*H*ormon |

pflanzte Hypophyse schüttete keine Gonadotropine aus, so daß der Eisprung unterblieb. Wurde sie aber in die Nähe des Hypothalamus transplantiert, kam es bei den Versuchstieren zur Ovulation und nach erfolgreicher Begattung auch zur Trächtigkeit. Andere Forscher fanden heraus, daß auch die übrigen Hypophysenhormone (ACTH, LH, FSH, TSH und Somatotropin) nicht mehr ausgeschüttet werden, wenn man die Hypophyse an vom Türkensattel entfernte Stellen im Körper verpflanzt. Die sekretorische Aktivität lebt aber sofort wieder auf, sobald die Hypophyse an ihren natürlichen Ort unterhalb des Hypothalamus zurückverpflanzt wird. Diese Beobachtungen lieferten den eindeutigen Beweis, daß der Hypothalamus die Aktivität der Hypophyse über das Pfortadersystem kontrolliert. Jetzt ging es darum, jene Hypothalamushormone, die die Adenohypophyse steuern (siehe Tabelle 3.1), zu isolieren und zu identifizieren.

## Der Startschuß

Die Gültigkeit der radikal neuen Theorie über die Regulation der Adenohypophyse hing vor allem vom Nachweis der Hypothalamushormone ab, die die Ausschüttung der Hypophysenhormone in das Blut auslösen. In zahlreichen Laboratorien begaben sich die Wissenschaftler daher in die Startlöcher zu einem biochemischen Wettrennen um die Isolierung dieser hypothetischen Releasing-Hormone (oder Releasing-Faktoren, wie man sie anfänglich nannte, als ihre Existenz noch in Frage stand).

Um der Isolierung der Hypothalamushormone näherzukommen, mußte man zunächst einmal die Existenz dieser Hormone nachweisen. Damals, am Anfang der fünfziger Jahre, stand bloß ein einziger zuverlässiger Test für ein Hypophysenhormon zur Verfügung, nämlich der Assay für das adrenocorticotrope Hormon (ACTH); das Peptidhormon ACTH kontrolliert Synthese und Ausschüttung von Cortisol aus der Nebennierenrinde. Daher war es ganz natürlich, daß man sich bei den ersten Versuchen, die Stichhaltigkeit von Harris' Theorie zu überprüfen, jenem Hypothalamushormon zuwandte, das die Freisetzung von ACTH aus der Hypophyse induziert: dem Corticotropin-Releasing-Hormon (CRH).

Wie so oft in der Wissenschaft gelang es damals zwei Forschergruppen, die unabhängig und ohne Kenntnis voneinander an dem gleichen Problem arbeiteten, mit sehr ähnlichen Experimenten und zur gleichen Zeit, die Existenz von CRH nachzuweisen. In Houston legten Guillemin und Rosenberg Zellkulturen der Adenohypophyse von Ratten und Hunden an und konnten – wie schon andere vor ihnen – zeigen, daß diese Zellen nach einigen Tagen nicht mehr in der Lage waren, ACTH zu synthetisieren. Dieses Hormon ließ sich dann im Kulturmedium nicht mehr nachweisen. Die Hypophysenzellen waren aber weiterhin voll stoffwechselaktiv und zeigten ein normales Wachstum. Im entscheidenden Teil des Experiments wurde der Hypophysenzellkultur Hypothalamusgewebe zugesetzt. In dessen Gegenwart nahmen die kultivierten Zellen die ACTH-Produktion wieder auf – ein Beweis, daß hypothalamische Zellen irgendeinen Faktor abgeben, der die Hypophysenzellen stimuliert, ACTH freizusetzen und zu produzieren. Der Faktor verhielt sich wie das geforderte CRH. Zur gleichen Zeit kamen Saffran und Schally in Montreal, die Adenohypophysengewebe von Ratten benutzten, zu ähnlichen Schlußfolgerungen. Bild 3.3 zeigt ein Schema des so erarbeiteten Regulationsmusters. Die Entdeckungen der beiden Forschungsgruppen wurden 1955 veröffentlicht und machten den Weg frei für die ungeheuer aufwendige Isolierung und Identifizierung von CRH, die allerdings erst 26 Jahre später, also 1981, erfolgreich abgeschlossen war. Die zentrale Bedeutung des Corticotropin-Releasing-Hormons liegt also nicht allein in der Tatsache, daß es die Produktion von ACTH und Cortisol kontrolliert, sondern auch darin, daß es das erste hypophysenregulierende Hypothalamushormon war, das man ernsthaft zu isolieren versucht hatte.

Die Reagenzglaskulturen von Hypophysenzellen konnten zwar als Testsystem für CRH benutzt werden, doch die im Hypothalamus eines einzelnen Tieres vorhandene CRH-Menge war geradezu erbärmlich gering. Da es mit einer so kleinen Menge niemals möglich gewesen wäre, das CRH chemisch zu analysieren, mußten die Hypothalami einer großen Zahl von Tieren gesammelt werden. Das Ziel lag letztlich darin, in industriellem Maßstab zu arbeiten und so die Identifizierung der chemischen Struktur von CRH voranzutreiben. Guillemin und Hearn begannen, sich von einem Houstoner Fleischfabrikanten die Hypothalami von Rindern liefern zu lassen. Um CRH partiell zu reinigen, entwickelten sie folgende Methode: Sie zerkleinerten die Hypothalamuszellen und extrahierten die Inhaltsstoffe mit Hilfe besonderer Lösungsmittel. Anschließend wurden die verschiedenen Komponenten des Extraktes mit einem als Papierchromatographie bekannten Verfahren aufgetrennt. Doch auch so gelang es nicht, genügend Material zu sammeln, um die Strukturanalyse von CRH anzugehen. Andere Wissenschaftler begannen langsam, die Existenz von CRH zu bezweifeln; sie hielten eher das Vasopressin (auch ADH oder antidiuretisches Hormon genannt) des Hypophysenhinterlappens für das Hormon, das die Freisetzung von ACTH aus den Hypophysenzellen induzieren konnte. Möglicherweise war also Vasopressin für die positive Reaktion im CRH-Test verantwortlich gewesen.

Die Isolierung von CRH warf enorme technische Schwierigkeiten auf. 1957 ging Schally von Montreal nach Houston, um dort zusammen mit Guillemin an diesem Problem zu arbeiten. Doch die bei-

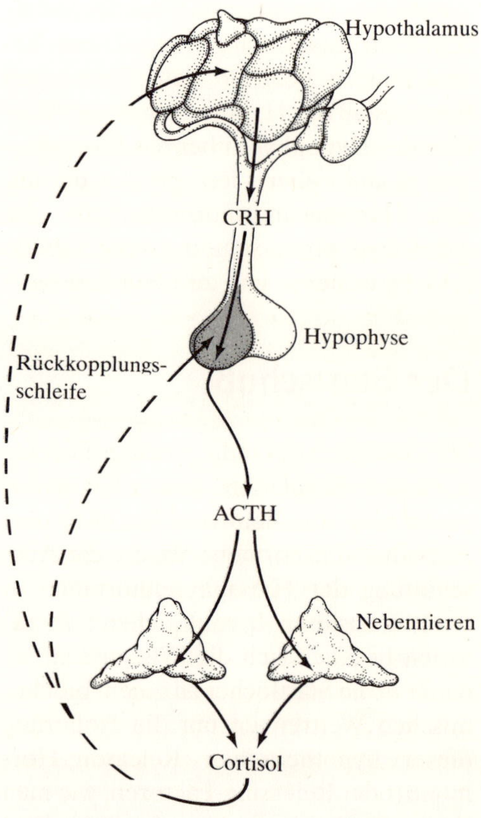


Bild 3.3: Das Hypothalamus-Hypophysen-Nebennierenrinden-System. Die Regulation der Cortisolsynthese in der Nebennierenrinde erfolgt über einen negativen Rückkopplungsmechanismus, bei dem ein steigender Cortisolspiegel im Blut die Synthese von CRH und ACTH unterdrückt.

den leidenschaftlichen Forscher, denen später gemeinsam für ihre Arbeit der Nobelpreis verliehen wurde, hatten damals bei ihren Bemühungen wenig Erfolg. Das CRH war schwer faßbar, und seine biologische Aktivität schien stets zu verschwinden, wenn man versuchte, es weiter zu reinigen. Die chromatographischen Verfahren wurden zwar weiter entwickelt, doch lieferten auch sie keine befriedigenden Resultate. Da die Schwierigkeiten bei der Isolierung von CRH einfach nicht in den Griff zu bekommen waren, gab man nach sieben Jahren die Suche nach der Struktur dieser Substanz zunächst auf, um sich anderen Hypothalamushormonen zuzuwenden. 1962 verließ Schally Houston und baute am Veterans Administration Hospital in New Orleans sein eigenes Labor auf. Damit begann ein geradezu heroischer Wettlauf zwischen Schally und Guillemin, in dem es darum ging, wer als erster ein Hypothalamushormon isolierte und identifizierte.

## Der Wettlauf um das TRH

Guillemin war 1960 nach Paris gegangen, um ein Labor am Collège de France aufzubauen. Seine Forschungsgruppe in Houston, wo Schally sich seinerzeit noch mit dem unglückseligen CRH-Isolierungsprojekt herumschlug, bestand jedoch weiter. In Paris änderte Guillemin seinen Kurs und beschloß, die Isolierung von LHRH (Releasing-Hormon für das luteinisierende Hormon) und TRH (Thyrotropin-Releasing-Hormon) zu versuchen. Das Releasing-Hormon mußte in reiner Form isoliert werden, damit man seine chemische Struktur aufklären konnte. Guillemins Gruppe verarbeitete mehr als fünf Tonnen Hypothalamusgewebe von 500 000 Schafen, und mit Hilfe eines empfindlichen Tests für TRH näherte sie sich allmählich der Isolierung dieses Hormons. Dann überwarf sich Guillemin jedoch mit seinen Mitarbeitern in Paris und kehrte 1963 – kurz nach Schallys Wechsel nach New Orleans – nach Houston zurück. Dort stellte er eine neue Forschungsmannschaft zusammen, der auch Vale und der Chemiker Burgus angehörten. Dieses neue Team setzte die in Paris begonnene Arbeit fort; in einem regelrechten Frontalangriff auf die Struktur des TRH wurden die Hypothalami von nahezu zwei Millionen Schafen verarbeitet. Die Traumwelt eines Chemieingenieurs tat sich auf: Ganze Fässer voll Material konnten zu Extrakten verarbeitet werden, die man dann auf fabrikmäßigen Chromatographiesäulen reinigte. Dieses kühne Unternehmen verschlang sowohl große Summen von Geldern, die die National Institutes of Health (die nationale amerikanische Gesundheitsbehörde) bereitstellten, als auch ungeheure wissenschaftliche Energien; halbherzige Versuche, das Problem zu lösen, waren nicht gefragt. Der Erfolg begann sich bald abzuzeichnen: 1964 berichtete die Gruppe von Guillemin, daß TRH elf Aminosäuren enthält; 1965 erhöhte sie ihre Schätzung auf 18 Aminosäuren.

Während dieser Zeit war Schally keineswegs untätig gewesen. Ende 1962 hatte ihn Bowers, ein Endokrinologe an der Tulane University School of Medicine, nach New Orleans geholt. Dort baute Schally kurz darauf eine eigene Forschungsgruppe am Veterans Administration Hospital auf. Wie Guillemin legte auch er das CRH-Projekt auf Eis und wandte sich statt dessen dem TRH zu. Da Guillemin bei der Isolierung dieses Hypothalamushormons damals bereits einen deutlichen Vorsprung besaß, beschloß Schally, als Rohmaterial für die Extrakte nicht die Hypothalami von Schafen, sondern von Schweinen zu nehmen. Sollte es Guillemin tatsächlich als erstem gelingen, die chemische Struktur von Schaf-TRH aufzuklären, hätte Schally immer noch wichtige Ergebnisse veröffentlichen können, selbst wenn sich die Strukturen von Schweine-TRH und Schaf-TRH letztlich als identisch erweisen sollten.

Wegen seines bescheidenen Forschungsetats war Schally bemüht, möglichst günstig an die benötigten Mengen Schweinehypothalami heranzukommen. Dabei stieß er auf eine wahre Goldgrube. Der Fleischkonservenhersteller Oscar Mayer in Wisconsin schlachtete pro Tag etwa 10 000 Schweine; die Gesellschaft erklärte sich großzügig bereit, Schally mit Schweinehypothalami in Stückmengen von 100 000 zu beliefern. Mit der Zeit spendete die Oscar Mayer Company auf diese Weise mehr als eine Million Hypothalami – ein Geschenk, das für Schallys Forschung von ganz entscheidender Bedeutung war. Die intensive Suche nach einem geeigneten Reinigungsverfahren für die Extrakte aus den Schweinehypothalami wurde bald von Erfolg gekrönt: Anfang 1966 berichtete Schallys Gruppe, daß das Schweine-TRH aus bis zu 23 Aminosäuren besteht.

Dann jedoch unterlief sowohl der Arbeitsgruppe von Guillemin als auch Schallys Team ein fast fataler Denkfehler, der sie auf eine völlig falsche Bahn führte. Nachdem Guillemin und seine Mitarbeiter das TRH auf 18 Aminosäuren geschätzt hatten, unternahmen sie ein gewaltiges Experiment, um seine genaue Struktur aufzuklären. Sie verarbeiteten weitere fünf Tonnen Hypothalamusgewebe von 500 000 Schafen, indem sie es mehreren Extraktionsprozessen und anschließend etlichen separaten Reinigungsschritten unterwarfen. Dabei stellten sie fest, daß der Gewichtsanteil der Aminosäuren am TRH lediglich fünf bis acht Prozent betrug; im Mai 1966 kamen sie daher zu dem Schluß, daß es sich beim TRH nicht um ein einfaches Peptid handeln konnte, das sich ausschließlich aus Aminosäuren zusammensetzt. Vermutlich waren aber die Ergebnisse ihres Experiments durch Verunreinigungen verfälscht worden, die während der verschiedenen Reinigungsschritte aufgetreten waren.

Schallys Gruppe ließ sich nicht lumpen und arbeitete mit Hilfe eines mehrstufigen, peinlich genauen Reinigungsverfahrens 100 000 Schweinehypothalami auf. Überraschenderweise kam sie damit zur richtigen Antwort: TRH ist lediglich aus drei Aminosäuren zusammengesetzt, nämlich aus *Histidin*, *Glutaminsäure* und *Prolin*. Leider schätzten sie jedoch die Reinheit ihrer Endprobe falsch ein und mutmaßten, daß der Aminosäureanteil nur 30 Prozent des Gewichtes von TRH ausmacht. Das verführte sie genau wie Guillemin zu der falschen Hypothese, daß TRH nicht ausschließlich aus Aminosäuren besteht. Schally ließ sich sogar vom pharmazeutischen Unternehmen Merk, Sharp and Dohme die sechs mit den drei Aminosäuren möglichen Tri-

| | |
|---|---|
| Glu–His–Pro | Glu–Pro–His |
| His–Glu–Pro | His–Pro–Glu |
| Pro–His–Glu | Pro–Glu–His |

Bild 3.4: Am Aufbau von TRH sind nur die drei Aminosäuren Glutaminsäure (Glu), Histidin (His) und Prolin (Pro) beteiligt. Für ihre Anordnung gibt es sechs Kombinationsmöglichkeiten, von denen lediglich das Tripeptid Glu–His–Pro in ein Molekül mit TRH-Aktivität überführt werden konnte.

peptide synthetisieren, die in Bild 3.4 aufgeführt sind. Keines davon zeigte jedoch TRH-Aktivität. Damit blieb die Identität dieses Hormons weiterhin im dunkeln.

Schally und Guillemin waren also unabhängig voneinander in die gleiche Sackgasse geraten, als sie irrtümlich annahmen, TRH sei kein einfaches Peptid. Die meisten anderen Wissenschaftler teilten diese Auffassung allerdings nicht. Jene, die auch weiterhin an die Existenz hypophysenregulierender Hypothalamushormone glaubten, vertraten nach wie vor die Ansicht, daß es sich dabei höchstwahrscheinlich um reine Peptide handelt; immerhin hatten sich inzwischen auch die beiden Hormone des Hypophysenhinterlappens, Vasopressin und Oxytocin, als einfache Peptide mit je neun Aminosäuren entpuppt. Das Verhältnis zwischen Schally und Guillemin begann sich zunehmend zu verschlechtern; besonders auf wissenschaftlichen Tagungen und in Publikationen trat ihre Rivalität offen zutage und nahm bisweilen sogar groteske Züge an. Eine normale akademische Auseinandersetzung, bei der häufig gerade wegen geringfügiger Meinungsverschiedenheiten heftigst gestritten wird, war das nicht mehr. Das Problem war überaus wichtig und der Einsatz sehr hoch. Demjenigen Wissenschaftler, dem es als erstem gelang, eines dieser Hypothalamushormone zu isolieren und in seiner chemischen Struktur aufzuklären, wäre mit Sicherheit nicht nur ein hohes Maß an persönlicher Befriedigung, sondern auch viel Ehre und Glück in Form von Forschungsgeldern und Wissenschaftspreisen zuteil geworden.

Obwohl Schallys Gruppe Ende 1966 der tatsächlichen Struktur des TRH recht nahe gekommen war, stellte sie ihre Untersuchungen an diesem Hormon ein und richtete ihr Interesse auf zwei andere Hypophysenhormone, nämlich LHRH und GHRH (Wachstumshormon-Releasing-Hormon). 1968 wurden Schally die Forschungsgelder seitens der National Institutes of Health (NIH) um 40 Prozent gekürzt. Das war ein Warnschuß, denn nach sieben Jahren erfolgloser Bemühungen, CRH zu isolieren, und weiteren sechs Jahren glückloser Arbeit am TRH-Projekt begannen die NIH und auch die wissenschaftliche Öffentlichkeit langsam die Geduld zu verlieren. Im Januar 1969 wurde in Tucson im US-Bundesstaat Arizona eine von den NIH gesponserte Konferenz einberufen, um Schally und Guillemin Gelegenheit zu geben, über ihre Arbeit zu berichten; für beide stand damals viel auf dem Spiel, denn es bestand die Gefahr, daß ihre NIH-Gelder gestrichen wurden. Zu dem Treffen hatte man die führenden Köpfe der Neuroendokrinologie – unter ihnen auch Geoffrey Harris – aus der ganzen Welt eingeladen, damit sie ihr Urteil über die bisherigen Mißerfolge bei der Isolierung der hypophysenregulierenden Hypothalamushormone abgaben.

Nach der verhängnisvollen Schlußfolgerung von Guillemin und Schally, daß das TRH kein einfaches Peptid sei, hatte Burgus in Guillemins Labor trotz allem im Stillen fleißig daran gearbeitet, die Reinigung von TRH aus den Extrakten von Schafhypothalami voranzutreiben. Zum Zeitpunkt der Konferenz in Tucson war er tatsächlich schon weit vorangekommen. Er verkündete dem erstaunten Publikum, daß TRH mindestens zu 80 Prozent aus Aminosäuren besteht und daß nur Glutaminsäure, Histidin und Prolin nachzuweisen sind; damit bestätigte er Schallys Befund aus dem Jahre 1966. Das war ein wichtiger Schritt vorwärts und bedeutete, daß die Aufklärung der Struktur des TRH in erreichbare Nähe gerückt war. Außerdem sicherte es gerade noch rechtzeitig die Fortsetzung der NIH-Unterstützung.

Ausgehend von der einfachen Überlegung, daß es sechs Möglichkeiten gibt, drei verschiedene Dinge linear hintereinander anzuordnen, ließ sich Guillemin die sechs möglichen Tripeptide von Hoffmann-La Roche in der Schweiz synthetisieren (siehe Bild 3.4). Doch genau wie Schally drei Jahre zuvor mit den von Merck synthetisierten Peptiden mußte auch Guillemin feststellen, daß keine dieser Dreierketten die biologische Aktivität von TRH besaß. So blieb dessen Struktur weiterhin ein Geheimnis, obwohl man die Zusammensetzung inzwischen recht genau zu kennen glaubte.

Gerade zu diesem Zeitpunkt – Anfang 1969 – gelang Burgus ein entscheidender Durchbruch, den er sowohl seinen Kenntnissen auf dem Gebiet der Peptidchemie als auch gewissen glücklichen Umständen verdankte. Wenn sich Aminosäuren zu einer Kette verbinden (wie es Bild 3.5 zeigt), besitzt das entstehende Peptidmolekül an dem einen Ende eine charakteristische freie Aminogruppe ($NH_2$), am anderen eine freie Carboxylgruppe (COOH); man spricht auch vom N-terminalen beziehungsweise C-terminalen Ende. Burgus bestätigte zunächst einen früheren Befund von Schally, nämlich daß TRH keine freie Aminogruppe besitzt; das eigentliche N-terminale Ende muß also durch die Bindung an irgendeine andere chemische Komponente blockiert sein.

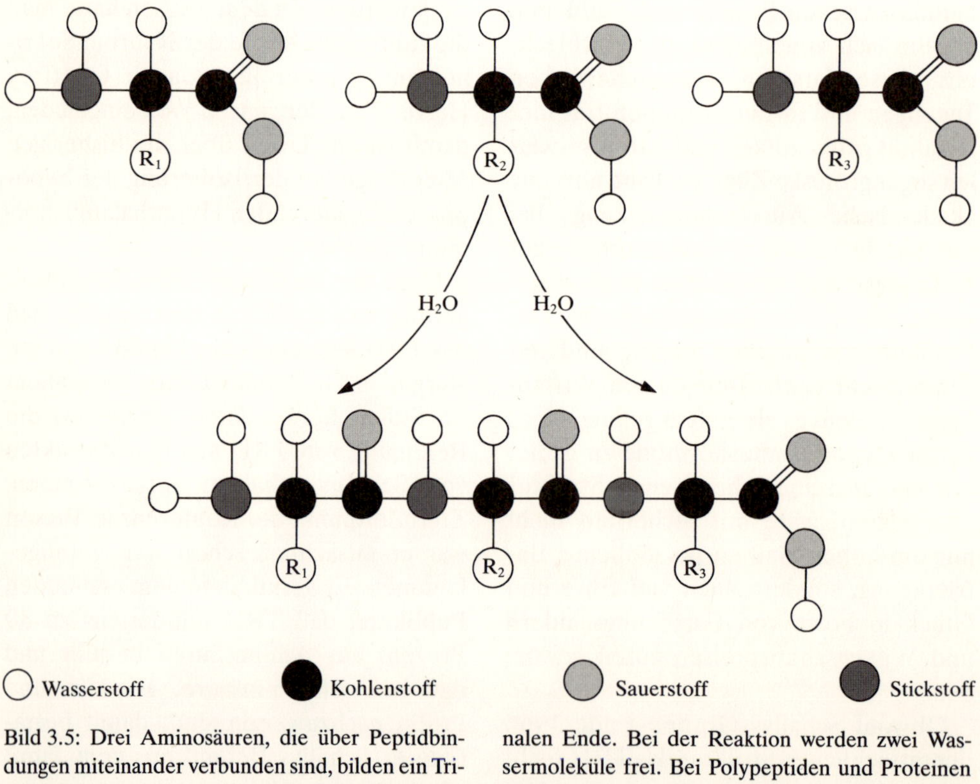


Bild 3.5: Drei Aminosäuren, die über Peptidbindungen miteinander verbunden sind, bilden ein Tripeptid mit einem N-terminalen und einem C-terminalen Ende. Bei der Reaktion werden zwei Wassermoleküle frei. Bei Polypeptiden und Proteinen sind oft sehr viele Aminosäuren so verknüpft.

Es galt nun, die Art der Blockade herauszubekommen. Da man verschiedene natürliche Peptide kannte, deren N-terminales Ende durch eine Acetyl-(Essigsäure-)Gruppe blockiert war, entschloß sich Burgus, alle sechs möglichen Tripeptidkombinationen von Glutaminsäure (Glu), Histidin (His) und Prolin (Pro) an der jeweils freien Aminogruppe zu acetylieren. Zu seiner Überraschung zeigte allein das acetylierte Tripeptid Glu–His–Pro die biologische Aktivität von TRH, als es an Tieren getestet wurde. Im April 1969 veröffentlichte die Gruppe von Guillemin dieses Ergebnis.

Bald darauf entdeckten sie, daß die TRH-Aktivität nach der Acetylierung von Glu–His–Pro eigentlich von einem Nebenprodukt herrührte, dem sogenannten Pyro-Glu–His–Pro. Da dieses interessante Molekül im Tierversuch aber weniger aktiv war als der TRH-Extrakt, stellten sie verschiedene Derivate her, darunter auch das in Bild 3.6 dargestellte Pyro-Glu–His–Pro-Amid. Das Team von Guillemin stand nun kurz davor, die chemische Struktur von TRH aufzuklären, während die Gruppe von Schally keinerlei Anstalten machte, irgendetwas über ihre Bemühungen zur TRH-Charakterisierung zu veröffentlichen. Guillemin und seine Mannschaft waren nach einigen weiteren Monaten intensiver Arbeit schließlich überzeugt, daß Pyro-Glu–His–Pro-Amid das TRH sei, und reichten ihr sensationelles Ergebnis zur Publikation ein.

Während sie bereits feierten und gespannt auf den 12. November warteten, an dem ihre bedeutende Entdeckung veröffentlicht werden sollte, schlug die Bombe ein: Am 6. November publizierte die Schally-Gruppe die Struktur des TRH: Pyro-Glu–His–Pro-Amid. Nach sieben Jahren härtester Arbeit hatte Schally das Rennen um eine knappe Woche gewonnen – eine Tatsache, mit der Guillemin bis heute nicht fertig werden

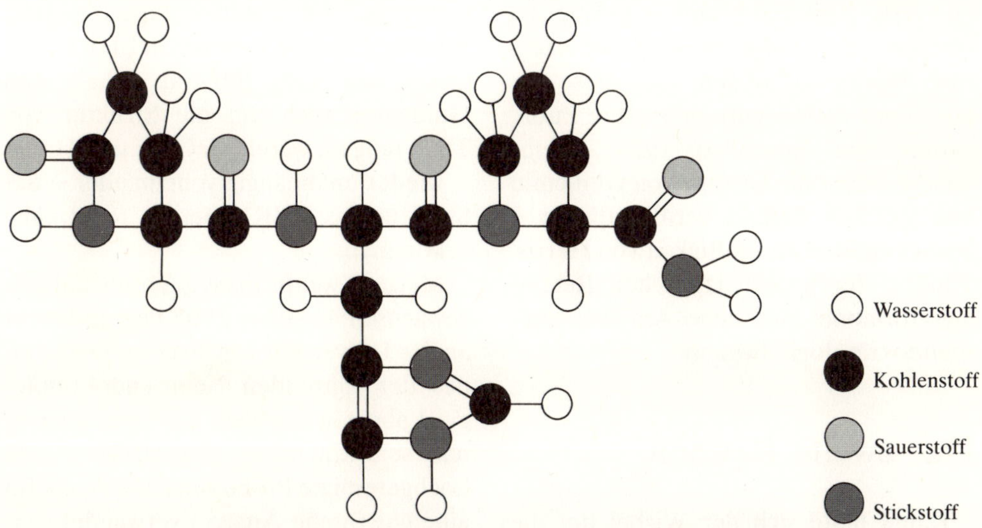


Pyroglutamyl-histidyl-prolinamid (Pyro-Glu–His–Pro-Amid)

Bild 3.6: Das Thyrotropin-Releasing-Hormon TRH war das erste Releasing-Hormon, das aus dem Hypothalamus isoliert und chemisch charakterisiert wurde. Zwei Forschergruppen brauchten sieben Jahre, um zu zeigen, daß es ein an beiden Enden blockiertes Tripeptid, Pyro-Glu–His–Pro-Amid, ist.

konnte. Fairerweise müßte man diesen Wettlauf allerdings für ein totes Rennen erklären.

Wie hatte es Schally fertiggebracht, den scheinbar hoffnungslosen Rückstand zu Guillemin aufzuholen? Kurz nach der Tuscon-Konferenz im Januar 1969, auf der Burgus über die Fortschritte des Guillemin-Teams bei der Isolierung und der Reinigung von TRH berichtet hatte, holte Schally den hervorragenden Chemiker Folkers und dessen Schüler Enzmann zu sich, um mit ihnen gemeinsam das TRH-Problem zu lösen; er hatte erkannt, daß die Zeit davonzulaufen drohte und daß es notwendig war, neues Blut in die Mannschaft zu bringen. Dieses Manöver zahlte sich aus. Schon Ende Februar konnte Enzmann mit Sicherheit sagen, daß TRH die Aminosäuresequenz Glu–His–Pro hat und daß sowohl das N-terminale als auch das C-terminale Ende blockiert ist. Im Mai stolperte Enzmann quasi infolge einer unbeabsichtigten Nebenreaktion über die Sequenz Pyro-Glu–His–Pro-Amid, und es gelang der Gruppe um Schally während der nächsten Monate zu zeigen, daß diese Sequenz mit TRH identisch ist. Ihre Publikation vom November 1969 – eine Woche, bevor die Gruppe von Guillemin den gleichen Befund veröffentlichte – bewies endlich die Gültigkeit von Harris' Theorie der hypothalamischen Releasing-Hormone; eine neue Ära der Neuroendokrinologie begann.

## Das zweite Rennen

Kaum hatte sich der Wirbel um die Aufklärung des TRH gelegt, traten Schally und Guillemin in den Kampf um die Identifizierung von LHRH ein. LHRH ist ein außerordentlich wichtiges Hypothalamushormon, das das Fortpflanzungsvermögen und die Ausbildung der sekundären Geschlechtsmerkmale bei Mann und Frau beeinflußt. LHRH wirkt direkt auf die Hypophyse und setzt dort das luteinisierende Hormon, LH, und das follikelstimulierende Hormon, FSH, frei, die über den Blutstrom zu den Keimdrüsen gelangen (siehe Bild 3.7). Die Struktur von LHRH war natürlich wegen der zentralen Bedeutung dieses Hormons für die Regulation der Fortpflanzung für viele Wissenschaftler und die Pharma-Industrie von besonderem Interesse, und zwar hauptsächlich unter dem Gesichtspunkt der Empfängnisverhütung sowohl bei der Frau als auch beim Mann. Schally und Guillemin hatten in diesem Rennen allerdings mit ernsthafter Konkurrenz zu rechnen: Harris und McCann, zwei hochtalentierte Wissenschaftler mit einem lange zurückreichenden Interesse an LHRH, waren ihnen in der LHRH-Strukturanalyse bereits ein gutes Stück voraus. 1960 hatten sie unabhängig voneinander experimentelle Beweise für die Existenz von LHRH vorgelegt, und Ende 1969, als Schally und Guillemin noch um die Struktur von TRH rangen, waren McCann und Harris – wieder unabhängig voneinander – der Struktur des LHRH bereits recht nahe gekommen.

McCann war in Texas geboren und aufgewachsen; im Jahre 1965 begründete er an der Universität von Texas in Dallas eines der führenden Neuroendokrinologie-Labors in der Welt. 1969 verfügten er und sein Chemiker Fawcett über eine hochgereinigte Probe von LHRH, die für eine chemische Analyse verwendet werden konnte. Ein Jahr später berichteten sie, daß LHRH ein kleines Peptid ist, dessen beide Enden wie beim TRH blokkiert sind.

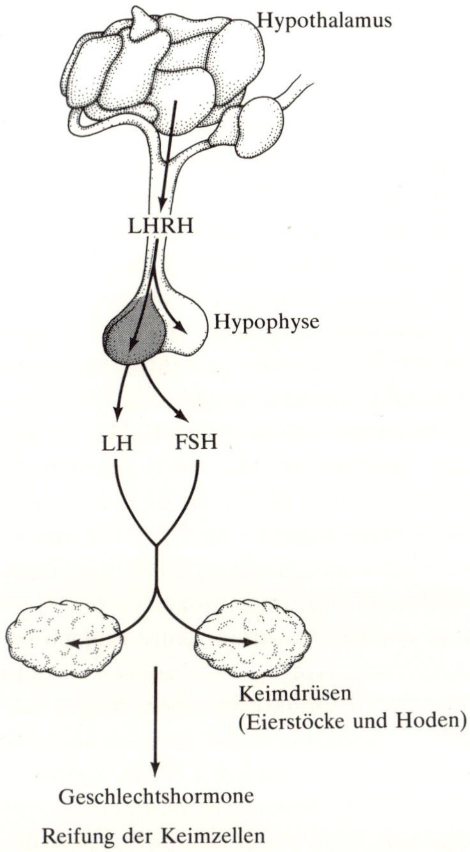


Bild 3.7: Das Hypothalamushormon LHRH stimuliert die Freisetzung des luteinisierenden Hormons (LH) und des follikelstimulierenden Hormons (FSH) aus der Adenohypophyse. LH und FSH wiederum regulieren die Tätigkeit der Keimdrüsen.

Auch Harris in England machte sich allmählich warm. Im Mai 1970 hatten er und sein Chemiker Gregory nahezu reines LHRH isoliert und gezeigt, daß es aus neun bis 13 Aminosäuren besteht. Wie Sie sich erinnern werden, war es Harris, der die Theorie von der hypothalamischen Regulation der Hypophyse formuliert und so die geistige Grundlage für die ganzen Isolierungsbemühungen gelegt hatte. Die Gültigkeit der Theorie war durch die Reinigung und Identifizierung von TRH bewiesen worden, und nun war er selbst nahe daran, LHRH zu identifizieren. Doch beide, McCann und Harris, erreichten aus ähnlichen Gründen nicht ihr Ziel. Beide waren Physiologen mit einem breiten akademischen Interesse an der Physiologie der Hypophysenregulation; keiner von ihnen war bereit, alle verfügbaren Mittel für reine Isolierungsarbeiten einzusetzen und dafür andere physiologische Fragestellungen, die gedanklich mehr anregten, außer acht zu lassen. Trotzdem kamen sie der tatsächlichen Struktur von LHRH sehr nahe.

Das Rennen um dieses Hormon entwickelte sich letztlich, wie schon beim TRH, zu einem Zweikampf zwischen den Labors von Schally und Guillemin, die sich vollkommen der Aufgabe, Hypothalamushormone zu isolieren, gewidmet hatten. Während Harris und McCann Tausende von Hypothalami einsetzten, arbeiteten Schally und Guillemin mit Millionen. Es war der Gegensatz zwischen Pfunden und Tonnen von Gewebe, zwischen Meßkolben und Kübeln von Extrakten und zwischen Nanogramm und Mikrogramm von Hormonen. Um in dieser Liga erfolgreich mitzuspielen, mußte man willens sein, rund um die Uhr in industriellem Maßstab zu arbeiten.

Im Juni 1970 verlegte Guillemin sein Labor vom Baylor College of Medicine in Houston an das Salk Institute in La Jolla (Kalifornien), was ihn im Rennen um das LHRH wertvolle Zeit kostete. Burgus hatte die für die TRH-Isolierung benutzten Extrakte sorgfältig aufgehoben und verwandte sie nun als Ausgangsmaterial für die Reinigung von LHRH. Bis zum Ende des Jahres erzielte er beachtliche Fortschritte. Er stellte fest, daß LHRH aus neun Aminosäuren besteht und an einem Molekülende durch Pyroglutamat (Pyro-Glu), am anderen ähnlich wie TRH durch eine Amidgruppe blokkiert war. Doch Burgus und Guillemin verfügten lediglich über 40 Mikrogramm LHRH, eine kaum sichtbare Menge, die schwerlich ausreichte, eine Aminosäureanalyse durchzuführen. Sie mußten erst 500000 weitere Schafhypothalami der gesamten Reinigungsprozedur unterwerfen, um eine ausreichende Menge von gereinigtem LHRH zu erhalten.

Während des gleichen Jahres verarbeiteten Schally und seine Mitarbeiter 160000 Schweinehypothalami und gewannen daraus ungefähr 250 Mikrogramm LHRH – sechsmal mehr, als Guillemins Gruppe damals in Händen hielt. Im Januar 1971 kamen auch sie zu dem Schluß, daß LHRH aus neun Aminosäuren besteht und daß beide Enden dieses Moleküls blockiert sind. Außerdem schätzten sie, daß auch eine Menge von 250 Mikrogramm LHRH nicht für eine Strukturanalyse ausreichen würde. Schally holte daraufhin den talentierten japanischen Chemiker Matsuo nach New Orleans. In seinen Bemühungen um Matsuo wurde Schally von seinem japanischen Mitarbeiter Arimura unterstützt, der bereits Baba aus Tokio zur Mitarbeit an der Strukturanalyse von LHRH gewonnen hatte. Matsuo verlor keine Zeit und verlieh dem Projekt durch ein geniales Experiment neue Impulse. In Zusammenarbeit mit Baba stellte er sehr schnell fest, daß LHRH aus zehn und nicht aus neun Aminosäuren besteht, wie Guillemin und Schally früher vermutet hatten. Für diese Entdeckung genügten Matsuo ganze fünf Mikrogramm des 250 Mikrogramm umfassenden LHRH-Vorrats; trotzdem war die Restmenge zu klein, um die Aminosäuresequenz von LHRH auf konventionellem Wege zu bestimmen.

Matsuo überzeugte Schally davon, die Veröffentlichung, daß LHRH aus zehn Aminosäuren besteht, zurückzuhalten, während er sich um die genaue Analyse kümmerte. Dadurch liefen sie zwar Gefahr, die Entdeckung von den zehn Aminosäuren möglicherweise nicht als erste bekanntzugeben, doch ihr Vorteil bestand darin, daß sie nicht preisgaben, was sie wußten, und dadurch Zeit gewannen, die Sequenz von LHRH zu bestimmen. Wegen des geringen LHRH-Vorrats mußte Matsuo die gesamte chemische Prozedur abkürzen. Das war zwar gewagt, zahlte sich aber mit hohen Zinsen aus, denn schon bald hatte Matsuo die Struktur von LHRH bis auf eine Aminosäureposition bestimmt. Er synthetisierte schließlich ein als LHRH in Frage kommendes Peptid, indem er die Position der letzten Aminosäure einfach erriet. Ende April 1971 testete Arimura Matsuo's Produkte in einem neuen Radioimmunoassay und konnte zeigen, daß es sich tatsächlich um LHRH handelte. Damit hatte Matsuo in weniger als vier Monaten nach seiner Ankunft in Schallys Labor eine chemische Aufgabe zu Ende geführt, die damals in weiten Kreisen als undurchführbar galt – und dabei hatte er lediglich 50 Mikrogramm der ursprünglichen 250 Mikrogramm LHRH verbraucht.

Das Ergebnis dieses zweiten phänomenalen Vorstoßes in die Neurochemie des Hypothalamus wurde der Öffentlichkeit am 24. Juni 1971 auf einer Tagung der Endocrine Society in San Francisco von Schally vorgetragen und kurz danach publiziert. LHRH ist ein Decapeptid, besteht also aus zehn Aminosäuren, und besitzt ähnlich wie TRH an dem einen Ende eine Pyroglutamatgruppe und am anderen Ende eine Amidgruppe. Dieses wichtige Molekül stimuliert die Freisetzung von LH und FSH aus der Adenohypophyse; es ist also offensichtlich das Releasing-Hormon sowohl für LH als auch für FSH. Tatsächlich hat man bis heute im Hypothalamus von Tier und Mensch noch kein eigenes Releasing-Hormon für das follikelstimulierende Hormon entdeckt.

Schallys Mannschaft hatte das Rennen um LHRH – verglichen mit dem Ausgang des TRH-Wettkampfes – mit großem Vorsprung gewonnen und sich dabei gegen solche Könner ihres Fachs wie Guillemin, Harris und McCann durchgesetzt, die aufgrund von Schallys Bericht gezwungen waren, ihre Arbeit an der Strukturaufklärung von LHRH einzustellen. So wie Folkers und Enzmann im Falle von TRH für Schally den entscheidenden Vorstoß geschafft hatten, so gelang dies beim Rennen um LHRH den beiden japanischen Chemikern Matsuo und Baba zusammen mit ihrem Landsmann Arimura. Doch Schallys große Zeit ging langsam ihrem Ende entgegen, und das Glück begann sich zu wenden.

## Das dritte Hypothalamushormon

Nachdem die Strukturen von TRH und LHRH aufgeklärt waren und Harris' Theorie von der hypothalamischen Kontrolle der Hypophyse nun auf sicheren wissenschaftlichen Füßen stand, rückte die Regulation des Wachstumshormons in den Blickpunkt des Interesses. Der Theorie von Harris zufolge existiert für jedes Hormon des Hypophysenvorderlappens ein hypothalamisches Releasing-Hormon, also sollte auch ein Releasing-Hormon für das Wachstumshormon (englisch *growth hormone*), GHRH abgekürzt, zu finden sein. Bereits einige Jahre zuvor hatten Deuben und Meites den Beweis für die Existenz eines solchen Faktors erbracht, was Schally sofort veranlaßte, die Isolierung von GHRH anzugehen. Nach fünf Jahren harter Arbeit hatten er und seine Mitarbeiter 1971 ein Molekül aus zehn Aminosäuren gereinigt, das allerdings nur in einem einzigen Test wie GHRH wirkte. Sie bestimmmten die Struktur dieses vermeintlichen GHRH und veröffentlichten das Ergebnis in einer angesehenen wissenschaftlichen Zeitschrift. Doch unglücklicherweise war ihnen während der Isolierungsprozedur ein schwerer Fehler unterlaufen; sie hatten letztlich ein Fragment des Schweinehämoglobins erhalten, das sich in dem von Schally für die Isolierung ausgewählten Test zufällig wie GHRH verhielt. Es war eine bittere Lektion: Isolierungsverfahren, bei denen Tonnen von Gewebe verbraucht werden, bergen immer die Gefahr, daß Verunreinigungen auftreten, die der gewünschten Substanz in ihrer Wirkung ähneln.

In der Zwischenzeit wandte sich für Guillemin das Blatt zum Besseren, wenn auch auf Umwegen. Er vesuchte ebenfalls, GHRH zu isolieren, und übertrug diese Aufgabe einem jungen kanadischen Studenten namens Brazeau, der kurz zuvor zu seinem Team gestoßen war. Mit Hilfe eines neuen empfindlichen Testsystems für GHRH, das Vale anhand von Zellkulturen von Rattenhypophysen entwickelt hatte, stellte Brazeau 1968 fest, daß Hypothalamusextrakte die Freisetzung von Wachstumshormon aus der Hypophyse hemmen. (Erfreulicherweise nannte er diesen Hemmfaktor in Anlehnung an das auch als Somatotropin bekannte Wachstumshormon schlicht Somatostatin.) Burgus, der Chemiker in Guillemins Labor, erzielte schnell Fortschritte bei der Isolierung von Somatostatin und veröffentlichte im Januar 1973 dessen chemische Sequenz. Somatostatin ist ein Polypeptid aus 14 Aminosäuren und besitzt die bemerkenswerte Eigenschaft, in sehr niedrigen Konzentrationen die Ausschüttung von Wachstumshormonen durch die Hypophyse zu hemmen. Bis heute ist es das einzige Hypothalamushormon geblieben, das die Sekretion eines Hypophysenhormons inhibiert, obwohl ein solches Hypothalamushormon auch für das Hypophysenhormon Prolactin postuliert wird. Interessanterweise hat man Somatostatin vor kurzem auch im Darm nachweisen können sowie in der Bauchspeicheldrüse, wo es die Ausschüttung von Insulin und Glucagon hemmt. Augenscheinlich unterdrückt Somatostatin, wo auch immer es im Körper vorkommt, die Freisetzung von anderen Hormonen.

Mit der Isolierung von TRH, LHRH und Somatostatin endete der erste Akt der Hypothalamus-Story. Drei Hypothalamushormone waren identifiziert, und die Theorie von der hormonalen Regulation der Hypophyse durch das Gehirn mit dem Hypothalamus als Mittler war bewiesen. Alle drei Hormone sind inzwischen in der medizinischen Forschung, der Diagnostik oder der Therapie zum Einsatz gekommen.

## Zurück zum CRH

Harris' Theorie von der hypothalamischen Kontrolle der Hypophyse wäre anfangs beinahe durch den fehlgeschlagenen Versuch, das Corticotropin-Releasing-Hormon zu isolieren, zu Fall gekommen. Guillemin und Schally hatten die Existenz von CRH als Stimulator der ACTH-Sekretion 1955 nachgewiesen und anschließend sieben Jahre lang vergeblich versucht, dieses Hormon zu isolieren und zu reinigen. Das Projekt war damals einfach eine Nummer zu groß – sozusagen ein Mount Everest der Hormonphysiologie. Die ursprünglichen Assays für CRH waren relativ einfach und zu unempfindlich, das Hormon erwies sich als instabil, und andere Hormone wie beispielsweise Vasopressin schienen die Reinigung zu stören. Aus diesen Gründen wurde das CRH-Projekt schließlich zurückgestellt, während die leichter zu bewältigenden Isolierungen von TRH, LHRH und Somatostatin voranschritten. Neue Impulse waren notwendig, um die Arbeit an der Strukturanalyse von CRH wieder auf volle Touren zu bringen.

Der Durchbruch kam Anfang und Mitte der siebziger Jahre, als ein Assay für CRH perfektioniert wurde. Der Test basierte auf Zellen aus Rattenhypophysen und auf einem hoch empfindlichen Radioimmunoassay für ACTH; dadurch war es möglich, kleine Mengen an CRH, dem Hormon, das Hypophysenzellen zur ACTH-Sekretion veranlaßt, im Reagenzglas zu erfassen. Nach jahrelanger Arbeit am Salk Institute in La Jolla verkündeten Vale und seine Mitarbeiter schließlich im September 1981 die Struktur von CRH; mit seinen 41 Aminosäuren war es das bis dahin längste Hypothalamushormon. Man hatte es aus jenen von 490 000 Schafen stammenden Hypothalamusextrakten isoliert, die schon für die LHRH-Isolierung verwendet und für weitere Untersuchungen sorgfältig aufbewahrt worden waren. Bald darauf wies man nach, daß das neu entdeckte CRH die ACTH-Sekretion bei Tier und Mensch anregt, und zwar offenbar über cyclo-AMP in der ACTH-sezernierenden Hypophysenzelle. Mit der Aufklärung der Struktur von CRH im Januar 1981 endete ein frustrierendes Kapitel über 25jähriger Forschungsarbeit, die bis ins

Jahr 1955 zurückreichte. Gleichzeitig öffnete sich der Weg zu neuen Versuchsansätzen, mit denen sich der Wirkungsmechanismus des CRH und seine Lokalisation im Gehirn untersuchen ließen.

## Die Regulation des Wachstumshormons

Die Existenz eines Hypothalamushormons, das die Freisetzung von Wachstumshormon aus der Hypophyse kontrolliert (GHRH), wurde bereits 1964 von Deuben und Meites nachgewiesen. Sie hatten nämlich gezeigt, daß Extrakte von Rattenhypothalami in Kulturen von Hypophysenvorderlappenzellen die Produktion von Wachstumshormon anregen. Nachdem Schally irrtümlicherweise ein Fragment des Schweinehämoglobins als GHRH identifiziert hatte, hieß es in die Startlöcher zurückzugehen und das Rennen um das GHRH von neuem zu starten. Während der siebziger Jahre erschienen zwar einige Forschungsberichte, die verschiedene Peptidstrukturen mit GHRH-Aktivität in Verbindung brachten, doch keines dieser Peptide zeigte eine überzeugende Wirkung, so daß sie schließlich alle wieder verworfen wurden. Die Lösung des Problems kam aus einer vollkommen unerwarteten Richtung.

Bei einigen erwachsenen Patienten, die übermäßig viel Wachstumshormon produzierten, stellte man fest, daß sie in der Bauchspeicheldrüse (Pankreas) einen Tumor hatten. Die Pankreastumoren bildeten eine Substanz, die die Hypophyse veranlaßte, mehr Wachstumshormon zu bilden; sie stellten also einen Wachstumshormon-Releasing-Faktor her, der über den Blutkreislauf zur Hypophyse gelangte.

Im Jahre 1982 reichten Guillemin und seine Gruppe sowie Vale, der inzwischen ein eigenes Labor begründet hatte, im Abstand von sechs Wochen zwei Arbeiten zur Publikation ein, die die Struktur des Wachstumshormon-Releasing-Faktors aus den Bauchspeicheldrüsentumoren angaben; der Faktor wurde mit hpGRF (*human pancreas growth-hormone-releasing factor*) bezeichnet. Im ersten Fall waren in Lyon einem jungen Mann mit Akromegalie (siehe folgendes Kapitel) zwei Pankreastumoren entnommen und zur Analyse an Guillemin am Salk Institute in La Jolla geschickt worden. Aus den Extrakten dieser Tumoren ließen sich ein hpGRF mit 44 Aminosäuren sowie einige kürzere Fragmente dieses Moleküls isolieren, die aus 40 beziehungsweise 37 Aminosäuren bestanden, aber trotzdem die volle biologische Aktivität aufwiesen.

Vale und seine Kollegen arbeiteten das Gewebe eines Bauchspeicheldrüsentumors auf, der von einer in Virginia lebenden 21jährigen Frau mit Akromegalie stammte. Aus den Extrakten konnten sie ein Peptidmolekül aus 40 Aminosäuren isolieren, dessen Sequenz mit dem 40 Aminosäuren umfassenden hpGRF von Guillemin identisch war. Beide Gruppen synthetisierten künstliches hpGRF aus den bekannten Aminosäuren und wiesen nach, daß dieses Molekül bei Mensch und Tier die Freisetzung von Wachstumshormon aus der Hypophyse anregt.

Bis heute ist es allerdings noch nicht gelungen, GHRH aus Hypothalamusextrakten zu isolieren. Gute Gründe sprechen aber dafür, daß es dem hpGRF sehr stark ähneln wird, wenn es nicht sogar mit ihm identisch ist. Das hpGRF-Peptid führt nämlich zu genau den gleichen physiologischen Reaktionen, die man für GHRH erwartet.

**Tabelle 3.2: Steckbrief der Hypothalamushormone**

| Hormon | Entdeckungs-jahr | Struktur-aufklärung | Anzahl der Aminosäuren | Wirkung (an der Hypophyse) |
|---|---|---|---|---|
| TRH | 1961 | 1969 | 3 | TSH-Abgabe |
| FSHRH/LHRH | 1960 | 1971 | 10 | Abgabe von FSH und LH |
| Somatostatin (GIH) | 1968 | 1973 | 14 | Hemmung der Wachstumshormonfreisetzung |
| CRH | 1955 | 1981 | 41 | ACTH-Abgabe |
| GHRH | 1964 | 1982 | 40 | Abgabe von Wachstumshormon |
| PRH | 1960 | – | – | Abgabe von Prolactin |
| PIH | 1961 | – | – | Hemmung der Prolactinabgabe |

Mittlerweile sind also die Strukturen der meisten Hypothalamushormone aufgeklärt; es fehlen lediglich noch die Hormone, die die Synthese und die Ausschüttung von Prolactin kontrollieren. Harris' Theorie von der hypothalamischen Kontrolle der Hypophyse ist durch die Isolierung und die Identifizierung von inzwischen fünf Hypothalamushormonen, die die Aktivität der Adenohypophyse regulieren, voll bestätigt worden (siehe Tabelle 3.2). Am Anfang mußten Beweise für die Existenz dieser Hormone erbracht werden, damit gewährleistet war, daß sich Isolierungsversuche im Industriemaßstab überhaupt lohnen würden. Die Beweisführung gründete sich auf Experimente, mit denen man zeigen konnte, ob Hypothalamusgewebe oder Extrakte daraus in Hypophysenzellkulturen die Abgabe von Hypophysenhormonen zu stimulieren oder zu hemmen vermochten. Häufig lag fast ein Jahrzehnt zwischen dem Nachweis der Existenz und der endgültigen Aufklärung der Struktur eines Hypothalamushormons; im Falle von CRH vergingen sogar 25 Jahre. Diese Zeiträume waren geprägt von der heftigen Konkurrenz zwischen verschiedenen Forschungslabors, die viel Personal band und Tonnen von Material verschlang. In der überwiegenden Zahl der Fälle waren diejenigen, die den theoretischen Rahmen für eine hypothalamische Regulation schufen und an den Existenznachweisen mitwirkten, nicht auch jene, die die Struktur der Hormone aufzuklären vermochten. Für diese unterschiedlichen Unternehmungen dürften wohl verschiedene Ansätze und Rahmenbedingungen notwendig gewesen sein.

Die Bestätigung der Theorie von Harris, daß die Aktivität der Hypophyse durch Hormone aus Hypothalamusneuronen kontrolliert wird, hat die Frage nach der neuralen Regulation der Hypophyse einen Schritt nach hinten verlagert. Das Problem lautet nun: Wie kontrolliert das *Gehirn* die Hypothalamusneuronen, die die hypophysenregulierenden Hormone sezernieren?

# Die Superdrüse

In der ersten Hälfte des 20. Jahrhunderts setzte sich nach und nach die Ansicht durch, das endokrine System sei als eine Art Orchester zu betrachten, in dem durch das Zusammenspiel der einzelnen Hormondrüsen wichtige Stoffwechselprozesse reguliert werden. Spielt nur einer der Hormonmusiker falsch, gerät die gesamte Aufführung durcheinander. Der Stoffwechsel des Körpers verfällt in eine krankhafte Disharmonie, die so lange anhält, bis der Gleichklang wieder hergestellt ist. Den Dirigenten dieses Orchesters sah man in der Hypophyse, jener Oberdrüse, die jedem einzelnen „Hormoniker“ den Einsatz so angibt, daß Harmonie und optimale Körperfunktion gewährleistet sind. Damit war die Hypophyse – in der Antike noch der Mülleimer des Gehirns – im 20. Jahrhundert zur tonangebenden Superdrüse aufgestiegen!

In Wirklichkeit ist die Hypophyse weder das eine noch das andere. Wenn man überhaupt von einem Dirigenten sprechen kann, so fällt diese Rolle dem Gehirn zu; es dient als Empfangs- und Schaltstation für zahlreiche Signale, die im Hypothalamus integriert und dann in die Sprache der Botenstoffe übersetzt werden, die wiederum die Aktivität der Hypophyse steuern. Doch wenn auch die Hirnanhangsdrüse heute nicht mehr als die oberste Kontrollinstanz des Hormonsystems angesehen wird, bleibt ihre klinische Bedeutung und ihre enge Verzahnung mit der Regulation anderer Hormondrüsen unumstritten. Sie empfängt über den Hypothalamus chemische Signale aus dem Gehirn und bildet ihrerseits Botenstoffe, mit denen sie regulatorisch in das Stoffwechselgeschehen des gesamten Körpers eingreifen kann.

## Alte Ansichten

Die Hypophyse liegt als Anhang des Hypothalamus an der Unterseite des Zwischenhirns (siehe Bild 3.1). Trotz ihrer versteckten und schwer zugänglichen Lage ist sie den Anatomen seit 2000 Jahren bekannt; da ihre Position jedoch nichts über ihre entscheidende Bedeutung für die Regulation anderer Hormondrüsen verrät, blieb ihre Funktion lange Zeit rätselhaft. Erst im 20. Jahrhundert begannen sich die mythischen Nebel, die sie umgaben, zu lichten; aufgrund leistungsfähiger Hormontests und gut durchdachter Experimente gelang es, allmählich ihre wahre Rolle auszuloten.

Um die Jahrhundertwende erfreute sich die Hypophyse noch keiner besonderen Wertschätzung: Ihre Bedeutung für die Funktionstüchtigkeit des Körpers wurde allgemein als gering eingeschätzt. Im 18. und 19. Jahrhundert hatte man sich gedanklich nur wenig mit dieser Drüse auseinandergesetzt und bei ihrer experimentellen Erforschung kaum Fortschritte erzielt. Dennoch ergaben sich auch damals schon einige Anhaltspunkte, die darauf schließen ließen, daß die

Hypophyse eine wichtige Funktion erfüllt. So wies Rathke 1838 nach, daß die Adenohypophyse im Embryo aus einer taschenförmigen Aussackung des Munddaches (der Rathkeschen Tasche) hervorgeht – im Gegensatz zur Neurohypophyse, die neuralen Ursprungs ist und sich aus einer Verdickung des Zwischenhirnbodens entwickelt. Da die Adenohypophyse nicht vom Gehirn abstammt, gibt es keinen Grund, anzunehmen, daß hier auf übliche Weise Nervenimpulse übertragen werden.

Die ersten Erkenntnisse über die Funktion der Hypophyse rührten von einem ungewöhnlichen Fall her. Bei einer jungen Frau blieb im Alter von 24 Jahren die Menstruation aus, und ihre Hände und Füße begannen sich so zu vergrößern, daß im Laufe des folgenden Jahrzehnts ihre Schuhgröße dramatisch zunahm. Sie litt zudem unter starken Kopfschmerzen, und ihr Gesicht wurde durch Verdickungen und durch ein vorspringendes Kinn so stark entstellt, daß selbst ihre Familie sie kaum noch erkannte. Der berühmte französische Neurologe Pierre Marie beschrieb diesen Fall 1886 und nannte die Krankheit Akromegalie. Die Entdeckung dieses komplexen Krankheitsbildes kam jedoch zu früh, als daß es die Vorstellungen über die Hypophyse hätte revolutionieren können. Erst viel später brachte man die Akromegalie mit einer Überproduktion von Wachstumshormon in Zusammenhang. Fast 100 Jahre intensiver Forschungsarbeit mußten vergehen, ehe die Regulation des Wachstums durch die Hypophyse einigermaßen verstanden und 1971 schließlich die Struktur des menschlichen Wachstumshormons entschlüsselt war.

Stellen Sie sich einmal vor, Sie wachen eines Morgens auf und müssen beim Anziehen feststellen, daß Ihre Schuhe nicht mehr passen. In den kommenden Jahren kaufen Sie sich immer größere Schuhe und lassen sich Ihre Ringe von den breiter werdenden Fingern sägen. Dann beginnt Ihr Kinn nach vorn zu wachsen, und der Mundschluß wird mangelhaft. Nase und Lippen fangen an, sich zu verdicken, und Ihre Stirn legt sich in Falten. Auf der Straße starren Sie die Ärzte voller Interesse an und fragen sich, ob sie Sie über Ihren Zustand aufklären sollen. Kommen dann noch Kopfschmerzen, übermäßiges Schwitzen und Impotenz oder Menstruationsausfall hinzu, so haben Sie es mit einem ausgewachsenen Fall von Akromegalie zu tun.

Marie bemerkte einige Jahre nach seinem ersten Befund, daß Akromegalie mit einer Vergrößerung der Hypophyse einhergeht, die durch einen Hypophysentumor verursacht wird. Daraufhin studierte er die entsprechende medizinische Literatur des 19. und 18. Jahrhunderts und entdeckte einige ähnlich gelagerte Fälle, bei denen ebenfalls von vergrößerten Hypophysen die Rede war. Leider zog Marie fälschlicherweise den Schluß, der Tumor selbst sei nicht aktiv, sondern störe nur die vermeintlich wachstumshemmende Rolle der Hypophyse. Der erste, der vermutete, daß der Hypophysentumor einen wachstumsstimulierenden Faktor produziert, der für das Krankheitsbild der Akromegalie verantwortlich ist, war Minkowski; seine Ansicht erwies sich jedoch als unzeitgemäß, so daß die Auffassung fortbestand, Akromegalie beruhe auf einer Schädigung des Hypophysenvorderlappens.

Schaefers 1895 veröffentlichte Theorie von der inneren Sekretion und Starlings Hormonkonzept aus dem Jahre 1905 gaben schließlich Anlaß, die Rolle der Hypophyse neu zu überdenken. In den ersten zehn Jahren des 20. Jahrhunderts gelangen einige wichtige Beobachtungen und Experimente. In Österreich berichtete Fröhlich von einem neuartigen Syndrom bei einem jüngeren Buben, der einen Hypophysentumor besaß und als äußere Merkmale Fettleibigkeit und eine verzögerte geschlechtliche Entwicklung aufwies. Bald darauf wurden mehrere solcher Fälle bekannt. In Rumänien entwickelte Paulesco eine besondere Technik, um die Hypophyse operativ zu entfernen, und wies so nach, daß der Verlust dieser Drüse bei Hunden letztlich zum Tode führt. Der berühmte Bostoner Neurochirurg Cushing bestätigte das Ergebnis dieser Versuche. Ihm gelang außerdem der Nachweis, daß eine partielle Entfernung der Hypophyse Fettleibigkeit, verminderte sexuelle Aktivität und eine Atrophie (Schrumpfung) der Keimdrüsen zur Folge hat; diese Erscheinungen traten allerdings nur auf, wenn die Adenohypophyse entfernt worden war. Untersuchungen von Aschner verdanken wir schließlich die Erkenntnis, daß nach Entfernung der Hypophyse bei jungen Hunden die Knochen nicht mehr weiter wachsen.

So entstand immer deutlicher das Bild einer Drüse ohne Ausführgang, die direkt in das Blut Hormone sezerniert, welche Wachstum und Geschlechtsentwicklung regulieren. Später erkannte man, daß der Hypophysenvorderlappen außerdem die Aktivität der Schilddrüse, der Nebennieren und der Milchdrüsen beeinflußt. Nach und nach setzte sich die Auffassung durch, daß die Hypophyse aus zwei separaten Drüsen besteht: einer vorderen, die andere Drüsen im Körper kontrolliert (Adenohypophyse, vom griechischen *aden* für Drüse), und einer hinteren, die für die Steuerung von Wasserhaushalt und Gebärmutterkontraktionen zuständig ist (Neurohypophyse).

## Die Neurohypophyse

*Diabetes insipidus*, die Wasserharnruhr, ist eine wirklich ungewöhnliche Krankheit. Eines Tages ergießt sich aus unerklärlichen Gründen plötzlich ein Urinstrom aus dem Körper wie der Sambesi, der die Victoria-Fälle hinabstürzt. Etwa alle 30 Minuten kommt es zu einer zwanghaften Urination, die von unstillbarem Durst begleitet wird. Das griechische Wort *diabetes* bedeutet soviel wie „Auslauf", und wenn die Neurohypophyse oder ihre aus dem Hypothalamus stammenden Nervenfasern verletzt werden, läuft quasi das Wasser aus dem Körper, weil das Schlüsselhormon Vasopressin fehlt (das man aus offensichtlichen Gründen auch antidiuretisches Hormon oder ADH nennt). Ohne ADH können die Nieren das Wasser nicht im Körper zurückhalten, so daß es überaus schnell abgeführt wird. Diese Form der Harnruhr ist 1794 entdeckt und damals in Abgrenzung zum *Diabetes mellitus*, bei dem es zur Ausscheidung von Zucker im Harn kommt, als *Diabetes insipidus* bezeichnet worden.

Obwohl das Krankheitsbild des *Diabetes insipidus* schon in der medizinischen Literatur des 19. Jahrhunderts recht genau beschrieben war, erkannte man erst im Jahre 1912, daß zwischen der Hypophyse und der Wasserresorption durch die Niere eine Beziehung besteht. Damals wurde gerade über einen bemerkenswerten Fall berichtet, bei dem ein Mann nach einem Kopfschuß *Diabetes insipidus* entwickelt hatte. Das Besondere an diesem Fall war nicht, daß der Mann überlebte und fortan viel häufiger als vorher Wasser lassen mußte, sondern daß die Kugel gerade im Türkensattel feststeckte, wo die Hypophyse sitzt. Bald danach ließ sich durch Tierversuche bestätigen, daß Verletzungen in bestimmten Regionen des Hypothalamus und im oberen Hypophysenstiel zu *Diabetes insipidus* führen. Außerdem wurde gezeigt, daß Hypophysenextrakte eine Substanz enthalten, die die Nieren veranlaßt, Wasser zu resorbieren, und sich daher für eine erfolgreiche Behandlung der Wasserharnruhr anbot.

Nachdem Neuroanatomen erkannt hatten, daß die Neurohypophyse in erster Linie aus Nervenfasern hypothalamischen Ursprungs besteht (siehe Bild 3.2), blieb immer noch zu klären, welche Aufgaben sie denn nun genau erfüllt. Physiologen begannen, neurohypophysäre Extrakte herzustellen, was relativ problemlos durchzuführen war, weil man bei vielen Tieren den Hypophysenhinterlappen deutlich vom Vorderlappen unterscheiden und daher leicht abtrennen kann. 1898 injizierte Howell solche neurohypophysären Extrakte von Schafen intravenös in Hunde und beobachtete, daß daraufhin deren Blutdruck anstieg. Zwischen 1906 und 1913 konnte in zahlreichen Untersuchungen nachgewiesen werden, daß Extrakte der Neurohypophyse kontraktionsfördernd auf die Uterusmuskulatur wirken, die Milchsekretion aus der Brust anregen und eine antidiuretische Wirkung auf die Nieren ausüben. Langsam lernten die Forscher, daß all diese Effekte auf die beiden Hormone Vasopressin und Oxytocin zurückgehen.

Doch erst mehrere Jahrzehnte später, zu Beginn der fünfziger Jahre, gelang es, diese zwei Hormone zu isolieren und im Labor zu synthetisieren. Beide sind kleine Peptide aus je neun Aminosäuren. Vasopressin und Oxytocin waren die ersten „Hypophysenhormone" überhaupt, die man charakterisiert und anschließend chemisch synthetisiert hat. Mit dem wachsenden Wissen über die Physiologie des Hypophysenhinterlappens wurde der klinische Einsatz dieser Hormone möglich. Vasopressin und seine Analoga gewannen für die Behandlung von *Diabetes insipidus* an Bedeutung, während Oxytocin zur Induktion der Wehentätigkeit bei der Geburtshilfe eingesetzt wird (die Bezeichnung *oxytocin* stammt übrigens aus dem Griechischen und bedeutet sinngemäß „schnelle Geburt").

Vasopressin und Oxytocin werden in Nervenzellen gebildet, deren Zellkörper zu Kerngebieten (*Nuclei*) vereint im Hypothalamus liegen. Die Hormone werden in Granula verpackt, entlang der Axone in die Neurohypophyse transpor-

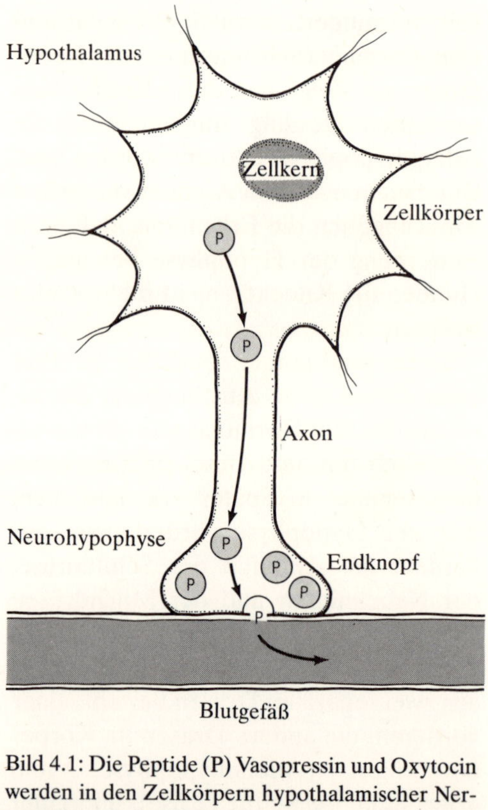


Bild 4.1: Die Peptide (P) Vasopressin und Oxytocin werden in den Zellkörpern hypothalamischer Nervenzellen synthetisiert. In Granula verpackt, wandern sie entlang des Axons in den Endknopf der Nervenzelle. Dort werden sie gespeichert, bis auf ein Signal hin ihre Ausschüttung in das Blut erfolgt.

tiert und dort in den Endknöpfen der Nervenfasern gespeichert (siehe Bild 4.1). Interessanterweise stammen Vasopressin und Oxytocin von ähnlichen Prohormonen ab, die durch Enzyme in die eigentlichen Hormone und ihre Trägerproteine, die sogenannten Neurophysine, gespalten werden. Diese Trägerproteine gelangen zusammen mit den Hormonen in die Speichergranula; Vasopressin ist mit dem Neurophysin I, Oxytocin mit dem Neurophysin II assoziiert. Die Neurophysine erfüllen offensichtlich eine Schutzfunktion und werden zusammen mit ihren Hormonen in das Blut ausgeschüttet, sobald entsprechende Reize an den hypothalamischen Nervenzellen einlaufen. Vasopressin wird stets dann freigesetzt, wenn der Körper einem Wasserverlust begegnen muß. Oxytocin gelangt ins Blut, wenn während des Geburtsvorgangs die Wehentätigkeit angeregt werden soll. Es ist immer gut, etwas Vasopressin im Umlauf zu haben, wenn man sich an einem heißen Tag auf eine lange Wanderung begibt. Und auf Oxytocin werden Sie kaum verzichten wollen, wenn Sie gerade ein Baby zur Welt bringen.

Kurz zusammengefaßt ergibt sich folgendes Bild: Die Neurohypophyse besteht im wesentlichen aus den Axonen und Endknöpfen von Nervenzellen, die im Hypothalamus entspringen. Diese empfangen aus anderen Hirnregionen Impulse, die den Wasserhaushalt, den Geburtsvorgang und die Ernährung des Neugeborenen betreffen, und bilden als neurosekretorische Zellen die Hormone Vasopressin und Oxytocin. Allein Gott weiß, warum diese beiden Hormone trotz völlig unterschiedlicher Funktionen eine so ähnliche Struktur besitzen und in der Hypophyse so dicht beieinander zu finden sind.

## Die Adenohypophyse

Der Drüsenteil der Hypophyse hat nicht nur entwicklungsgeschichtlich eine ganz andere Herkunft als die Neurohypophyse, sondern unterscheidet sich von dieser auch in seiner regulatorischen Funktion und in der Kontrolle durch den Hypothalamus. Es hat lange gedauert, bis man wußte, daß die Adenohypophyse (der Hypophysenvorderlappen)

**Tabelle 4.1: Ordnung der Adenohypophysenhormone nach Größe**

| Hormon | Kurzbezeichnung | Zahl der Aminosäuren | Molekulargewicht |
|---|---|---|---|
| adrenocorticotropes Hormon | ACTH | 39 | 4 500 |
| Wachstumshormon | GH | 191 | 21 800 |
| Prolactin | PRL | 198 | 22 500 |
| luteinisierendes Hormon | LH | 204 | 29 000 |
| follikelstimulierendes Hormon | FSH | 204 | 29 000 |
| schilddrüsenstimulierendes Hormon | TSH | 204 | 29 000 |

des Menschen sechs wichtige Hormone produziert (siehe Tabelle 4.1). Die Geschichte der Entdeckung und Charakterisierung dieser sechs Hypophysenvorderlappenhormone ist höchst interessant und, wie alle Geschichten dieser Art, sowohl von glücklichen Umständen als auch von dem unermüdlichen Forschungseifer einer großen Gruppe unerschrockener Wissenschaftler geprägt.

**Wachstumshormon (GH).** Bei dem ungewöhnlichen Krankheitsbild der Akromegalie kommt man nicht unbedingt sofort auf die Idee, daß hier das Wachstumshormon außer Kontrolle ge-

Bild 4.2: Der Pharao Echnaton, der im 14. Jahrhundert vor Christus in Ägypten herrschte, litt wahrscheinlich an Akromegalie und ist damit der älteste bekannte Fall einer derartigen Wachstumsstörung.

raten ist. Als Folgen dieser Entgleisung treten Wucherungen von Weichteilen, Knochen und Knorpel auf. Häufig geht der Überschuß an Wachstumshormon bei der Akromegalie auf einen Hypophysentumor zurück. Das Hormon wirkt nicht unmittelbar auf die Knochen und die Weichteile, sondern gelangt über das Blut zur Leber und regt in den Leberzellen die Bildung spezieller Wachstumsfaktoren an. Diese *Somatomedine*, von denen es mehrere Typen gibt, entfalten ihre Wirkung auf direktem Wege; sie sind die eigentlichen Schuldigen, der Grund, warum Sie an einem schicksalhaften Morgen vielleicht mit zu großen Füßen aufwachen. Marie und andere Mediziner wußten Ende des 19. Jahrhunderts bereits, daß die Akromegalie mit hypophysären Tumoren zusammenhing; sie folgten der Spur jedoch in die falsche Richtung und nahmen an, das anomale Wachstum beruhe auf der Zerstörung des Hypophysengewebes durch den Tumor. Außerdem erkannten Marie und seine Kollegen nicht, daß die Akromegalie schon in der Antike bekannt war, obwohl sie Fälle mit diesem Krankheitsbild auf Gemälden, bei Skulpturen sowie in der medizinischen Literatur entdeckten. Der älteste Fall dürfte Echnaton sein, ein Pharao, der Ägypten im 14. Jahrhundert vor Christus regiert hat (siehe Bild 4.2).

Im Jahre 1909 heilte Cushing einen an Akromegalie leidenden 38jährigen Farmer aus Süd-Dakota, indem er dessen Hypophysentumor operativ entfernte. Durch diesen aufsehenerregenden Erfolg gewann die Vorstellung, daß die Adenohypophyse irgendeinen Wachstumsfaktor produziert, zusehends an Boden. Als man zwölf Jahre später das Wachstumshormon (*growth hormone,* GH) in Hypophysenextrakten nachwies, galt die Existenz einer wachstumsfördernden Substanz bereits weithin als anerkannt. Verblüffende Resultate erzielten Evans und Long mit sorgfältig präparierten Hypophysenextrakten von Kühen: Als sie Ratten über einen längeren Zeitraum diese Extrakte täglich injizierten, wurden die Tiere allmählich größer als unbehandelte Kontrollratten; nach neun Monaten hatten sie eine geradezu gigantische Größe erreicht und wogen mehrere Pfund. Das Skelett und die meisten anderen Gewebe waren übernormal gewachsen. Evans entwickelte dann im Tierexperiment ein Modell für die Akromegalie, indem er Dackeln Hypophysenextrakte verabreichte und damit ein dramatisches Wachstum der Weichteile auslöste (siehe Bild 4.3).

Es vergingen allerdings noch 50 Jahre, bis man 1971 schließlich die chemische Struktur des menschlichen Wachstumshormons bestimmt hatte. Um ausreichende Mengen an chemisch reinem Wachstumshormon aus den Hypophysen von Tier und Mensch zu gewinnen, mußten viele langwierige chromatographische Trennverfahren und Bioassays durchlaufen werden. Heute wissen wir, daß das Wachstumshormon des Menschen ein Peptidhormon aus 191 Aminosäuren ist und daß es im Falle von Wachstumsstörungen bei Kindern therapeutisch eingesetzt werden kann. Mit gentechnologischen Methoden ist es inzwischen sogar möglich, dieses Hormon von Bakterien synthetisieren zu lassen, so daß in der Zukunft kein Mangel an menschlichem Wachstumshormon mehr herrschen dürfte.

**Gonadotropine (LH und FSH).** Der Hypophysenvorderlappen sezerniert auch zwei Hormone, die als sogenannte Gonadotropine die Funktion der Eierstöcke und der Hoden regulieren. Hierbei zeigt

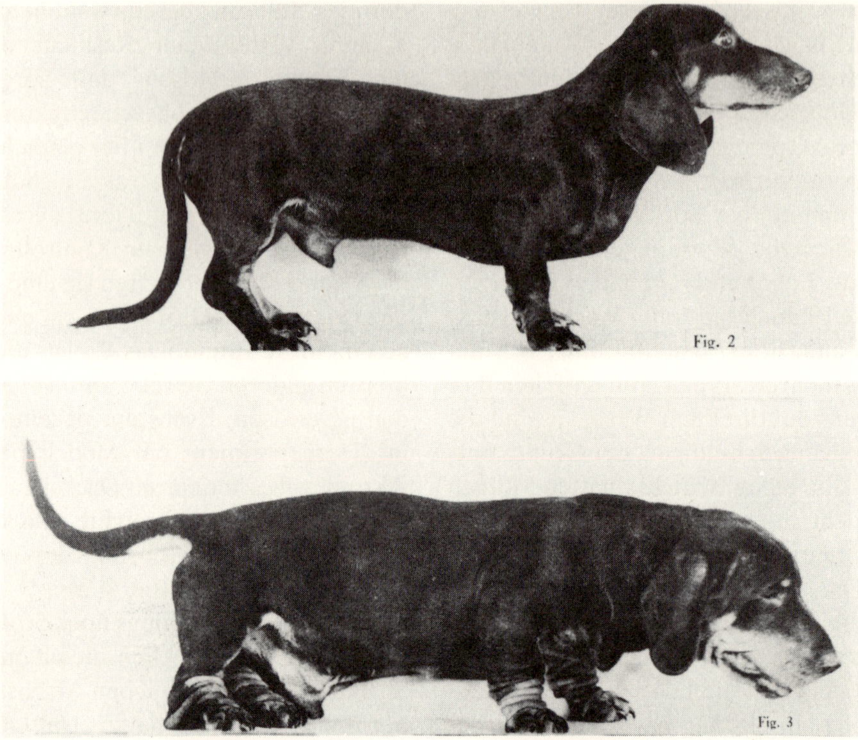


Bild 4.3: Die dramatische Wirkung von Wachstumshormon veranschaulichen die beiden hier abgebildeten männlichen Dackel, die aus einem Wurf stammen. Dem Hund unten war in Versuchen von Evans 1931 sechs Monate lang täglich eine hohe Dosis gereinigten Hypophysenextraktes injiziert worden.

sich wieder einmal die Wirtschaftlichkeit der Natur, denn beide Hormone sind beim weiblichen und beim männlichen Geschlecht strukturell identisch und spielen dennoch völlig verschiedene Rollen. Das *follikelstimulierende Hormon* (FSH) bewirkt in den Eierstöcken die Reifung der Follikel und in den Hoden die der Samenzellen. Das *luteinisierende Hormon* (LH) stimuliert den Eisprung (Ovulation), die Sekretion von Östrogen sowie die Bildung des Gelbkörpers in den Eierstöcken. Beim männlichen Geschlecht hat es die Aufgabe, die Produktion von Testosteron anzuregen. Dieses Hormon wird in den Leydigschen Zellen synthetisiert, die im interstitiellen Gewebe der Hoden liegen. Die Abgabe von LH und FSH durch die Hypophyse unterliegt der Kontrolle des gleichen Hypothalamushormons, nämlich des LH-Releasing-Hormons (LHRH), dessen Ausschüttung wiederum über Nervenimpulse aus dem Gehirn gesteuert wird.

Dieses detaillierte Wissen über die Regulation der Keimdrüsen durch den Hypophysenvorderlappen haben wir uns erst in den letzten 60 Jahren aneignen können. Davor existierten zwar bereits wichtige Hinweise, doch ließ sich in keinem Fall eine Theorie darauf aufbauen. Anfang des 19. Jahrhunderts war bekannt, daß einige weibliche Säugetiere, beispielsweise Kaninchen, erst nach der Begattung ovulieren und Gelbkörper ausbilden. Doch die Beziehung, daß der

Kopulationsreiz zur Ausschüttung von Gonadotropinen aus der Hypophyse führt, ließ sich damals noch nicht herstellen, da die Gonadotropine erst 1927 entdeckt wurden.

Wie wir gesehen haben, trat die Hypophyse als Kontrollinstanz für Körperfunktionen erstmals mit Maries Entdeckung der Akromegalie in das Bewußtsein. Daß bei vielen weiblichen Patienten mit Akromegalie die Menstruation ausblieb und daß Männer impotent wurden, waren eigentlich Anhaltspunkte dafür, daß die Hypophyse an der Regulation von Eierstöcken und Hoden beteiligt ist, doch fanden sie kaum Beachtung. Im Jahre 1900 beschrieb der französiche Neurologe Babinski ein neues Syndrom: Bei einem mit 17 Jahren gestorbenen fettleibigen Mädchen mit geschlechtlicher Unterentwicklung erbrachte die Autopsie einen großen Hypophysentumor und sehr kleine Eierstöcke. Bei einem ähnlich gelagerten Fall eines 15jährigen Jungen entdeckte Fröhlich 1901 in Wien infantile Hoden und ebenfalls einen Hypophysentumor. Keiner dieser Patienten litt an Akromegalie; statt dessen lag eine bislang unbekannte Erkrankung zugrunde, bei der Fettleibigkeit und verzögerte geschlechtliche Entwicklung mit einem Hypophysentumor einhergingen.

Im Tierexperiment gelang schließlich der eindeutige Nachweis, daß die Hypophyse Hormone bildet, die die Keimdrüsenfunktion kontrollieren. Cushing und Aschner zeigten unabhängig voneinander, daß bei Hunden die partielle Entfernung der Hypophyse zu sexuellem Infantilismus und verkleinerten Keimdrüsen führen kann. 1922 stellten Evans und Long fest, daß die gleichen Hypophysenextrakte, die bei Ratten übermäßiges Wachstum verursachten, auch eine Vergrößerung der Eierstöcke hervorriefen und den Geschlechtszyklus der Ratte unterbrachen. So kamen die Wissenschaftler langsam, aber sicher zu der Überzeugung, daß die Funktionsfähigkeit der Keimdrüsen unter der – vermutlich endokrinen – Kontrolle der Hypophyse steht. 1926 konnte in den Labors von Smith und Zondek der Nachweis geführt werden, daß sich durch tägliche Einpflanzung von Adenohypophysen der verschiedensten Tierarten bei Ratten und Mäusen die Eierstöcke vergrößern und eine sexuelle Frühreife herbeiführen läßt. Durch solche Implantate konnte man auch die nach Entfernung der Hypophyse auftretende Atrophie der Keimdrüsen aufheben. Diese sensationellen Tierexperimente ließen keinen Zweifel mehr daran, daß die Hypophyse Faktoren enthält, die direkt auf die Keimdrüsen einwirken.

Untersuchungen am Menschen bestätigten diese Befunde. Zondek entdeckte, daß der Urin schwangerer Frauen und von Frauen in der Postmenopause (in den Jahren nach der letzten Menstruation) besonders reich an Hormonen ist, die die Eierstöcke zu stimulieren vermögen. (Es waren übrigens solche aus dem Urin von Frauen in der Postmenopause isolierten Gonadotropine, die in Kalifornien vor einiger Zeit zur Geburt von Siebenlingen geführt haben.) Zondek stellte ferner fest, daß der Urin Schwangerer in erster Linie luteinisierende Aktivität besitzt, während der Postmenopausenurin vor allem die Follikelreifung fördert. Daraus folgerte er logischerweise, daß zwei verschiedene Gonadotropine existieren müssen.

Die Forschungen der nächsten zehn Jahre zeigten, daß es sogar drei Gonadotropine gibt. Der Urin schwangerer Frauen enthält das sogenannte Human-Choriongonadotropin (HCG), das in der

Placenta gebildet wird und in seiner Wirkung dem LH sehr ähnlich ist. Im Postmenopausenurin dagegen kommen FSH und LH vor; dies hängt mit den sehr hohen Serumkonzentrationen von FSH und LH in der Postmenopause zusammen, die dadurch zustande kommen, daß die Eierstöcke bei diesen Frauen nicht mehr genügend Östrogen zu sezernieren vermögen, um die Hypophysengonadotropine LH und FSH in Schach zu halten.

Wie sich in den sechziger Jahren herausstellte, sind LH, FSH und HCG in ihrer chemischen Struktur einander sehr ähnlich. Jedes dieser Gonadotropine setzt sich aus zwei Peptidketten zusammen, der Alpha- und der Beta-Kette. Die Alpha-Peptidketten sind in allen drei Fällen identisch und bestehen jeweils aus 89 Aminosäuren. Die Unterschiede zwischen den einzelnen Gonadotropinen rühren von den unterschiedlichen Aminosäuresequenzen ihrer Beta-Ketten her. Jedes Alpha-Beta-Kettenpaar besitzt infolgedessen eine spezifische biologische Aktivität.

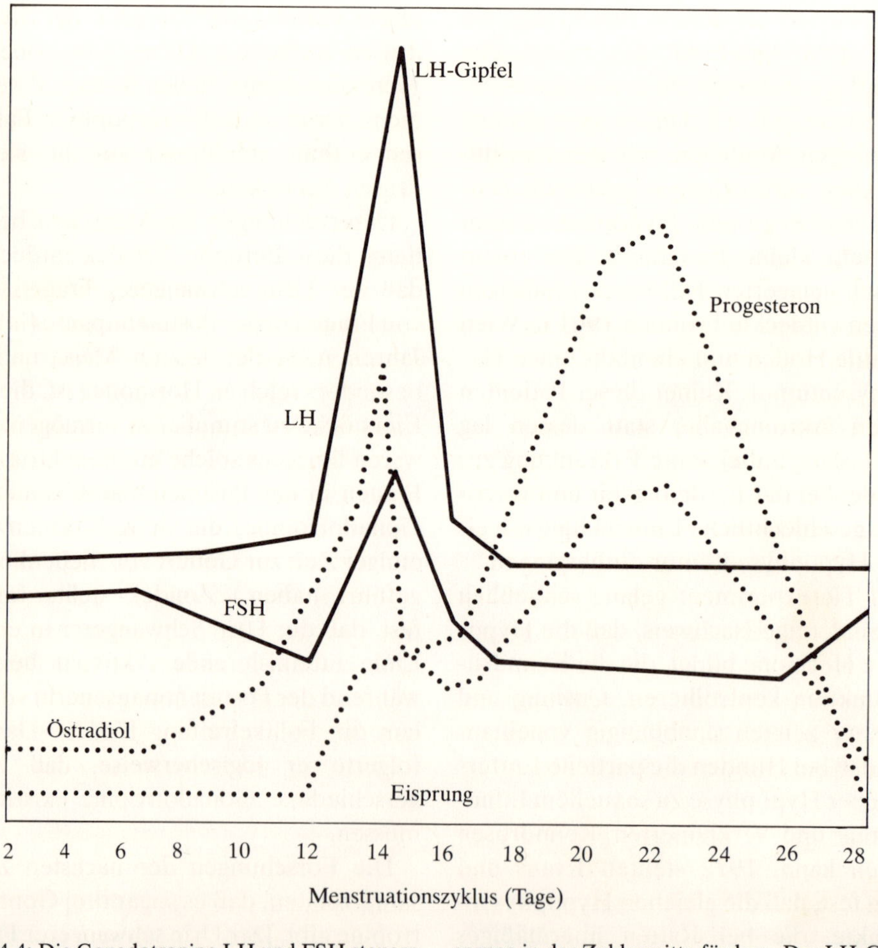


Bild 4.4: Die Gonadotropine LH und FSH steuern den Menstruationszyklus, indem sie in den Eierstöcken die Östradiolsekretion anregen und den Eisprung in der Zyklusmitte fördern. Der LH-Gipfel ist quasi der Startschuß für die Ovulation. Das Hormon Progesteron wird vom Gelbkörper gebildet.

Der Menstruationszyklus unterliegt einem komplizierten Regulationsmechanismus (siehe Bild 4.4). Das in den Eierstöcken produzierte Östradiol kann im Laufe des Zyklus über Rückkopplungsschleifen die LH- und FSH-Abgabe aus der Hypophyse stimulieren oder unterdrücken. Östradiol und das Gelbkörperhormon Progesteron, die während des Zyklus gebildet werden, sind verantwortlich für jene Veränderungen der Gebärmutterauskleidung, die zu den monatlichen Blutungen führt. Beim Mann reguliert FSH die Bildung der Samenzellen, während LH die Produktion von Testosteron steuert, das seinerseits die Abgabe von LH und FSH aus der Hypophyse zu unterdrücken vermag.

**Prolactin.** Überraschenderweise ist ein Syndrom, bei dem bei Frauen Hypophysentumoren mit einem anomalen Milchfluß (*Galaktorrhö*) einhergehen, lange Zeit unentdeckt geblieben, obwohl das Krankheitsbild heute recht häufig auftritt und sicherlich auch schon zu jener Zeit existierte, als man die Akromegalie entdeckte. Doch bis 1929 gab es noch keinerlei Hinweise auf ein laktationsförderndes Hormon aus der Hypophyse. Dann aber stellten verschiedene Forschungsgruppen zufällig fest, daß in Kaninchen oder Ratten injizierte Hypophysenvorderlappenextrakte selbst dann die Milchproduktion in den Milchdrüsen anregten, wenn die Eierstöcke entfernt waren. Diese Beobachtung stand in krassem Widerspruch zu dem herrschenden Dogma der damaligen Zeit, wonach die Entwicklung der Milchdrüsen und die Milchproduktion durch den Gelbkörper in den Eierstöcken kontrolliert wird. Riddle nannte das neue Hypophysenhormon Prolactin. Ihm fiel auf, daß es nicht nur die Milchbildung bei Säugetieren anregte, sondern auch für die Produktion der Kropfmilch bei Tauben verantwortlich war. Daß diese Vögel ihre Jungen mit Hilfe von Milch aus der Kropfdrüse ernähren, war bereits 1786 von Hunter berichtet worden; niemand ahnte jedoch, daß die Produktion der Kropfmilch durch die Hypophyse gesteuert wird, bis Riddle und seine Mitarbeiter Anfang der dreißiger Jahre Prolactin in reiner Form gewannen. Dieses Hypophysenhormon, das unter der Kontrolle des Prolactin-Releasing- und des Prolactin-Inhibiting-Faktors aus dem Hypothalamus steht, kann also als universelles Hormon gelten, das im Laufe der Evolution erhalten worden ist, um die Ernährung Neugeborener sicherzustellen.

Es dauerte mehrere Jahrzehnte, bis schließlich auch die chemische Struktur des Prolactins aufgeklärt war. Wie bei den anderen Hypophysenvorderlappenhormonen mußten auch hier zahlreiche chromatographische Verfahren und hoch empfindliche Tests wie Radioimmunoassays neu entwickelt werden. Anfang der siebziger Jahre fand man dann heraus, daß die Struktur von Human-Prolactin der des menschlichen Wachstumshormons sehr ähnlich ist. Es besteht aus 198 Aminosäuren, während das Wachstumshormon 191 Aminosäuren enthält. Aufgrund ihrer strukturellen Ähnlichkeit waren diese beiden Peptidhormone lange Zeit chemisch schwer voneinander zu trennen. Erst ausgeklügelte chromatographische Trennverfahren machten die Isolierung von Prolactin möglich. Die bemerkenswerten Übereinstimmungen zwischen den Prolactinmolekülen von Menschen und etlichen anderen Wirbeltierarten sind ein weiteres Beispiel für die Erhaltung nützlicher chemischer Strukturen in der Evolution, wie sie uns auch bei anderen Hormonen begegnet.

Bei der Frau stimuliert Prolactin die auf die Geburt folgende Milchproduktion und fördert im Zusammenspiel mit anderen Hormonen die Entwicklung der Brust während der Schwangerschaft. Zwar steigert Prolactin die Bildung von Milch in den Milchdrüsenzellen, der Übertritt von den Drüsensäckchen in die Milchgänge jedoch steht unter der Kontrolle des Neurohypophysenhormons Oxytocin. Dieses induziert die Kontraktion der Milchsackauskleidung, wodurch die Milch in den Gang gepreßt wird.

Beim Mann scheint dem Prolactin die Hormonfunktion abhanden gekommen zu sein – als Pseudohormon ohne erkennbare Zweckbestimmung kreist es auf der Suche nach einem Job ziellos durch den Körper. Prolactin im Überschuß führt beim Mann zu Impotenz und bei der Frau zum Ausbleiben der Menstruation. Beide könnten heutzutage ganz auf Prolactin verzichten, denn die Laktation ist nicht mehr notwendig, um Kinder zu ernähren. Doch in früheren Zeiten war Prolactin möglicherweise unersetzlich für das Überleben der Art, und vielleicht ist das, was wir heute sehen, nur die letzte Spitze eines evolutionären Eisberges.

**Schilddrüsenstimulierendes Hormon.** Die Entdeckung, daß die Schilddrüse durch ein Hypophysenhormon reguliert wird, brauchte ebenfalls ihre Zeit. Um 1850 erkannte man in Frankreich, daß vergrößerte Hypophysen bei Tier und Mensch mit Kropfbildung einhergingen. Später stellte man bei Kaninchen fest, daß die Entfernung der Schilddrüse die Hypophyse anwachsen ließ. Doch da man damals noch kaum etwas über Drüsen und Hormone wußte, existierte auch keine Theorie, in die man solche Beobachtungen sinnvoll hätte einfügen können. Was bedeutete es, wenn sich die Hypophyse vergrößerte, sobald die Schilddrüse aufhörte, Schilddrüsenhormone zu bilden? Wie sollte irgendjemand wissen, daß die Schilddrüsenhormone T4 und T3 über eine Rückkopplungsschleife auf die TSH-produzierenden Zellen der Hypophyse einwirken und daß bei sinkenden T4- und T3-Spiegeln im Blut sich die Hypophysenzellen vergrößern, um mehr TSH zu produzieren (welches wiederum – seinem Namen entsprechend – die Schilddrüse zur Produktion von T4 und T3 stimuliert)? 75 Jahre gingen ins Land, bis Smith im Jahre 1926 zeigen konnte, daß die Entfernung der Hypophyse zu einer Schilddrüsenatrophie führt, die sich durch die Zufuhr von Hypophysenextrakten wieder aufheben läßt.

Während des 19. Jahrhunderts wurde langsam klar, welche Bedeutung die Schilddrüse für die Regulation normaler Körperfunktionen hat. Damals machte man bei einigen Krankheitsbildern eine Reihe interessanter Beobachtungen. Bereits seit mehreren Jahrhunderten war bekannt, daß *Kretinismus* bei Kindern mit einer Vergrößerung der Schilddrüse, also mit Kropfbildung, in Zusammenhang steht. Kretinistische Kinder sind körperlich und geistig zurückgeblieben, ihre Haut fühlt sich weich und teigig an, die Zunge ragt aus dem Mund hervor, und der Kropf ist stark entwickelt; diese Krankheit, die solche kleinwüchsigen Idioten von äußert ungewöhnlichem Aussehen hervorbringt, tritt vor allem in Alpengebieten auf. Im Jahre 1850 wurden erstmals zwei Fälle beschrieben, bei denen man nach operativer Öffnung des Halses keine Schilddrüse fand. Offensichtlich entsteht Kretinismus, wenn die Schilddrüse völlig fehlt oder stark vergrößert ist und unzureichend arbeitet.

1873 berichtete Gull von einem ungewöhnlichen und bis dahin unbekannten Krankheitsbild bei Frauen, das er als kretinoiden Zustand bezeichnete. In der Beschreibung seines ersten Falles schilderte er auf lebhafte Weise den Gesamteindruck: „Fräulein B. wurde nach dem Ausbleiben der Menstruation allmählich immer schlaffer, während ihr Umfang zunahm. Die Veränderungen schritten von Jahr zu Jahr fort, und ihr ovales Gesicht wurde rund wie der Vollmond."

Das ist eine der ersten Beschreibungen des *Myxödems*, einer chronischen Erkrankung, von der hauptsächlich ältere Frauen betroffen sind. „Fräulein B. wurde allmählich immer schlaffer" – diese Formulierung trifft den Nagel auf den Kopf. Sinkende Körpertemperatur, Trockenheit von Haut und Nägeln sowie Trägheit sind die langsam zutage tretenden Kennzeichen dieser Erkrankung. Die Haut quillt durch die Ansammlung von Proteinen und Flüssigkeit zusehends auf (was Ord 1877 zur Bezeichnung Myxödem veranlaßte), die Stimme wird heiser, das Haar verliert an Glanz, und die Haut trocknet aus. Die körperliche Energie geht verloren, und eine allgemeine Trägheit ergreift von der Patientin Besitz. Zwischen 1870 und 1880 berichteten Gull und Ord von zehn Myxödemfällen, ohne daß ihnen bewußt war, daß die eigentliche Ursache für dieses Krankheitsbild in einem Mangel an Schilddrüsenhormonen liegt.

Zu Beginn der achtziger Jahre des 19. Jahrhunderts machten zwei Chirurgen, der Franzose Reverdin und der Schweizer Kocher, die Beobachtung, daß einige Patienten nach operativer Entfernung eines Kropfes erschlafften und einen myxödemähnlichen Zustand entwickelten. Semon stellte daraufhin die Hypothese auf, daß Kretinismus, Myxödem und jener postoperative Zustand allesamt Erkrankungen sind, die auf einer Unterfunktion oder auf dem Fehlen der Schilddrüse beruhen. Den Nachweis erbrachte schließlich Horsley, indem er zeigte, daß bei Affen die Entfernung der Schilddrüse Kretinismus und Myxödem hervorrufen kann.

Die Erkenntnis, daß Myxödempatienten durch Schilddrüsenextrakte von Schafen geheilt werden können, verdanken wir Murry. Ihm war damit die erste Heilung eines Hormonmangelsyndroms gelungen, was einen beachtlichen Fortschritt darstellte.

All diese Befunde ließen letztlich keinen Zweifel mehr daran, daß die Funktionstüchtigkeit der Schilddrüse unabdingbare Voraussetzung für ein normales Leben ist. Wenn in der Kindheit eine Schilddrüsenunterfunktion besteht, kommt es zu Kretinismus mit schwerer geistiger Behinderung; genau aus diesem Grund werden heute alle Neugeborenen auf Schilddrüsenunterfunktion (Hypothyreose) untersucht. Wenn die Schilddrüse im Erwachsenenalter zu wenig Hormone produziert, entwickelt sich ein Myxödem.

Im 19. Jahrhundert tauchte in den Berichten von Parry, Graves und Basedow auch der umgekehrte Fall auf; die drei Mediziner beschrieben Kropfpatienten, bei denen die vergrößerte Schilddrüse übermäßig viel Hormone produziert. Im Gegensatz zum Myxödem geraten hier die Patienten ins Schwitzen und leiden unter Herzklopfen, Nervosität, Gewichtsverlust und Schlafstörungen. Ein Zuviel an Schilddrüsenhormonen treibt den Körper offenbar auf Hochtouren, während ein Mangel zu Trägheit führt. Der Blutspiegel der Schilddrüsenhormone muß genau stimmen, um zwischen den Extremen von Myxödem und Basedowscher Krankheit die Balance zu halten. Die erforderliche Abstimmung besorgt das TSH aus der Hypophyse, deren TSH-bildende Zellen unter der Kontrolle des Hypothalamushormons TRH und der Schilddrüsenhormone T4 und T3 stehen.

Nach und nach begann sich herauszukristallisieren, daß die Schilddrüse nicht auf sich allein gestellt ist, sondern von dem im Blut kreisenden TSH beeinflußt wird. Rogowitsch beobachtete, daß sich bei Kaninchen nach Entfernung der Schilddrüse die Hypophyse vergrößerte. Umgekehrt zeigte Aschner 1912, daß bei Hunden nach Entfernung der Hypophyse die Schilddrüse zu schrumpfen begann. Den eigentlichen Durchbruch schaffte allerdings erst P. H. Smith mit einer Reihe von Versuchen, die er von 1926 an durchführte. Er untersuchte die Wirkung von Hypophysenimplantaten und -extrakten auf Ratten, denen die Hypophyse entfernt worden war, und stellte fest, daß die bei diesen Tieren auftretende Atrophie der Schilddrüse und der verminderte Stoffwechselumsatz mit solchen Extrakten oder Implantaten völlig aufgehoben werden konnte.

Nach den ersten Beobachtungen, daß Hypophysenextrakte schilddrüsenstimulierende Aktivität besitzen, vergingen jedoch noch fast 50 Jahre, bis die Existenz des TSH-Moleküls bewiesen und Anfang der siebziger Jahre auch seine Struktur aufgeklärt war. Die Reinigung dieses Hormons erwies sich wegen seiner strukturellen Ähnlichkeit mit LH und FSH als sehr schwierig, so daß die chemische Trennung erst gelang, als ausgefeilte chromatographische Trennverfahren zur Verfügung standen. Wie LH und FSH ist TSH ein großes Peptid, das sich aus einer Alpha- und einer Beta-Untereinheit sowie einigen zuckerhaltigen Seitenketten aufbaut. Die Alpha-Ketten von LH, FSH und TSH sind identisch; die Moleküle unterscheiden sich ausschließlich in ihren Beta-Untereinheiten und den anhängenden Zuckern. Während der Evolution hat sich die Natur also entschieden, für drei der Hypophysenhormone die gleichen Alpha-Untereinheiten zu wählen und außerdem für Prolactin und Wachstumshormon sehr ähnliche Strukturen zu entwickeln.

**Adrenocorticotropes Hormon (ACTH).** Die Nebennieren rückten erstmals 1855 in den Blickpunkt, als Addison seine inzwischen klassische Abhandlung *On the Constitutional and Local Effects of Disease of the Supra-renal Capsules* veröffentlichte. In der Einleitung hob er die reiche Blut- und Nervenversorgung der Nebennieren hervor, die damals *Capsulae supra-renales* genannt wurden, und verwies auf ihre frühe Entstehung während der Embryogenese, ihre uneingeschränkte Funktionstüchtigkeit im Alter und ihre besondere drüsige Struktur. All dies wertete er als Anzeichen dafür, daß diesem Organ „wichtige Aufgaben obliegen"; ihm war jedoch – abgesehen von der vagen Vorstellung, daß die Nebennieren an der Blutbildung beteiligt sein könnten – keine Hypothese bekannt, die diesen Strukturen eine besondere Funktion zuschrieb.

Die „wichtige Aufgabe", mit der die Nebennieren betraut sind, ist schlicht die Erhaltung der Lebensfähigkeit. Den Beweis lieferte Addison, als er zeigte, daß Menschen nach Zerstörung der Nebennieren eine Krankheit entwickeln, die sie stark schwächt und schließlich sterben läßt. Im Anfangsstadium verschlechtert sich das allgemeine Wohlbefinden allmählich, und als Begleiterscheinung tritt eine auffällige Verfärbung der Haut auf, die „gewissermaßen ein schmutziges oder verräuchertes Aussehen erhält und verschiedene Schattierungen von dunklem Gelbbraun oder Kastanienbraun aufweist". Schwächezustände und Müdigkeit gehen mit mangelndem Appetit sowie gelegentlichem Erbrechen und Magenschmerzen einher. Der Patient siecht dahin. Er verliert an Gewicht, und sein Blutdruck sinkt; „der Puls wird schwächer und schwächer, und ohne besondere Klagen über Schmerzen oder andere Beschwerden sinkt der Kranke schließlich in sich zusammen und haucht sein Leben aus."

Dieses früher tödlich endende Leiden beruht auf einem Krankheitsprozeß, der die Nebennieren zerstört und dadurch die Patienten der Hormone Cortisol und Aldosteron beraubt. Während Cortisol für das allgemeine Wohlbefinden einschließlich einer gewissen Freude am Essen vonnöten ist, hilft Aldosteron durch die Retention von Elektrolyten den Blutdruck stabil zu halten. Natürlich wußte Addison zum Zeitpunkt seiner Entdekkung nichts über Cortisol und Aldosteron, denn es existierte noch keine Theorie über die innere Sekretion von Hormonen und kein Denkkonzept für Botenstoffe. Anfangs glaubte Addison, die Nebennieren hätten eine ihnen ureigene Aufgabe im Haushalt des Körpers zu erfüllen. Er wandelte diese Ansicht jedoch später ab und ging dann davon aus, daß erkrankte Nebennieren die benachbarten autonomen Nervenzentren beeinflussen und dadurch über das Nervensystem eine indirekte Wirkung auf den Körper ausüben können; diese Theorie entsprach dem Bild, das man im 19. Jahrhundert von den Drüsen hatte. Genau wie heute stand auch damals neuen Denkweisen die Tradition im Wege, und so vergingen weitere 40 Jahre, bis das Konzept der Botenstoffe entwickelt war, obwohl es doch viel früher schon zahlreiche Hinweise auf die Existenz solcher Stoffe gegeben hatte.

Nachdem Addisons Abhandlung über die später nach seinem Namen benannte Krankheit erschienen war (1855), entdeckten andere Wissenschaftler, daß die totale Entfernung der Nebennieren bei Tieren unweigerlich zum Tode führt. Damit war bewiesen, daß diese Drüsen bei vielen Tierarten lebensnotwendige Organe sind. Doch noch gab es keinerlei Anhaltspunkte dafür, daß an der Regulation der Nebennierenaktivität die Hypophyse beteiligt ist. Diese Erkenntnis setzte sich nur langsam durch.

Um die Jahrhundertwende hatte man Experimente an Hunden durchgeführt, die erkennen ließen, daß nach Entfernung der Hypophyse die Nebennierenrinde schrumpft. Simmonds entdeckte dieses Phänomen auch bei Menschen, deren Hypophyse durch eine Krankheit zerstört worden war. Während der zwanziger Jahre schufen Smith und seine Mitarbeiter dann mit einer Reihe von Experimenten an Kaulquappen und Ratten die Voraussetzung für eine völlig neue Sicht der Nebennierenregulation. Sie entnahmen ihren Versuchstieren zunächst die Hypophyse, worauf die Nebennieren schrumpften, und injizierten ihnen anschließend Extrakte aus Kuhhypophysen – mit dem Erfolg, daß die Atrophie der Nebennieren aufgehoben wurde. Die Versuche bewiesen, daß Hypophysenextrakte eine Substanz mit adrenocorticotroper Aktivität enthalten; die Natur dieses nebennierenrindenstimulierenden Stoffes blieb jedoch umstritten. Die einen sprachen sich für ein eigenes ACTH-Molekül aus, die anderen sahen im Wachstumshormon oder im Prolactin den potentiellen Stimulator.

Collip und andere klärten die Streitfrage in den dreißiger Jahren durch die sorgfältige Reinigung von Hypophysenextrakten: Es gibt tatsächlich ein besonderes adrenocorticotropes Hormon, das ACTH. Um seine chemische Struktur aufklären zu können, mußte allerdings erst noch der Test für ACTH verbessert und die Reinigungsprozeduren weiterentwickelt werden. Es ist bekannt, daß die Hypophyse ACTH schubweise und meist während der frühen Morgenstunden ausschüttet. Auch einige andere Hypophysenhormone werden in Schüben sezerniert, ohne daß man die physiologische Ursache dieses Sekretionsmusters kennt.

## Neue Perspektiven

Die sechs Hypophysenvorderlappenhormone, mit denen wir uns beschäftigt haben, sind in Tabelle 4.1 aufgeführt. All diese Botenstoffe werden in Hypophysenzellen, die auf die Bereitstellung ganz bestimmter Hormone spezialisiert sind, aus Vorstufen synthetisiert; Synthese und Ausschüttung unterliegen über die Hypothalamushormone der Kontrolle durch das Gehirn. Gleichzeitig empfangen die spezialisierten Hypophysenzellen durch Rückkopplungsmechanismen auch Signale von den Zielorganen, so daß beispielsweise Cortisol die ACTH-Produktion in den ACTH-bildenden Zellen der Hypophyse unterdrückt. Vor der Ausschüttung in das Blut werden die Vorstufen oder Prohormone von Spaltenzymen in die endgültigen Hormone umgewandelt.

Das interessanteste Prohormon der Hypophyse ist ein sehr großes Molekül, das neben der Aminosäurefolge für ACTH noch die Sequenzen für zwei weitere Peptide, nämlich für Beta-Lipotropin (Beta-LPH) und Beta-Endorphin, enthält. Demnach werden ACTH, Beta-LPH und Beta-Endorphin im gleichen Zelltyp aus einer gemeinsamen Vorstufe gebildet und dann bei akutem Streß ins Blut ausgeschüttet. ACTH regt die Abgabe von Cortisol und Aldosteron aus den Zellen der Nebennierenrinde an, während Beta-Endorphin (das in der Sequenz des größeren Beta-LPH enthalten ist) zu den opioiden Peptiden gehört und daher als körpereigener Schmerzstiller vermutlich in Körper und Gehirn die Schmerzschwelle beeinflußt. Die Rolle von Beta-LPH ist noch nicht geklärt. Möglicherweise strömen einige der Hypophysenhormone wie Beta-Endorphin in das Gehirn, um dort auf Sinneswahrnehmungen oder andere Hirnfunktionen Einfluß zu nehmen. Die Entdeckung, daß im Hypophysenvorderlappen eine gemeinsame Vorstufe für ACTH und ein opioides Peptid existiert, hat neue Denkanstöße für die Wechselbeziehung zwischen Hypophyse und Gehirn gegeben. Wir werden darauf im letzten Kapitel näher eingehen.

# Der geheimnisvolle Zapfen

*Nicht immer ist das, was interessant ist, auch von Bedeutung.*

Altes Sprichwort

Stellen Sie sich einmal vor – falls Sie es bisher noch nicht getan haben –, Sie wären der liebe Gott, jenes höhere Wesen, das vor etwa 20 Milliarden Jahren das Universum erschaffen hat. Mit einer gewaltigen Explosion, die den Kosmos quasi bis ins Mark erschüttert, setzen Sie die Dinge in Gang. Während die Trümmer dieses Urknalls im Sog des leeren Raumes auseinanderwirbeln, beschließen Sie, einige Galaxien mit Sternen, Planeten, Monden und Kometen zu formen und sie mit allerlei ungewöhnlichen Phänomenen zu versehen, um jedermann über Ihre wahren Absichten rätseln zu lassen. Dann stellen Sie die Weichen für die Evolution einer sonderbaren Art von Lebewesen, des Menschen, auf einem noch sonderbareren Planeten, der Erde. Aus Spaß, vielleicht als amüsante Komponente Ihres grundsätzlichen Plans entscheiden Sie sich, Ihre Geschöpfe mit einer geheimnisvollen Drüse inmitten des Gehirns auszustatten, die für Generationen erkenntnishungriger Wissenschaftler zur harten Nuß werden wird. Sie stellen diese Forscher vor eine hochinteressante Aufgabe, ohne ihnen preiszugeben, welche Bedeutung jene Struktur in ihrem Gesamtkonzept hat. Was Sie da eher versehentlich geschaffen haben, ist der Alptraum eines jeden Wissenschaftlers, ein durch und durch rätselhaftes Organ, das wir als Zirbeldrüse oder Epiphyse kennen.

Die erbsengroße Drüse, die aus dem Dach des Zwischenhirns hervorgeht, sitzt über dem *Aquaeductus Sylvii* mitten im Gehirn. Aufgrund ihrer Ähnlichkeit mit einem Pinienzapfen wird sie auch *Corpus pineale* genannt. Jahrhundertelang haben sich Mediziner wie Philosophen über ihre Funktion den Kopf zerbrochen. Noch heute steht sie in einem ähnlichen Ruf wie die Hypophyse im 19. Jahrhundert: eine Drüse ohne erkennbare Zweckbestimmung, die quasi in ein schwarzes Loch der Evolution gefallen zu sein scheint und vielleicht nur noch den Rest eines früher einmal nützlichen Organs darstellt. Sie ist die letzte Hormondrüse im Körper des Menschen, deren Funktion noch nicht geklärt ist. Allerdings kommen die Wissenschaftler der Lösung dieses Rätsels immer näher.

Von der Existenz der Zirbeldrüse wußten bereits der römische Arzt Galen vor 1800 Jahren und die griechischen Anatomen vor ihm. Die Drüse sitzt mitten im Gehirn zwischen dem dritten und dem vierten Ventrikel (siehe Bild 5.1). Aus den beiden Seitenventrikeln des Gehirns fließt Cerebrospinalflüssigkeit zunächst in den dritten und von dort über den *Aquaeductus Sylvii* in den vierten Ventrikel, so wie das Wasser aus dem Delta des Sacramento über die Straße von Carquinez in die Bucht von San Francisco strömt. Die Lage der Zirbeldrüse verlei-

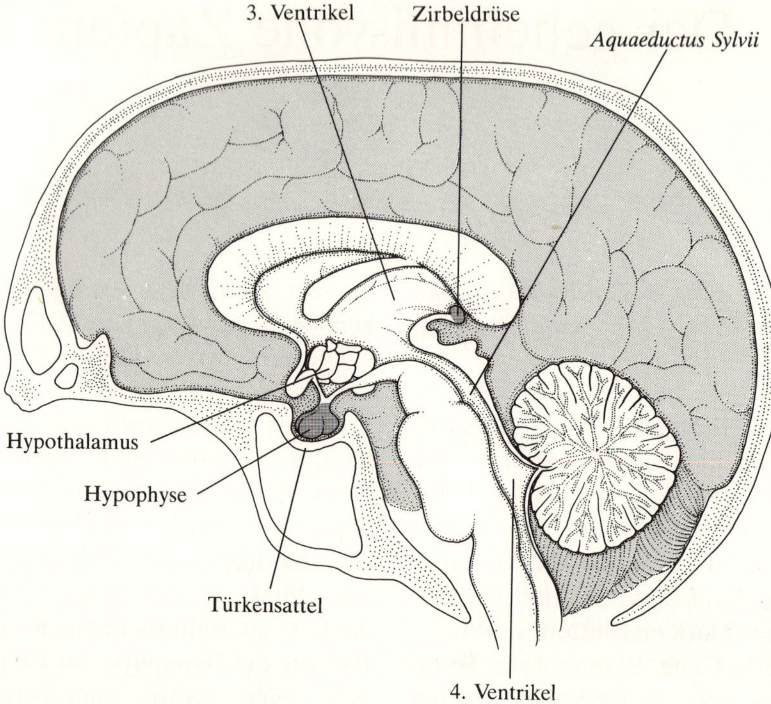


Bild 5.1: Die Zirbeldrüse oder Epiphyse liegt inmitten des Gehirns am Rande des dritten Ventrikels.

tete den griechischen Anatomen Herophilos zu einer eigenwilligen Interpretation: An den Gestaden des dritten Ventrikels sitzend, sollte dieses Organ nicht einfach nur ins Gehirn blicken und den anrollenden Wellen von Cerebrospinalflüssigkeit lauschen, sondern als eine Art Schleuse den Strom der Gedanken aus den Seitenventrikeln regulieren. Im 17. Jahrhundert war man der Meinung, die Zirbeldrüse steuere den Strom der Cerebrospinalflüssigkeit durch die Ventrikel und insbesondere durch den *Aquaeductus Sylvii*, doch diese Theorie wurde gegen Ende des 19. Jahrhunderts endgültig verworfen. Als man in einigen Fällen von frühzeitiger Pubertät bei kleinen Jungen entdeckte, daß ein Tumor in deren Zirbeldrüse saß, entwickelte man eine neue Theorie, nach der die Zirbeldrüse mit der Regulation von Hoden und Eierstöcken zu tun hat.

In der Mitte des 17. Jahrhunderts verfaßte der französische Philosoph René Descartes das erste Lehrbuch der Humanphysiologie. Wie er sich die Funktion der Zirbeldrüse vorstellte, ist in Bild 5.2 dargestellt. Descartes hielt den Körper für eine Maschine, in der der Zirbeldrüse als Ort der Wechselwirkung zwischen Leib und Seele eine besondere Stellung zukam. Objekte der Umwelt werden über die Augen abgebildet, und die visuellen Informationen gelangen über Nervenbahnen des Gehirns zur Zirbeldrüse, wo sie weiter verarbeitet werden. Die Epiphyse sollte zugleich ein Sammelbecken für „Lebensgeister" (*spiritus animales*) aus dem arteriellen Blutkreislauf sein, die von ihr an die Ventrikel abgegeben werden und von dort durch Nervenröhren zu den Muskeln wandern. Descartes sah in der Zirbeldrüse also einen neuroendokrinen Wandler, der Si-

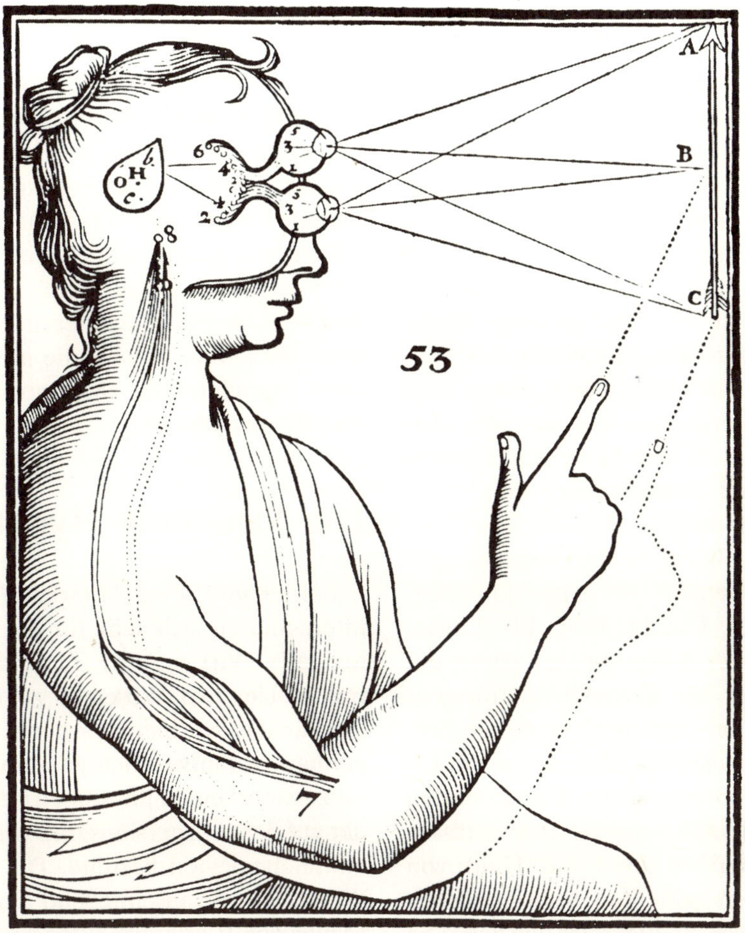


Bild 5.2: Dieser Stich aus dem 17. Jahrhundert veranschaulicht, wie die Zirbeldrüse – gemäß der Theorie des französischen Philosophen René Descartes – regulierend auf den Körper einwirkt. Descartes betrachtete sie als Ort der Wechselwirkung zwischen Leib und Seele und nahm an, daß sie Signale aus den Augen erhält und ihrerseits über hohle Röhren Signale an die Muskeln schickt.

gnale aus dem Auge in eine stoffliche Antwort übersetzt, und kam damit unserem heutigen Bild von dieser Drüse überraschend nahe. Denn offenbar empfängt die Zirbeldrüse tatsächlich Nervenimpulse aus der Netzhaut des Auges und sezerniert als Reaktion auf diese Signale ein ganz bestimmtes Hormon.

Bis zu Beginn des 20. Jahrhunderts war die experimentell gewonnene Information über die Zirbeldrüse recht spärlich. Das änderte sich erst, als der Schwede Holmgren entdeckte, daß das Pinealorgan von Fröschen und anderen Kaltblütern, das den gleichen Ursprung hat wie die Zirbeldrüse, Zellen enthält, die unter dem Lichtmikroskop wie die Zapfen der Netzhaut aussehen; damit kam das Pinealorgan bei diesen Tieren zumindest zum Teil als lichtempfindliche Struktur, als drittes Auge, in Betracht. Beim Frosch ist das Pinealorgan zweigeteilt; der vordere Teil tritt als Stirnbläschen aus dem Schädeldach heraus und wird nur noch von der Haut bedeckt. Wie vor kurzem gezeigt werden konnte, setzen seine lichtempfindlichen Zellen bestimmte Wellenlängen des Lichtes in Nervenimpulse um – eine Bestätigung von Holmgrens Hypothese, daß das Pinealorgan bei manchen niederen Wirbeltieren als Lichtsinnesorgan arbeitet. Sicherlich ist ein lichtempfindliches Pinealorgan am Hinterkopf keine schlechte Einrichtung, wenn sich von hinten heimtückische Angreifer anschleichen. Doch leider liegt bei Säugetieren wie bei uns die Zirbeldrüse tief in der Mitte des Gehirns versenkt und vermag daher kein Licht wahrzunehmen.

Der Pinealkomplex der Säugetiere galt folglich allgemein als entwicklungsgeschichtliches Überbleibsel, bis Lerner 1958 mit einer Sensation aufwartete: der Entdeckung des Zirbeldrüsenhormons *Melatonin*. Der Schlüssel zu dieser Entdeckung lag schon 40 Jahre lang in der Literatur verborgen, denn damals hatten McCord und Allen gezeigt, daß Extrakte aus Rinderzirbeldrüsen die Haut von Kaulquappen aufhellten, wenn sie deren Hälterungswasser zugesetzt wurden. Die Kaulquappen unternahmen vermutlich gerade einen kleinen Nachmittagsausflug im Wasser, als einer der Wissenschaftler etwas Zirbeldrüsenextrakt in ihr Becken schüttete. Plötzlich mußten sie feststellen, daß die dunkle Farbe ihrer Haut einer noblen Blässe zu weichen begann. Dieses Experiment mag zwar die Kaulquappen in tiefste Verwirrung gestürzt haben, es lieferte jedoch einen deutlichen Hinweis darauf, daß Zirbeldrüsenextrakte von Säugetieren eine Substanz enthalten, die auf die melaninhaltigen Pigmentzellen (Melanocyten) der Froschhaut einwirkt.

## Die Melatonin-Hypothese

Lerner und seine Mitarbeiter in Yale interessierten sich sehr für die hautaufhellende Wirkung der Zirbeldrüsenextrakte. Um den Wirkstoff zu isolieren, der für das Ausbleichen der Kaulquappenhaut verantwortlich ist, entwickelten sie zunächst einen photometrischen Test, der auf dem Dispersionsgrad von Froschhautmelanocyten beruhte. Die Art und Weise, wie sie anschließend eine riesige Menge von Rinderzirbeldrüsen aufbereiteten, erinnert stark an die Arbeiten von Schally und Guillemin und ihre aus

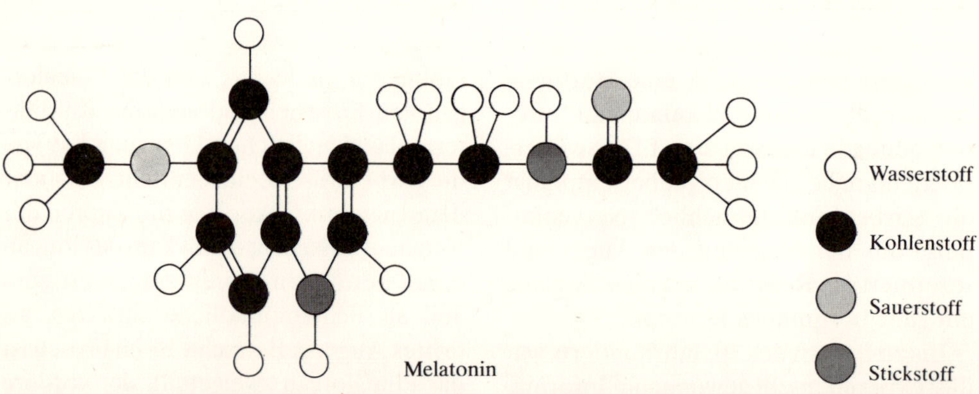


Bild 5.3: Melatonin, das von Lerner in Yale entdeckt wurde, besitzt als charakteristisches Strukturelement einen Indolring mit einer $OCH_3$-Gruppe. Es wird aus der Aminosäure Tryptophan gebildet.

Millionen von Schweinen und Schafen gewonnenen Hypothalamusextrakte. Innerhalb von vier Jahren verarbeitete Lerner die Zirbeldrüsen von mehr als 200 000 Rindern; 1958 schließlich hatte er den Faktor in Händen, der in den Melanocyten der Froschhaut die Melaningranula zusammenballt und so die Aufhellung bewirkt. Dieser Wirkstoff, den er Melatonin nannte (siehe Bild 5.3), hat eine ganz besondere chemische Struktur; er enthält einen Indolring, der eine Methoxygruppe (eine methylierte OH-Gruppe) trägt. Dank der Untersuchungen von Axelrod und anderen Wissenschaftlern wissen wir inzwischen auch, daß Melatonin über Serotonin aus der Aminosäure Tryptophan synthetisiert wird und daß die für die einzelnen Reaktionsschritte benötigten Enzyme nur in der Zirbeldrüse vorkommen.

So wurde der Pinealkomplex der Säugetiere und anderer Wirbeltiere als Organ identifiziert, das Melatonin zu synthetisieren vermag. Doch in der Zirbeldrüse von Säugern eine Substanz gefunden zu haben, die die Haut von Fröschen und Kaulquappen aufhellt, mag zwar eine wichtige Entdeckung gewesen sein – die Kernfrage war damit nicht beantwortet: Welche Funktion erfüllt das Melatonin bei Säugetieren? Da sich deren Haut durch Melatonin nicht aufhellt, muß ihm irgendeine andere Aufgabe zufallen.

1961 war ein großes Jahr für das Melatonin. Zunächst schuf Kappers aus den Niederlanden Klarheit über die Anatomie des Pinealkomplexes bei Säugetieren. Er entdeckte, daß die Zirbeldrüse der Ratte kurz nach der Geburt ihre direkten Verbindungen zum Gehirn verliert, daß bei diesen Tieren also keine direkte Nervenbahn zwischen Zirbeldrüse und Gehirn existiert. Das Pinealorgan von Amphibien und Fischen steht dagegen über den Pinealnerv in unmittelbarer Verbindung mit dem Gehirn. Bei Ratten und anderen Säugetieren kann folglich keine direkte Informationsübertragung vom Zentralnervensystem auf die Zirbeldrüse erfolgen. Noch wichtiger war Kappers' Entdeckung, daß die Zirbeldrüse der Ratte mit sympathischen Nervenfasern durchsetzt ist, die aus dem oberen Halsganglion stammen. Als nächstes fand man nämlich eine Nervenbahn, die eben dieses Halsganglion mit der Netzhaut des Auges verbindet; damit war ein Weg entdeckt, über den lichtinduzierte Nervenimpulse aus der Retina die Aktivität der Zirbeldrüse beeinflussen können (siehe Bild 5.4).

Unter dem Elektronenmikroskop wurde weiterhin sichtbar, daß die zur Zirbeldrüse ziehenden sympathischen Nervenfasern direkt an den Zellen enden, die Melatonin synthetisieren. Wie ein Hormon wird diese Substanz in den Blutkreislauf und möglicherweise auch in die Cerebrospinalflüssigkeit ausgeschüttet; im zweiten Fall wäre eine unmittelbare Beeinflussung von Hirnfunktionen denkbar. Die Steuerung der Pinealzellen durch das sympathische Nervensystem ähnelt in bemerkenswerter Weise dem Prozeß, durch den die Freisetzung von Adrenalin aus dem Nebennierenmark kontrolliert wird. Zirbeldrüse und Nebennierenmark können beide als neuroendokrine Wandler betrachtet werden, das heißt, sie wandeln Nervenimpulse, die aus dem sympathischen Nervensystem einlaufen, in ein Hormonsignal um.

Mit der Entdeckung des Zirbeldrüsenhormons Melatonin und einer von den Augen über das obere Halsganglion zur Zirbeldrüse ziehenden Nervenbahn war die Geschichte aber noch lange nicht zu

Ende. 1961 stellte Fiske am Wellesley College fest, daß bei weiblichen Ratten, die mehrere Wochen lang bei Dauerbeleuchtung gehalten werden, das Gewicht der Zirbeldrüse abnimmt und die Eierstöcke sich gleichzeitig vergrößern. Wurtman und seine Mitarbeiter bestätigten diese Beobachtungen und zeigten außerdem, daß die Entfernung der Zirbeldrüse ebenfalls eine Vergrößerung der Eierstöcke zur Folge hat. Ferner ließ sich durch eine Behandlung mit Zirbeldrüsenextrakten oder mit Melatonin das Gewicht der Eierstöcke verringern und gleichzeitig der Östruszyklus verlangsamen. Wie weitere Untersuchungen bewiesen, wirken sich die Lichtverhältnisse auch auf die Aktivität des Enzyms aus, das in der Zirbeldrüse von Ratten für die Melatoninsynthese verantwortlich ist: Sie nimmt drastisch ab, wenn die Tiere unter Dauerlicht gehalten werden, und steigt bei Dauerdunkel deutlich an. Bei einer Beobachtungszeit von 24 Stunden, in denen der künstliche Hell-Dunkel-Wechsel dem natürlichen Tag-Nacht-Rhythmus angepaßt wurde, war die Enzymaktivität während der zwölfstündigen Helligkeitsperiode niedrig und während der zwölfstündigen Dunkelheit maximal hoch. All das fügte sich zur „Melatonin-Hypothese" von Wurtman und Axelrod zusammen: Danach ist Melatonin ein Hormon der Zirbeldrüse, dessen Synthese und Ausschüttung über Lichtsignale gesteuert werden, die – in Form von Nervenimpulsen – nach einem tagesperiodischen Zeitmuster aus der Netzhaut einlaufen; die Aufgabe des Melatonins besteht bei Säugetieren darin, die Keimdrüsentätigkeit und möglicherweise noch einige andere physiologische Vorgänge zu regulieren.

Erst in den siebziger Jahren hatte man für das Melatonin so empfindliche Tests entwickelt, daß man die Tagesprofile des Melatoninspiegels in den verschiedenen Körperflüssigkeiten genauer erfassen und damit den ersten Teil der Melatonin-Hypothese überprüfen konnte. Bei allen untersuchten Wirbeltieren war eine Tagesperiodik der Melatoninsekretion unübersehbar; nachts (oder in Dunkelphasen) lag der Melatoningehalt in Blut und Urin deutlich höher als tagsüber. Dieser biologische Rhythmus scheint bei allen Tieren mit einer Zirbeldrüse im Pinealkomplex aufzutreten. Bei Dauerlicht oder nach der Entfernung der Drüse bricht dieses Sekretionsmuster zusammen; der danach meßbare Melatoninspiegel im Blut ist ausgesprochen niedrig und rührt von Netzhaut- und Darmzellen her. Am leichtesten läßt sich die Tagesrhythmik der Melatoninsekretion offenbar durch grünes Licht aufheben.

Die durch Dauerlicht bedingte Blokkade der Melatoninausschüttung kann bei starkem Streß durchbrochen werden, wenn die Zellen des Nebennierenmarks als Streßantwort Adrenalin freisetzen. Dieses Hormon regt nämlich seinerseits die Abgabe von Melatonin aus der Zirbeldrüse an. Melatonin käme demnach als ein Streßhormon in Betracht, das dem Organismus die Anpassung an Streßsituationen erleichtert. Möglicherweise wird ein Teil des in den Pinealzellen produzierten Melatonins dabei direkt in die Cerebrospinalflüssigkeit sezerniert, wenn auch nach allem, was man bisher weiß, die weit überwiegende Menge in den Blutstrom übergeht. Über das Blut gelangt das Melatonin in die Leber, wo es sehr schnell in eine über den Urin ausscheidbare Verbindung umgewandelt wird. Melatonin scheint aber auch problemlos die Blut-Hirn-Schranke passieren zu können, so daß es für die Regulation von Hirnfunktionen in Frage kommt.

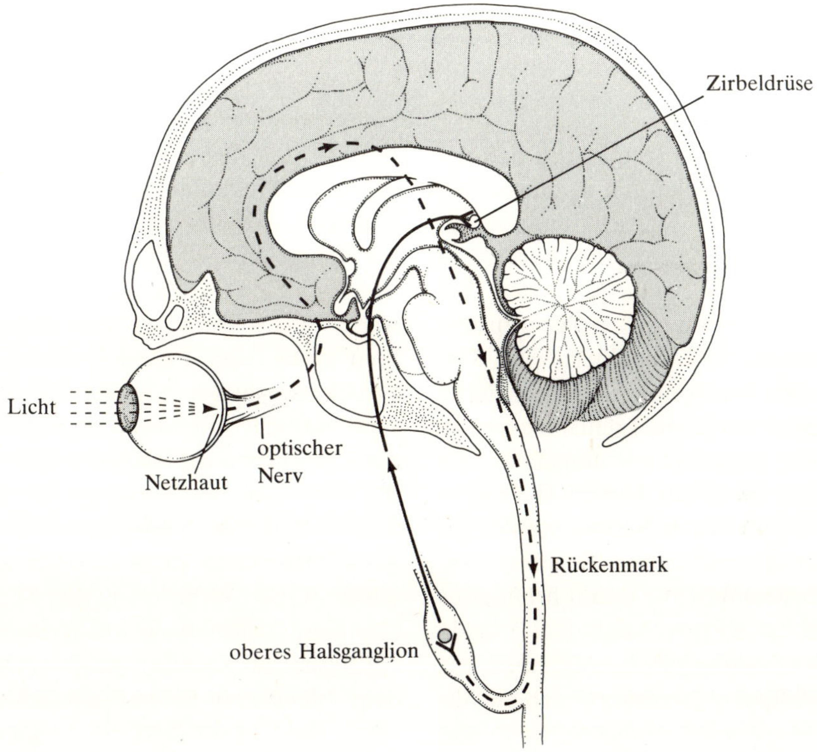


Bild 5.4: Wenn Licht auf die Netzhaut des Auges trifft, gehen von den Sehzellen Signale aus, die entlang einer Nervenbahn des Sympathikus zum oberen Halsganglion geleitet werden. Von dort gelangen dann Nervenimpulse zur Zirbeldrüse. So können Lichtreize die Drüsenaktivität beeinflussen.

Wie andere Säugetiere schütten auch wir Menschen das meiste Melatonin während der Nacht aus – zwischen elf Uhr abends und sieben Uhr morgens. Am Tage wird die Sekretion auf einen Basiswert gedrosselt. Netzhaut, oberes Halsganglion und Zirbeldrüse sind die Stationen einer Reaktionskette, die unter der Kontrolle des sympathischen Nervensystems steht. Helligkeit unterdrückt und Dunkelheit verstärkt die Nervenimpulse, die vom oberen Halsganglion zur Zirbeldrüse geleitet werden und dort Synthese und Ausschüttung von Melatonin stimulieren. Die Tagesperiodik ist durch den Hell-Dunkel-Wechsel kontrolliert; sie verschwindet, wenn die betreffenden Nervenfasern durchtrennt werden, die Zirbeldrüse entfernt wird oder Tiere einer konstanten Beleuchtung ausgesetzt sind. Werden Säugetiere dagegen in dauernder Dunkelheit gehalten, beobachtet man ein erstaunliches Phänomen: Die Tagesperiodik der Melatoninausschüttung wird beibehalten. Offenbar gibt es neben dem äußeren Zeitgeber in Form des Hell-Dunkel-Wechsels noch eine innere Uhr, die die Sekretionsrhythmik des Melatonins kontrolliert. Diese biologische Uhr muß sich an irgendeiner Stelle im Gehirn befinden und mit der Zirbeldrüse verbunden sein. Je mehr quantitative Untersuchungen über die Zirbeldrüse durchgeführt werden, desto komplizierter wird das Bild, das wir von diesem Organ haben.

## Wozu ist die Zirbeldrüse gut?

Bisher haben wir festgestellt, daß der Pinealkomplex Melatonin in einem helligkeitsabhängigen Tagesrhythmus sezerniert, der bei Säugetieren durch das sympathische Nervensystem und bei niederen Wirbeltieren durch direkte Photostimulation kontrolliert wird. Das Pinealorgan der Amphibien und Fische ist in erster Linie ein Lichtsinnesorgan, das in das Schädeldach eingebettet ist oder direkt unter der Kopfhaut liegt; es wandelt Lichtreize in Nervenimpulse um und leitet diese über den Pinealnerv anderen Hirnzentren zu. Damit arbeitet es quasi als ein drittes Auge. Bei Vögeln erfüllt das Pinealorgan die Aufgabe eines photoendokrinen Wandlers, der auf direktem Wege Lichtreize empfängt und diese Information in ein Hormonsignal übersetzt.

Bei Säugetieren nehmen allein die Augen Lichtreize auf; diese erzeugen in den Ganglienzellen der Netzhaut Nervenimpulse, die an das obere Halsganglion weitergeleitet werden und von dort zur Zirbeldrüse gelangen, wo sie die Ausschüttung von Melatonin steuern. Die Zirbeldrüse ist also ein neuroendokriner Wandler, der Nervenimpulse aus dem oberen Halsganglion in Hormonsignale umwandelt. Im Laufe der Evolution hat der Pinealkomplex demnach eine Veränderung seiner Primärfunktion erfahren, indem er sich von einem Lichtsinnesorgan über mehrere Zwischenstufen zu einer lichtabhängigen neuroendokrinen Drüse entwickelt hat. Ab einer bestimmten Entwicklungsstufe ist das Melatonin ins Spiel gekommen, das von dem Pinealorgan als Hormon ins Blut ausgeschüttet wird.

An diesem Punkt müssen wir uns nun fragen: Was in aller Welt macht das Melatonin denn eigentlich? Ist es wirklich für einen oder gar für alle physiologischen Effekte der Zirbeldrüse verantwortlich, wie es die Melatonin-Hypothese fordert? Hat die Zirbeldrüse beim Menschen überhaupt eine wichtige Aufgabe, oder ist sie einfach nur da und wundert sich, warum alle so aufgeregt sind, warum auf dem Gebiet der Pinealphysiologie nun Forschungskarrieren begründet und wissenschaftliche Tagungen zur Funktion der Zirbeldrüse geplant werden und warum es auf einmal überhaupt Pinealogen auf der Welt gibt. Vielleicht wirft uns die Zirbeldrüse eines Tages folgende niederschmetternde Wahrheit an den Kopf, die sämtliche Hoffnungen auf weitere Forschungsmittel zunichte macht: „Das mit dem Melatonin ist nur ein schlechter Witz, ein Überbleibsel aus vergangener Zeit. Ich bin halt einfach da und tue überhaupt nichts – außer daß ich mich der Aufmerksamkeit erfreue, die mir von allen Seiten entgegengebracht wird." Andererseits könnten aber auch die Skeptiker am Ende die Dummen sein, jene Legion von Internisten, Physiologen und Endokrinologen, die schon bei dem Wort „Pinealorgan" zusammenzucken und jeden verächtlich anschauen, der sich auf einer Cocktailparty nach der Funktion der Zirbeldrüse erkundigt – der gleiche Schlag von Leuten also, die vor 100 Jahren über die Hypophyse die Nase gerümpft hätten. Möglicherweise erweisen sich Zirbeldrüse und Melatonin noch als äußerst wichtig, beispielsweise für die Regulation grundlegender biologischer Rhythmen im Gehirn. Um die Rolle der Zirbeldrüse zu beleuchten, wollen wir uns zunächst mit Untersuchungen an niederen Säugetieren beschäftigen und dann auf Befunde beim Menschen übergehen.

# Die Funktion der Zirbeldrüse bei Säugetieren

Der Goldhamster gehört nicht zu jener Sorte von Tieren, die wie Ratten, Mäuse, Meerschweinchen oder Affen allgemein Vertrauen in ein Forschungsprogramm erwecken. Und dennoch verdanken wir gerade dem Goldhamster entscheidende Einblicke in die Physiologie der Zirbeldrüse. Dieses Nagetier hat einen ausgeprägten Reproduktionszyklus und vermag sich nur zu einer bestimmten Jahreszeit fortzupflanzen. Während der Wintermonate sind Goldhamster unfruchtbar. Ihre sexuelle Aktivität setzt erst zu Beginn des Frühlings ein, was zusammen mit der kurzen Tragzeit gewährleistet, daß die Geburt der Jungen im späten Frühjahr stattfindet. Für Tiere, die in den gemäßigten Zonen mit ihren ausgeprägten jährlichen Temperaturschwankungen und einem saisonabhängigen Nahrungsangebot leben, ist der Frühling die günstigste Jahreszeit, um Nachwuchs zu bekommen. Um den Geburtszeitpunkt einzuhalten, haben sie einige ausgefeilte Mechanismen entwikkelt. Beim Goldhamster wird der Fortpflanzungszyklus über die Zirbeldrüse gesteuert, die auf den Jahresrhythmus des Tag-Nacht-Wechsels anspricht.

Unter natürlichen Lichtbedingungen nimmt der Fortpflanzungszyklus des Goldhamsters den in Bild 5.5 dargestellten jahreszeitlichen Verlauf. Wenn gegen Ende September die Tageslichtmenge unter einen kritischen Wert sinkt, geht das Fortpflanzungssystem bei beiden Geschlechtern in einen inaktiven Zustand über. Die Hoden schrumpfen und verlieren an Gewicht, und die Testosteronproduktion wird gedrosselt; die Eierstöcke vollziehen eine ähnliche Wandlung. Die Hamster gleiten nach und nach in einen Dornröschenschlaf, ohne daß ihnen bewußt ist, daß die kürzere Helligkeitspe-

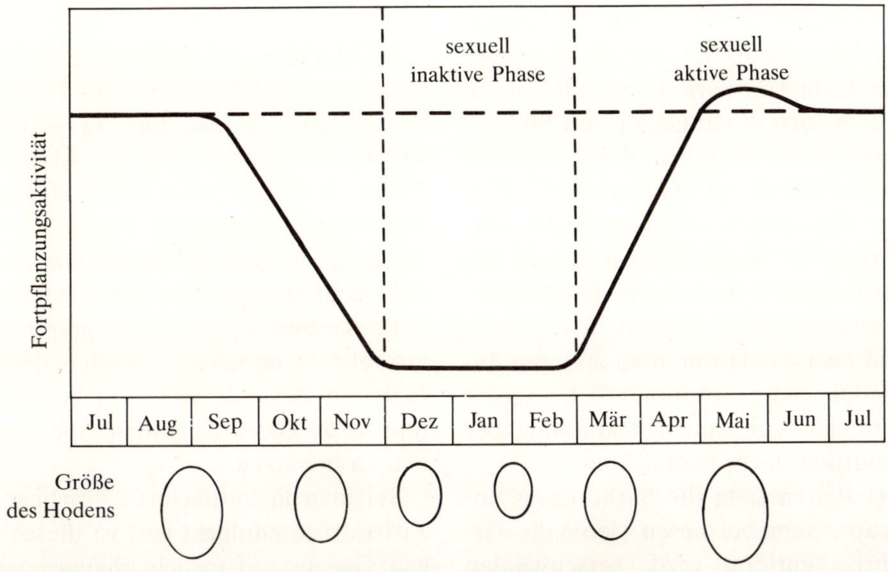


Bild 5.5: Der Fortpflanzungszyklus des Goldhamsters (*Mesocricetus auratus*) wird anhand der jahreszeitlichen Schwankungen der Tageslichtmenge (der Photoperiode) über die Zirbeldrüse gesteuert.

riode den Melatoninausstoß aus der Zirbeldrüse auf Hochtouren gebracht und das Melatonin selbst die Abgabe von LH und FSH aus der Hypophyse gedrosselt hat. Die Goldhamster sind vermutlich nicht sonderlich glücklich über die zunehmende Verarmung ihres Geschlechtslebens; auch die Fortpflanzungspartner sehen nicht mehr so attraktiv aus, so daß es wohl für sie das Beste sein wird, in Winterschlaf zu gehen, bis das Fortpflanzungssystem zum Frühlingsanfang wieder aktiv wird.

Vieles spricht dafür, daß die Rückbildung der Keimdrüsen durch die Zirbeldrüse induziert wird (wahrscheinlich über die Sekretion von Melatonin), wobei die verkürzte Helligkeitsperiode im Tag-Nacht-Zyklus als Zeitgeber wirkt. Wenn man die Zirbeldrüse entfernt oder ihre Innervation durch den Sympathikus unterbricht, kommt es trotz verkürzter Helligkeitsperiode nicht zur Atrophie der Hoden. Eine funktionierende Zirbeldrüse ist also Voraussetzung dafür, daß die Hamster in ihren sexuellen Dornröschenschlaf verfallen. Die Schrumpfung der Keimdrüsen, wie sie durch die kurze Helligkeitsperiode ausgelöst wird, läßt sich auch durch Gaben von Melatonin erreichen, wenn man den Tieren das Hormon täglich am Spätnachmittag injiziert. Das spricht dafür, daß die Zirbeldrüse das Reproduktionssystem des Hamsters über das nur in Dunkelphasen ausgeschüttete Melatonin reguliert. Wenn man das Hormon zu anderen Tageszeiten oder kontinuierlich verabreicht, läßt sich eine Rückbildung der Keimdrüsen nicht beobachten.

Bei Ratten sieht die Sache etwas anders aus. Wenn bei diesen Tieren die Zirbeldrüse entfernt wird, verschwinden zwar die tageszeitlichen Schwankungen des Melatoninspiegels in Blut und Urin, und die pro Tag ausgeschiedene Melatoninmenge sinkt um mehr als 80 Prozent – doch solch dramatische Auswirkungen auf die Fortpflanzung wie bei den Hamstern treten hier nicht auf. Offenbar ist bei Ratten die Zirbeldrüse für die Fortpflanzung weniger bedeutsam. Möglicherweise erfüllt diese Drüse bei verschiedenen Tierarten auch verschiedene Funktionen. Allerdings gilt für alle bislang untersuchten Säugetiere einschließlich des Menschen, daß die Melatoninsekretion einem tagesperiodischen Rhythmus mit einem Gipfel während der Nachtstunden folgt. Auch die Aktivität des Enzyms, das in den Pinealzellen für die Synthese von Melatonin aus Tryptophan verantwortlich ist, zeigt diese tagesperiodischen Schwankungen. Wird die sympathische Innervation der Zirbeldrüse unterbrochen, kommen diese Biorhythmen zum Erliegen.

## Die Funktion der Zirbeldrüse beim Menschen

Welche Rolle spielt nun die Zirbeldrüse im menschlichen Körper? Eine eindeutige Antwort auf diese Frage haben wir bis heute nicht gefunden, so daß die Funktion dieser Drüse beim Menschen weiterhin ein Geheimnis bleibt; wir wissen lediglich, daß sie besonders während der Nacht Melatonin ausschüttet und daß der Sekretionsverlauf eine Tagesperiodik aufweist. Dennoch lohnt es sich, die verfügbaren Befunde näher zu betrachten und sie als Basis für gewisse Spekulationen zu benutzen.

Seit man die mitten im Gehirn liegende Zirbeldrüse entdeckt hat, ist dieses Organ Gegenstand manch phantasievoller Mutmaßung gewesen. Die alten Griechen betrachteten die Zirbeldrüse als eine Einrichtung, die den Strom der Gedanken aus den Hirnventrikeln reguliert. Diese Vorstellung wurde durch die Behauptung Galens abgelöst, das *Corpus pineale* sei eine Lymphdrüse – zweifellos eine bemerkenswert moderne Betrachtungsweise, wenn man bedenkt, daß Galen noch kein Mikroskop zur Verfügung stand, mit dem er die drüsige Struktur dieses Organs hätte erkennen können. Im 17. Jahrhundert beschrieb Descartes, wie bereits erwähnt, die Zirbeldrüse als Ort der Wechselwirkung zwischen Leib und Seele, wo aus dem Auge einlaufende Information verarbeitet und anschließend die Strömungsrichtung der „Lebensgeister" zu den Muskeln bestimmt wird. Es hätte ihn sicher sehr gefreut zu hören, daß die Melatoninsekretion aus der Zirbeldrüse tatsächlich über die Augen gesteuert werden kann. All diesen frühen Ideen folgten mehrere hundert Jahre phantastischer Spekulationen über die Funktion der Zirbeldrüse. Ohne experimentelle Daten für eine konkrete Theorie in der Hand zu haben, stolperte man wie der Blinde, der den Tauben führt, durch einen Wald wilder Hypothesen.

Eine Wende bahnte sich an, als 1898 der deutsche Arzt Otto Heubner von einem Jungen berichtete, der schon in frühester Kindheit die Pubertät durchlief (*Pubertas praecox*) und bei dem in der Zirbeldrüse ein Tumor entdeckt wurde. Später tauchten in der Literatur noch viele Fälle von *Pubertas praecox* auf, die in Zusammenhang mit einem Zirbeldrüsentumor standen und von der jedesmal Buben in sehr jungen Jahren betroffen waren.

Normalerweise wird die Pubertät über eine Aktivierung der Hypophysenhormone LH und FSH durch das Hypothalamushormon LHRH in Gang gesetzt. Daher kam der Verdacht auf, daß Zirbeldrüsentumoren auf irgendeine Weise die Hypophysenhormone zu aktivieren vermögen. Neuere Untersuchungen haben ergeben, daß einige dieser Tumoren ein Hormon produzieren, das dem LH sehr ähnlich ist; in solchen Fällen veranlaßt das LH-ähnliche Hormon die Leydigschen Zellen in den Hoden, Testosteron zu bilden, wodurch das Erscheinungsbild der *Pubertas praecox* hervorgerufen wird. Bis heute haben wir keinerlei Hinweis darauf, daß die Tumoren Melatonin im Überschuß synthetisieren oder daß sie umgekehrt durch Zerstörung der Zirbeldrüse einen Mangel an Melatonin herbeiführen. Auch der Nachweis einer direkten Verbindung zwischen Zirbeldrüse und Hypophyse in Form einer Melatoninschleife oder über andere Zirbeldrüsenhormone gelang nicht. Das Tumorwachstum könnte in einigen Fällen zu Druckphänomenen im Hypothalamus führen, die als Ursache für eine LHRH-Ausschüttung und damit für das Krankheitsbild der *Pubertas praecox* in Frage kämen, doch ist ein solcher Zusammenhang im Moment noch Spekulation.

Erinnern wir uns: Nachdem Lerner das Melatonin entdeckt hatte und Kappers der anatomische Nachweis gelungen war, daß die Zirbeldrüse über sympathische Nervenfasern aus dem oberen Halsganglion in direktem Kontakt mit dem Gehirn steht, formulierten Wurtman und Axelrod ihre Melatonin-Hypothese, um verschiedene Erscheinungen zu erklären, die man bei niederen Säugetieren beobachtet hatte. Gemäß ihrer Theorie ist das Melatonin ein Hormon der Zirbeldrüse, dessen Ausschüttung durch das sympathische Nervensystem reguliert wird und das auf die Fortpflanzungsfunktionen Einfluß nimmt. Gilt diese Melatonin-Hypothese oder etwas Ähnliches auch für den Menschen? Die Entwicklung hochspezifischer Assays für Melatonin und seine Stoffwechselderivate in den siebziger Jahren machte es möglich, die Melatoninsekretion exakt zu erfassen.

Wie bei den anderen Säugern weist der Blutspiegel des Melatonins auch beim Menschen tagesperiodische Schwankungen auf: In den Nachtstunden kreist viel Melatonin durch den Körper, tagsüber wenig. Mehrere Befunde sprechen dafür, daß das Ausmaß der Melatoninsekretion beim Menschen durch das sympathische Nervensystem kontrolliert wird. Zum einen senkt der Sympathikus-Blocker Propanolol drastisch den nächtlichen Melatoninspiegel – ein deutlicher Hinweis auf die Beteiligung des sympathischen Nervensystems an der Übertragung des Melatonin freisetzenden Reizes auf die Zirbeldrüse. Zum anderen büßen Patienten mit Halsfrakturen die Fähigkeit ein, Melatonin zu sezernieren, weil die Innervation der Zirbeldrüse durch das obere Halsganglion unterbrochen ist. Und schließlich geht bei Patienten mit seltenen Erkrankungen des sympathischen Nervensystems die normale Tagesperiodik der Melatoninsekretion verloren.

Welcher Zusammenhang besteht zwischen dem über die Augen einlaufenden Lichtreiz und der Sekretion von Melatonin durch die Zirbeldrüse? In früheren Untersuchungen war es nicht gelungen, nachzuweisen, daß Licht die nächtliche Melatoninsekretion beim Menschen unterdrückt, wie es bei Ratten und Hamstern der Fall ist. In neueren Untersuchungen jedoch, in denen man ausgesprochen helles Kunstlicht als Reizquelle verwendete, konnte man überzeugend zeigen, daß die nächtliche Melatoninausschüttung durch Licht von ausreichender Intensität unterdrückt werden kann. Hierzu sind beim Menschen höhere Lichtintensitäten nötig als bei Säugetieren. Wie variabel die Sekretionsmuster von Melatonin sein können, haben Untersuchungen an Blinden ergeben. Bei einer neueren Studie wiesen beispielsweise von zehn blinden Personen sechs ein anomales Sekretionsmuster mit einem bei Tage auftretenden Melatoningipfel auf, während vier ein normales Melatoninprofil zeigten.

Als äußerer Zeitgeber für die tagesperiodischen Schwankungen des Melatoninspiegels im Blut dient ganz offensichtlich der Hell-Dunkel-Wechsel. So entsteht ein biologischer Rhythmus, der zudem der Jahresperiodik des Tag-Nacht-Zyklus unterliegt. Doch auch ohne Lichtreize von außen zeigt die Zirbeldrüse eine Sekretionsrhythmik, die auf einer inneren Uhr beruht, welche vermutlich über die sympathische Nervenbahn in Gang gehalten wird. Die Aktivität der Zirbeldrüse scheint außerdem noch an andere Biorhythmen gekoppelt zu sein; so wird der Melatoninspiegel beispielsweise durch den Wach-Schlaf-Zyklus und den Menstruationszyklus beeinflußt. Neuere Untersuchungen haben gezeigt, daß im Alter die morgendlichen Melatoninwerte absinken; auch der bei jungen Menschen so auffällige Melatoningipfel in der Nacht ist bei alten Leuten weit weniger stark ausgeprägt. Mit dem Alter wird das Melatoninprofil also zunehmend flacher, und die Rhythmik geht weitgehend verloren.

Die entscheidende Frage lautet: Welche Aufgabe hat das Melatonin beim Menschen? Sobald wir diese Frage geklärt haben, werden wir sicherlich auch sagen können, was die Zirbeldrüse macht. Ihre Aufgabe – worin sie auch bestehen mag – wird wahrscheinlich über das Melatonin oder eines jener obskuren Peptide (wie Vasotocin) oder Indole (wie Methoxytryptophol) wahrgenommen, die gelegentlich zusammen mit Melatonin ausgeschüttet werden. Natürlich könnte die Zirbeldrüse auch eine andere wichtige Substanz sezernieren, die noch nicht entdeckt ist und in Lerners Pinealextrakten von 200 000 Rindern nicht nachweisbar war. Zur Zeit aber vertreten die meisten Wissenschaftler die Ansicht, daß die Funktion der Zirbeldrüse in erster Linie darin besteht, Melatonin als Antwort auf Signale zu sezernieren, die aus dem Auge und dem Gehirn über sympathische Nervenfasern aus dem oberen Halsganglion in die Zirbeldrüse einlaufen. Bei dieser Betrachtungsweise ist die Rolle der Zirbeldrüse (wenn sie beim Menschen überhaupt eine hat) durch die Rolle des Melatonins bestimmt. Folglich sind viele Forscher angetreten, die Rolle und den Wirkungsort von Melatonin aufzuklären.

Da Zirbeldrüsentumoren beim Menschen offensichtlich mit einer vorzeitigen Pubertät in Zusammenhang zu bringen sind und das Melatonin bei einigen Säugetieren wie Hamstern die Fortpflanzung zu regulieren scheint, hat der Schwerpunkt der Melatoninforschung auf der Frage gelegen, welche Auswirkungen dieses Hormon auf Fortpflanzung und Pubertät beim Menschen hat. Eine erstaunliche Beobachtung stammt aus dem Norden Finnlands: Hier scheint die Empfängnisrate stets während der Sommerzeit, also während der Zeit mit der längsten Helligkeitsperiode, am höchsten zu sein, so daß die Kinder im folgenden Frühjahr geboren werden. Selbstverständlich muß dies nicht unbedingt mit einer lichtinduzierten Unterdrückung der Melatoninsekretion und einer daraus folgenden erhöhten Fruchtbarkeit zusammenhängen. Es könnte auch sein, daß die Fortpflanzungsbemühungen im Winter einfach geringer sind, weil der strenge Frost die sexuellen Triebe quasi auf Eis legt, bis die nächste Mittsommernacht naht. Oder tappt einfach jeder ziellos im Dunkeln umher? Gegen diese Vermutung spricht jedoch der steile Anstieg der Geburtenrate neun Monate nach dem totalen Stromausfall in New York Mitte der siebziger Jahre.

1979 gab die britische Regierung eine Studie in Auftrag, die die Melatoninspiegel im Blut von 51 gesunden Schulkindern im Alter von 11 bis 14 Jahren erfassen sollte. Dabei stellte sich heraus, daß der Melatoningehalt bei Jungen mit dem Übertritt von der Präpubertät in die Pubertät stark abfiel, und zwar kurz bevor es zum pubertären Anstieg der LH-, FSH- und Testosteronwerte kam. Die Wissenschaftler schlossen daraus, daß Melatonin für das Einsetzen der Pubertät eine wichtige Rolle spielen könnte. Leider war der Rückgang der Melatoninausschüttung bei zwei anderen Untersuchungen aus dem Jahre 1982 nicht nachzuweisen; in diesen Studien hatte man bei Erwachsenen sowie bei Kindern in der Präpubertät und in der Pubertät 24-Stunden-Profile des Melatoningehalts im Blut erstellt und die im Urin ausgeschiedene Tagesmenge des Melatonin-Metaboliten 6-Hydroxymelatonin bestimmt. Die Rolle des Melatonins beim Pubertätsbeginn hängt also weiterhin in der Luft.

Im Jahre 1983 wurde im *New England Journal of Medicine* von einem ungewöhnlichen Fall berichtet. Bei einem 17jährigen Jungen mit einem Zirbeldrüsentumor hatte man vor der operativen Entfernung von Drüse und Tumor das 24-Stunden-Profil des Melatoninspiegels im Blut im Zwei-Stunden-Abstand erstellt; es zeigte den typischen nächtlichen Melatoningipfel (siehe Bild 5.6). Nach der Operation war kein Melatonin mehr nachweisbar. Offenbar stammt also beim

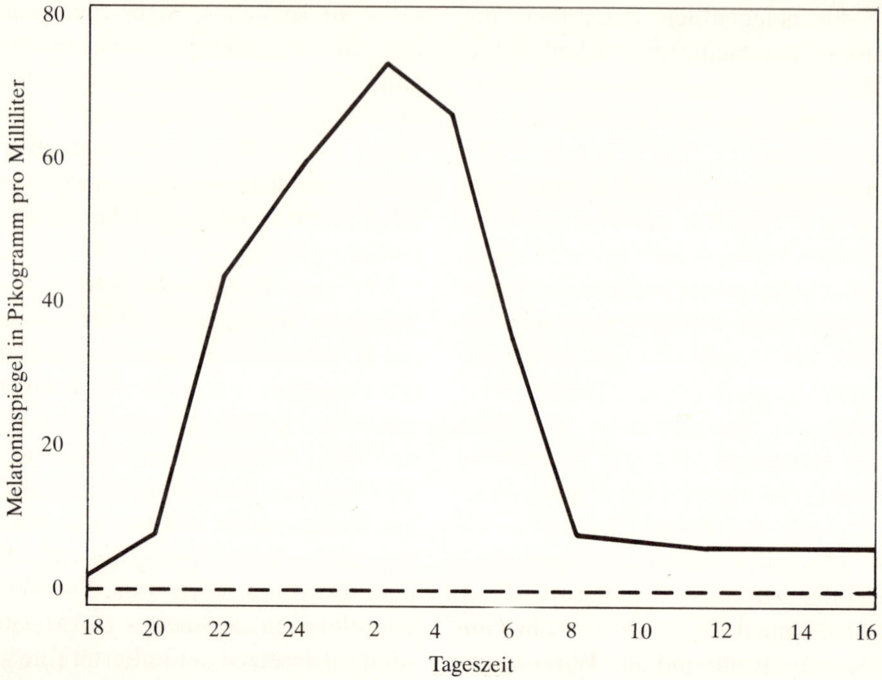


Bild 5.6: Der Melatoninspiegel im Blutplasma eines 17jährigen Jungen mit einem Zirbeldrüsentumor vor (durchgezogene Linie) und nach (unterbrochene Linie) der operativen Entfernung der Drüse.

Menschen sämtliches Melatonin, das man im Blut mißt, aus der Zirbeldrüse. Leider wurde das Fortpflanzungssystem des Patienten nicht untersucht, so daß wir nicht wissen, ob das Fehlen der Zirbeldrüse irgendwelche erkennbaren physiologischen Konsequenzen hatte. Sicher ist nur, daß sich der Junge 16 Monate nach der Operation in gutem Zustand befand.

Was wissen wir nun definitiv über die Funktion der Zirbeldrüse beim Menschen? Mit Gewißheit können wir sagen, daß sie als neuroendokriner Wandler arbeitet, der Nervensignale aus dem sympathischen Nervensystem empfängt und mit einer tagesperiodischen Rhythmik Melatonin in den Blutstrom ausschüttet. Sie besitzt auch eine Eigenrhythmik, doch wissen wir nicht, auf welche Zeit ihre biologische Uhr eingestellt ist und was das Melatonin letztlich tut. Viele Hormone in Hypothalamus und Hypophyse und vielleicht auch anderswo im Gehirn zeigen ein tagesperiodisches Sekretionsmuster, das unmittelbar mit ihrer jeweiligen Aufgabe zusammenhängt. Vielleicht werden wir mit der Zeit lernen, wie die Rhythmik der Zirbeldrüse an andere rhythmische Aktivitäten im Gehirn gekoppelt ist, und dadurch ein umfassenderes Bild von ihrer Rolle im menschlichen Körper gewinnen. Mittlerweile kann aber wohl nur noch der hartnäckigste Skeptiker – einer von jenen, die sich an der Olive in ihrem Martini verschlucken, wenn sie das Wort „Zirbeldrüse“ hören – glauben, daß sich diese Drüse beim Menschen als gänzlich funktionslos herausstellen wird und nicht mehr als den schäbigen Rest eines dritten Auges verkörpert.

# Es ist ein Mädchen!

*Aber bei den ganz großen Dingen, wenn es wirklich um etwas geht, wenn gar das Überleben der Spezies Mensch auf dem Spiel steht, würde ich lieber auf das X-Chromosom setzen und hätte beim Y-Chromosom arge Bedenken.*

Lewis Thomas,
*The Youngest Science*

Ob man nun mit Lewis Thomas übereinstimmt oder nicht, daß das männliche Y-Chromosom für viele Probleme auf der Welt verantwortlich ist – die Fragen, die er zur Rolle der Geschlechtschromosomen beim männlichen und weiblichen Verhalten aufwirft, sind jedenfalls hochinteressant. Enthalten die X- und Y-Chromosomen DNA-Abschnitte, die für weibliche und männliche Persönlichkeitsmerkmale codieren? Wie bringen es X- und Y-Chromosomen fertig, daß sich zwei getrennte Geschlechter entwickeln? Mit solchen und anderen wichtigen Fragen zur Geschlechtsdifferenzierung wollen wir uns in diesem Kapitel auseinandersetzen.

Vor etwa zehn Jahren beschrieben Julianne Imperato-McGinley und ihre Mitarbeiter erstmals ein ungewöhnliches Syndrom, das sie in dem Bauerndorf Salinas im Südwesten der Dominikanischen Republik beobachtet hatten: Kinder, die als Mädchen herangewachsen waren, verwandelten sich während der Pubertät in Jünglinge! Die Dorfbewohner nennen dieses Phänomen *guevedoce* („Penis mit zwölf Jahren") oder *machihembra* („erst Frau, dann Mann"). Falls überhaupt schon jemand eine beunruhigende Verwandlung à la Kafka durchlebt hat, dann diese Menschen: Sie werden zunächst im Kleinkindalter in die Frauengemeinschaft ihres Heimatdorfes eingegliedert und als Mädchen erzogen; vermutlich wachsen sie in dem Gefühl heran, gerne ein Mädchen zu sein in einer Welt, in der Männer so viel Unheil anrichten. Dann jedoch macht sich allmählich das schreckliche Bewußtsein breit, daß ihr Geschlecht sich zu wandeln beginnt, und daß sie – entgegen ihrer ursprünglichen Zuordnung – nun selbst zu Männern werden. In dem Maße, wie die Entwicklung der Brüste unterbleibt und der Körper männliche Konturen annimmt, fühlt sich die betroffene Person nicht länger als Frau, sondern empfindet wie ein Mann. Sie fängt an, männliche Kleidung zu tragen und sich für Frauen zu interessieren. Und oftmals findet sie sich am Ende als verheirateter Mann wieder. Das ist das Schicksal der meisten Menschen, die das Guevedoce-Syndrom aufweisen.

Dieses Syndrom ist nicht nur für die Betroffenen von außerordentlicher Bedeutung, sondern auch für alle Wissenschaftler, die sich für die Geschlechtsentwicklung interessieren. Es beruht auf einem Defekt im Stoffwechsel des männlichen Geschlechtshormons Testosteron. Der Erforschung dieses Defektes verdanken wir ein tieferes Verständnis der Geschlechtsdifferenzierung, also all jener Vorgänge, die gewährleisten, daß Mädchen zu Mädchen und Knaben zu

Knaben werden. Um über die Schöpfungsgeschichte von Adam und Eva hinauszukommen, gilt es, all das festzuhalten, was wir über jenen außergewöhnlichen Prozeß der Geschlechtsbestimmung wissen, der dafür sorgt, daß sich das genetisch vorgegebene Geschlecht entlang einer fein abgestimmten Entwicklungs- und Stoffwechselbahn realisiert. Fehler in diesem Prozeß führen bedauerlicherweise zu Anomalien wie dem Guevedoce-Syndrom; doch ge-

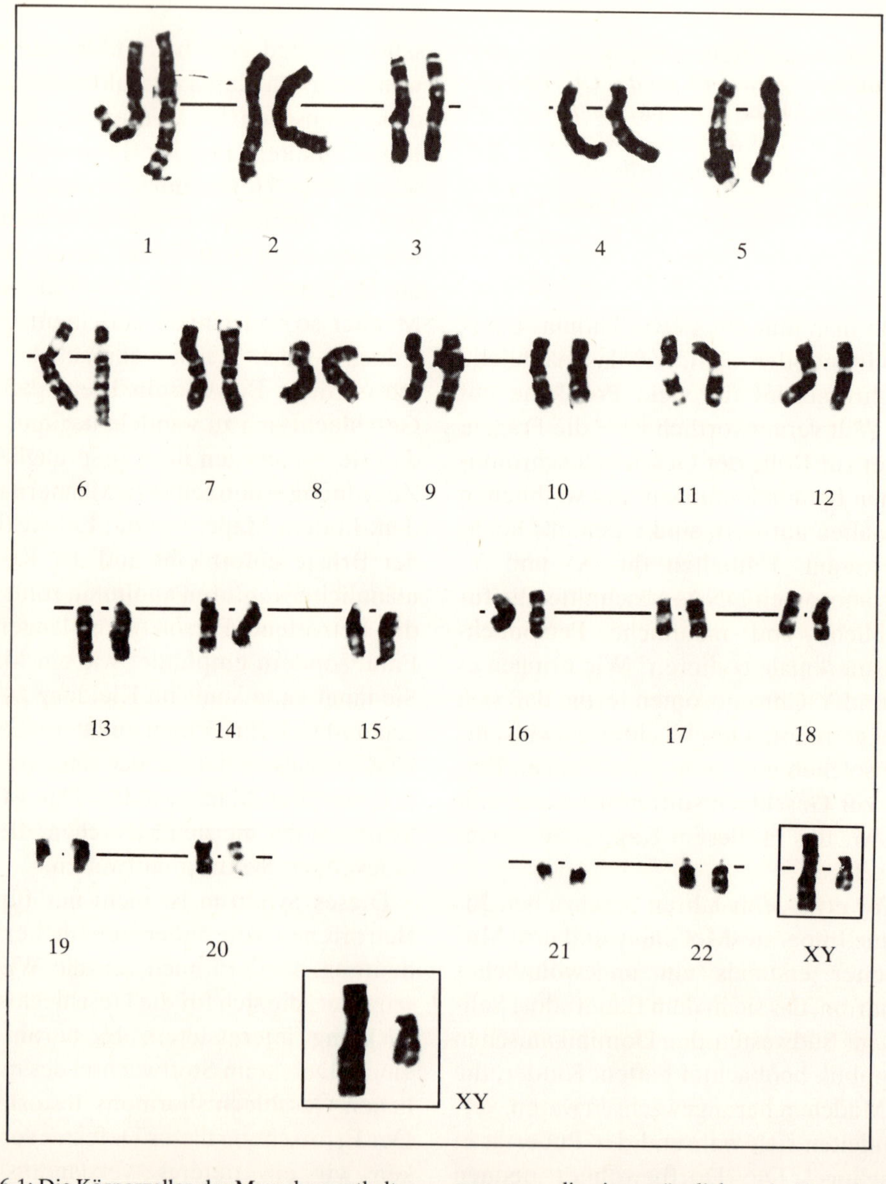


Bild 6.1: Die Körperzellen des Menschen enthalten 46 Chromosomen, nämlich 22 Paare und die beiden Geschlechtschromosomen X und Y. Die Zellen eines weiblichen Organismus besitzen zwei X-Chromosomen, die eines männlichen ein X- und ein Y-Chromosom. Eine Anordnung von Chromosomen, wie sie hier gezeigt ist, nennt man ein Karyogramm; der – normale männliche – Karyotyp lautet 46,XY.

rade durch solche Irrtümer der Natur haben wir viel über die Mechanismen gelernt, die die Geschlechtsdifferenzierung regulieren.

Der erste Schritt der Geschlechtsbestimmung erfolgt bei der Befruchtung. Wenn sich eine Samenzelle mit einer Eizelle vereinigt, bringt jede der beiden Keimzellen 23 getrennte DNA-Stränge, sogenannte Chromosomen, ein; das befruchtete Ei besitzt also 46 solche Chromosomen (siehe Bild 6.1). Zwei davon sind Geschlechtschromosomen, und wenn alles mit rechten Dingen zugeht, dann bestimmen diese DNA-Stränge, ob ein Junge oder ein Mädchen entsteht. Man unterscheidet zwei Typen von Geschlechtschromosomen: X- und Y-Chromosomen. Samenzellen enthalten entweder ein X-Chromosom oder ein Y-Chromosom, während unbefruchtete Eizellen immer nur ein X-Chromosom aufweisen. Folglich enthält die befruchtete Eizelle entweder zwei X-Chromosomen (XX) – was zu weiblicher Geschlechtsentwicklung führt – oder ein X- und ein Y-Chromosom (XY), wodurch es zur männlichen Geschlechtsentwicklung kommt. Mit der Paarung der beiden Geschlechtschromosomen ist also sämtliche genetische Information vorhanden, die nötig ist, um die ordnungsgemäße Embryonalentwicklung zu einem Mädchen oder einem Jungen in Gang zu setzen.

Die Geschlechtschromosomen bestimmen, ob sich weibliche oder männliche Keimdrüsen entwickeln. XX führt in dem heranwachsenden Embryo zur Bildung von Eierstöcken, XY dagegen zur Entwicklung von Hoden. Gelegentlich läuft bei dieser Gewebedifferenzierung etwas falsch, und es entsteht ein echter Zwitter, der gleichzeitig Eierstock- und Hodengewebe besitzt. Glücklicherweise sind solche Doppelwesen recht selten.

Selbst wenn die genetische Geschlechtsbestimmung und die Keimdrüsenentwicklung ihren korrekten Verlauf genommen haben, ist über das endgültig ausgebildete Geschlecht noch nicht das letzte Wort gesprochen. Murphys Gesetz – „Wenn etwas schiefgehen kann, wird es auch einmal schiefgehen" – kann sich während der weiteren Embryonalentwicklung immer noch bewahrheiten. Die Geschlechtszuordnung eines Kindes hängt von den äußeren Geschlechtsmerkmalen ab, die bei der Geburt erkennbar sind. Man spricht hier vom *Geschlechtsphänotyp*; in der Regel entspricht er dem genetischen und dem durch die Keimdrüsen bestimmten Geschlecht. Wenn Eierstöcke vorhanden sind, wird sich der Fötus normalerweise zu einem weiblichen Baby entwickeln. Beim männlichen Geschlecht ist die Sache etwas komplizierter. Die Hoden sezernieren zwei Hormone, das Testosteron und das sogenannte Anti-Müller-Hormon, die beide für die Entwicklung des männlichen Geschlechts beim Embryo notwendig sind. Fehlen diese Hormone oder ist ihre Wirkung gestört, entwickelt sich der Fötus weiblich. Wenn das Testosteron nicht wirksam werden kann, weil die entsprechenden Zellrezeptoren fehlen, wird das Neugeborene wie ein normales Mädchen aussehen, obwohl es die für das männliche Geschlecht typische XY-Kombination der Geschlechtschromosomen aufweist und in seinem Unterleib zwei Hoden beherbergt. Ein genetisch männliches Kind mit weiblichen äußeren Geschlechtsmerkmalen bezeichnet man als *männlichen Pseudohermaphroditen*; wenn das Hormon Testosteron während der Fötalperiode seine Wirkung hätte richtig entfalten können, wäre das Kind zu einem normalen Jungen geworden.

Wir wollen uns in diesem Kapitel einen Überblick über die verschiedenen Schritte der Geschlechtsentwicklung verschaffen, um zu verstehen, warum sie manchmal in falschen Bahnen verläuft – warum Mädchen während der Pubertät zu Jungen werden, warum Buben wie Mädchen und Mädchen wie Buben aussehen können und warum man gelegentlich überhaupt nicht weiß, was man vor sich hat.

## Geschlechtsbestimmung auf der Ebene von Genen und Keimdrüsen

Die menschlichen Chromosomen bestehen aus sehr langen DNA-Strängen, die von Proteinen eingehüllt sind, und liegen in den Zellkernen. Jeder Elternteil steuert bei der Befruchtung 23 Chromosomen bei, so daß jede Körperzelle des Menschen 46 Chromosomen oder 23 Chromosomenpaare enthält. Die einzelnen Paare sind von 1 bis 22 durchnumeriert; als Nummer 23 kommt das Geschlechtschromosomenpaar, also XX oder XY, hinzu. Bestimmte Gene auf den X- und Y-Chromosomen sind mit dafür verantwortlich, in welche Richtung die geschlechtliche Entwicklung des Embryos verläuft. Das in der DNA der Geschlechtschromosomen verschlüsselte genetische Programm legt fest, ob aus der Keimdrüsenanlage Eierstöcke oder Hoden entstehen.

Wenn ein Y-Chromosom vorhanden ist, steuert dessen DNA die Synthese von Proteinen, die für die Entwicklung des männlichen Geschlechts verantwortlich sind. Eines dieser Proteine, das sogenannte *H-Y-Antigen*, befindet sich auf der Oberfläche aller männlichen Zellen, und zwar bei sämtlichen bisher daraufhin untersuchten Säugetierarten; auf weiblichen Zellen tritt es dagegen nicht auf. Das H-Y-Antigen fungiert wahrscheinlich als Wegbereiter für die Differenzierung der Hoden während der frühen Embryonalentwicklung; der geeignete Zeitpunkt wäre unmittelbar nach der Wanderung der Urkeimzellen aus dem Dottersack über das dorsale Mesenterium (Aufhängeband) in die leistenförmige Keimdrüsenanlage, wenn die Differenzierung der Urkeimzellen in Ureizellen oder Ursamenzellen bevorsteht. Aus der Keimdrüsenanlage entwickeln sich zunächst indifferente Urkeimdrüsen, die bei beiden Geschlechtern völlig gleich aussehen. Diese Urgonaden befinden sich quasi in einem Schwebezustand: Ob aus ihnen Eierstöcke oder Hoden werden, hängt vom genetischen Programm und vom H-Y-Antigen ab.

Wie so oft in der Wissenschaft ist man eher zufällig auf das H-Y-Antigen gestoßen, als man sich mit einem ganz anderen Problem beschäftigte. 1955 stellten Wissenschaftler fest, daß weibliche Mäuse Hauttransplantate abstießen, die von genetisch identischen Männchen desselben Inzuchtstammes stammten. Offenbar hatten die Weibchen Antikörper gegen ein besonderes Antigen auf der Membranoberfläche männlicher Zellen entwickelt. Ein Antigen ist, kurz gesagt, eine Substanz, die mit Antikörpern reagiert, und in diesem Fall sprach man vom Y-gebundenen Histokompatibilitäts-Antigen oder H-Y-Antigen.

Das Y-Chromosom scheint bei der Geschlechtsdifferenzierung des Menschen eine dominante Rolle zu spielen. Es sorgt dafür, daß sich beim Embryo Hoden ausbilden und daß ein männlicher Phänotyp entsteht. Wenn es fehlt, entwickeln sich Eierstöcke und ein weiblicher Phänotyp.

Gelegentlich ist der normale Ablauf allerdings gestört. Bei einem Genotyp mit einem zusätzlichen X-Chromosom, also mit insgesamt 47 anstatt 46 Chromosomen, entsteht ein Mann mit dem *Klinefelter-Reifenstein-Albright-Syndrom*; solche Männer besitzen normal aussehende äußere Geschlechtsorgane, aber verkleinerte Hoden, die unfähig sind, Samenzellen zu bilden. Es handelt sich um eine recht häufige Erkrankung, denn einer von 500 neugeborenen Knaben ist davon betroffen. Auch die Kombinationen XXXY, XXXXY, XYY und XXYY führen zu einem männlichen Phänotyp. Ganz offensichtlich genügt die Existenz eines einzigen Y-Chromosoms, um die Weichen für das männliche Geschlecht zu stellen; vermutlich spielt das H-Y-Antigen eine entscheidende Rolle, denn es ist bei sämtlichen Genotypen von XY bis XXXXY auf der Zelloberfläche zu finden.

Ob ein normaler oder ein anomaler Genotyp vorliegt, läßt sich durch Darstellung der Chromosomen während der Zellteilung erfassen. Man hat dann den Phänotyp des Chromosomensatzes vor sich, der als *Karyotyp* bezeichnet wird (siehe Bild 6.1). Die Kurzschreibweise umfaßt die Gesamtzahl der Chromosomen und daran anschließend die Geschlechtschromosomen: 46,XX steht für den normalen weiblichen Karyotyp, 46,XY für das männliche Gegenstück. Bei den Karyotypen 46,XX, 47,XXX und 45,X0 (0 bedeutet, daß hier ein ungepaartes X-Chromosom vorliegt) entwickelt sich der weibliche Phänotyp. Der Karyotyp 45,X0 dürfte die häufigste Chromosomenanomalie überhaupt sein, denn sie tritt bei jeder 125. Empfängnis auf. Da allerdings nur drei Prozent dieser Embryos bis zur Geburt überleben, kommt es lediglich bei einem von 10000 neugeborenen Mädchen zu dem X0-bedingten Krankheitsbild, das man *Turner-Syndrom* nennt. Es ist gekennzeichnet durch Kleinwüchsigkeit, verschiedene Skelettanomalien und funktionsunfähige fibröse Eierstöcke. Häufig suchen solche Menschen während der Pubertät den Arzt auf, weil Menstruation und Brustentwicklung ausbleiben. All das veranschaulicht die Bedeutung des zweiten X-Chromosoms für eine normale weibliche Entwicklung. Die Eierstöcke von vorzeitig abgegangenen 45,X0-Föten sind völlig normal, doch haben mit dem Turner-Syndrom behaftete Babys bei der Geburt degenerierte, streifige Eierstöcke. Ohne das zweite X-Chromosom bilden sich die Ovarien nämlich während der Spätphase der Fötalentwicklung zurück, so daß sie zum Zeitpunkt der Geburt mit Streifen von Fasergewebe durchsetzt sind. Bei keinem der weiblichen Genotypen XX, XXX und X0 lassen sich H-Y-Antigene auf den Zelloberflächen nachweisen. Das ist ein weiterer Beleg für die Hypothese, daß die Synthese dieses Antigens vom Y-Chromosom gesteuert wird. Menschen mit dem Karyotyp 45,Y0 werden nicht geboren; die Existenz des X-Chromosoms ist also – im Gegensatz zu der des Y-Chromosoms – absolut unverzichtbar.

Im allgemeinen gilt die Regel, daß der Karyotyp 46,XY H-Y-Antigen-positive Knaben mit normalen Hoden und der Karyotyp 46,XX H-Y-Antigen-negative Mädchen mit normalen Eierstöcken hervorbringt. Es gibt jedoch einige Fälle, die trotz eines normalen Karyotyps nicht in dieses einfache Bild der Geschlechtsdifferenzierung passen. So existieren Menschen mit einem weiblichen Karyotyp (46,XX), die sich trotzdem männlich entwickelt haben und normal funktionierende Hoden besitzen. Auch das

H-Y-Antigen läßt sich in diesen Fällen nachweisen, so daß man vermuten kann, daß jene Region des fehlenden Y-Chromosoms, die die Synthese des H-Y-Antigens und die Bildung der Hoden steuert, auf ein anderes Chromosom übertragen worden ist.

Die meisten echten Zwitter besitzen ebenfalls den normalen weiblichen Karyotyp; dennoch weist das vorhandene Hodengewebe im Gegensatz zum Eierstockgewebe das H-Y-Antigen auf. Vermutlich hat bei diesen Personen ein komplizierter Austausch von Chromosomenbruchstücken stattgefunden. Um weitere Verwirrung in diese bereits schwer durchschaubare Situation zu bringen, gibt es auch noch den Fall, daß ein normaler männlicher Karyotyp (46,XY) mit einem weiblichen Phänotyp einhergeht; die streifigen Eierstöcke solcher Frauen können H-Y-positiv oder -negativ sein. Diese seltenen Fälle verdeutlichen, daß die Umwandlung der indifferenten Keimdrüsen in Hoden offenbar nicht allein vom Y-Chromosom oder vom H-Y-Antigen gesteuert wird. Um die ganze Geschichte aufzuklären, müssen wir noch weiter forschen, doch herrscht in der Zwischenzeit kein Grund zur Panik. In der weit überwiegenden Zahl der Fälle führt der Karyotyp 46,XY

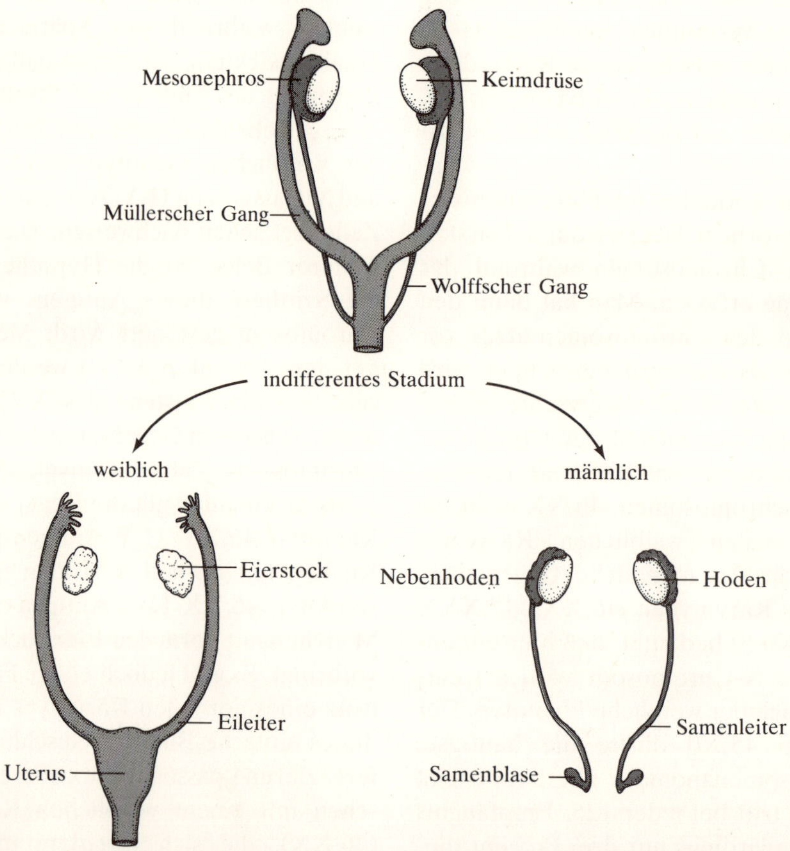


Bild 6.2: Aus den Müllerschen und Wolffschen Gängen entstehen in der Fötalentwicklung innere weibliche beziehungsweise männliche Geschlechtsorgane, insbesondere ableitende Geschlechtswege.

zu einer normalen männlichen Entwicklung und der Karyotyp 46,XX zu einer normalen weiblichen Entwicklung, so daß auch in Zukunft die enorme Vielfalt des Menschen erhalten bleiben wird.

## Die Regulation der Geschlechtsdifferenzierung durch Hormone

Wie wir gesehen haben, wird das genetische Geschlecht zum Zeitpunkt der Befruchtung festgelegt, wobei die Entscheidung für die weibliche oder die männliche Entwicklungsrichtung durch die Paarung der Geschlechtschromosomen – XX oder XY – fällt. Der nächste Schritt ist die Bildung von Hoden oder Eierstöcken. Die Anweisungen hierzu sind genetisch programmiert: Das Y-Chromosom steuert über das von ihm codierte H-Y-Antigen (und möglicherweise noch andere Faktoren) die Entwicklung der Hoden, während das Fehlen des H-Y-Antigens zur Entstehung von Eierstöcken führt. Alles weitere wird dann von diesen Keimdrüsen bestimmt.

Die Einzelheiten des außergewöhnlichen Vorgangs, der sich nun anschließt, sind Ende der vierziger Jahre von dem französischen Wissenschaftler Alfred Jost erarbeitet worden. Jost interessierte sich für die Frage, wie die Keimdrüsen die Entwicklung der inneren und äußeren Geschlechtsorgane bei Säugetieren kontrollieren. In der Frühphase der Embryonalentwicklung besteht zwischen den männlichen und den weiblichen inneren Geschlechtsorganen kein Unterschied; die identisch erscheinenden, undifferenzierten Strukturen sind jeweils mit zwei Wolffschen und zwei Müllerschen Gängen ausgestattet (siehe Bild 6.2). Erst später differenzieren sie sich zu typisch männlichen und weiblichen Geschlechtsorganen. Beim männlichen Fötus (XY) bilden sich die Müllerschen Gänge zurück, und die Wolffschen Gänge werden zu den Samenleitern.

Genau das Umgekehrte passiert beim weiblichen Fötus (XX). Hier bilden sich die Wolffschen Gänge zurück, und aus den Müllerschen Gängen gehen im wesentlichen Eileiter und Gebärmutter hervor. Jost entfernte nun zunächst weiblichen Kaninchenembryonen vor der geschlechtlichen Differenzierung die Keimdrüsen und stellte zu seiner Überraschung fest, daß bei den Föten trotzdem eine normale weibliche Entwicklung stattfand. Er schloß daraus, daß die Kastration von jungen weiblichen Embryonen die geschlechtliche Entwicklung im Fötalstadium nicht beeinflußt. Wenn sich der weibliche Fötus mit oder ohne Eierstöcke normal entwickelt, kann man davon ausgehen, daß die Eierstöcke bei der Differenzierung des weiblichen Geschlechts keine Rolle spielen, sondern nur untätig auf ihren Einsatz zu Beginn der Pubertät warten.

Die überraschendste Entdeckung, die Jost machte, war jedoch folgende: Wenn man einem männlichen Kaninchenembryo die Keimdrüsen entfernt, entwickelt der Fötus einen weiblichen Phänotyp! Dabei gibt es einen kritischen Zeitpunkt für die Kastration: Sie muß früh genug erfolgen, um eine Maskulinisierung des Fötus durch die Hoden zu verhindern. Bei Kaninchenföten können ab dem 15. Schwangerschaftstag Hoden und Eierstöcke voneinander unterschieden werden, doch sind die anderen inneren Geschlechtsorgane noch bis nach dem 20. Tag identisch, und die geschlechtliche Differenzierung ist erst mit dem 26. Tag voll im Gange. Wird der Kaninchenfötus am 19. Tag oder früher kastriert, wird er sich zu einem normalen Weibchen entwickeln. Erfolgt die Kastration nach dem 25. Tag, läuft eine normale männliche Entwicklung ab. Diese Kastrationsexperimente an Kaninchen brachten Jost zu dem Schluß, daß fötale Hoden Hormone sezernieren, die in zwei Prozesse regulierend eingreifen: in die Bildung der männlichen Geschlechtsorgane und in die Rückbildung der Müllerschen Gänge, aus denen sonst die ableitenden weiblichen Geschlechtswege hervorgingen.

Die Bedeutung der Jostschen Experimente liegt in der Erkenntnis, daß kastrierte Säugetierföten unabhängig von ihrem genetischen Geschlecht zu Weibchen werden. Das heißt: *Die Natur favorisiert das weibliche Geschlecht, wenn nicht Hormone aus den fötalen Hoden die Entwicklung in die männliche Richtung lenken.* Darauf baut Josts Theorie der geschlechtlichen Entwicklung auf, die als ein zentrales Dogma auf diesem Gebiet betrachtet werden kann: „Die Kombination der Geschlechtschromosomen bestimmt das Geschlecht der Keimdrüsen. Wenn sich Eierstöcke bilden oder wenn die Keimdrüsen fehlen, entwickelt der Fötus einen weiblichen Phänotyp; sind die Keimdrüsen Hoden, so sorgt die Ausschüttung bestimmter Hodenhormone dafür, daß die geschlechtliche Entwicklung des Fötus zu einem männlichen Phänotyp führt." Aufgrund weiterer Experimente konnte Jost herleiten, daß es sich bei den beiden Hodensekreten, die für die Regulation der männlichen Entwicklung zuständig sind, um ein Androgen (ein männliches Steroidhormon) und einen für die Rückbildung der Müllerschen Gänge verantwortlichen Regressionsfaktor handelte. Andere identifizierten sie daraufhin als Testosteron und als ein Peptidhormon, das man Anti-Müller-Hormon nannte. Besonders von Jean Wilson und seinen Mitarbeitern an der Southwestern Medical School der Universität von Texas wurden derartige Untersuchungen dann auch auf den Menschen ausgedehnt.

Die normale weibliche Entwicklung beim Menschen (siehe Bild 6.3) beginnt mit der Wanderung der Urkeimzellen zur Genitalleiste (Keimdrüsenanlage); doch erst mit der neunten Schwangerschaftswoche setzt die eigentliche Differenzierung ein. Dann entwickeln sich allmählich die inneren Geschlechtsorgane, die Wolffschen Gänge degenerieren, und schließlich bilden sich die äußeren Geschlechtsorgane heraus. Das alles vollzieht sich noch im ersten Trimester (dem ersten Drittel der Schwangerschaft). Im zweiten Trimester reifen die Eifollikel heran, während die Östradiolproduktion der Eierstöcke nachläßt. Diesem Schema folgt die normale weibliche Entwicklung immer dann, wenn Eierstöcke vorhanden sind. Doch auch wenn Eierstöcke oder Hoden fehlen, zeigt sich ein ähnliches Entwicklungsmuster. Ungefähr zwei Monate nach der Empfängnis beginnen die Eierstöcke, das weibliche Sexualhormon Östradiol zu produzieren. Seine Funktion ist allerdings unklar, da auch bei Fehlen der Eierstöcke und damit des Östradiols eine normale weibliche Entwicklung einsetzt. Entscheidende Bedeutung erlangen die Eierstöcke erst in der Pubertät, wenn Östradiol die Ausbildung der sekundären weiblichen Geschlechtsmerkmale herbeiführt und die Ausreifung der Follikel den Grundstein für die Fruchtbarkeit legt.

Die männliche Geschlechtsentwicklung geht völlig andere Wege (siehe Bild 6.4). Mit der achten Schwangerschaftswoche beginnen die Hoden, Anti-Müller-Hormon und Testosteron zu synthetisieren. Das führt zur frühzeitigen

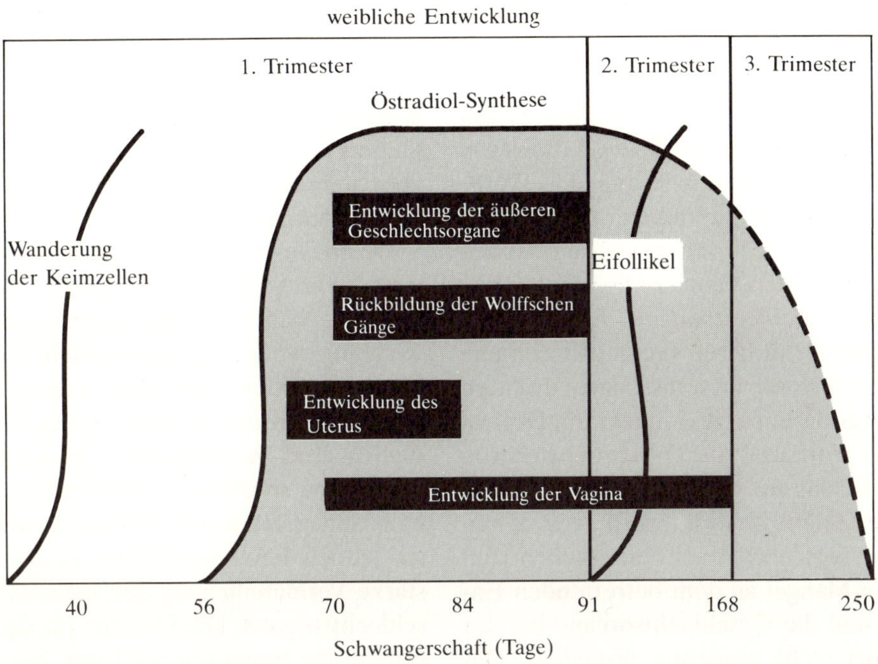


Bild 6.3: Der normale Ablauf der geschlechtlichen Entwicklung bei einem weiblichen Menschenfötus.

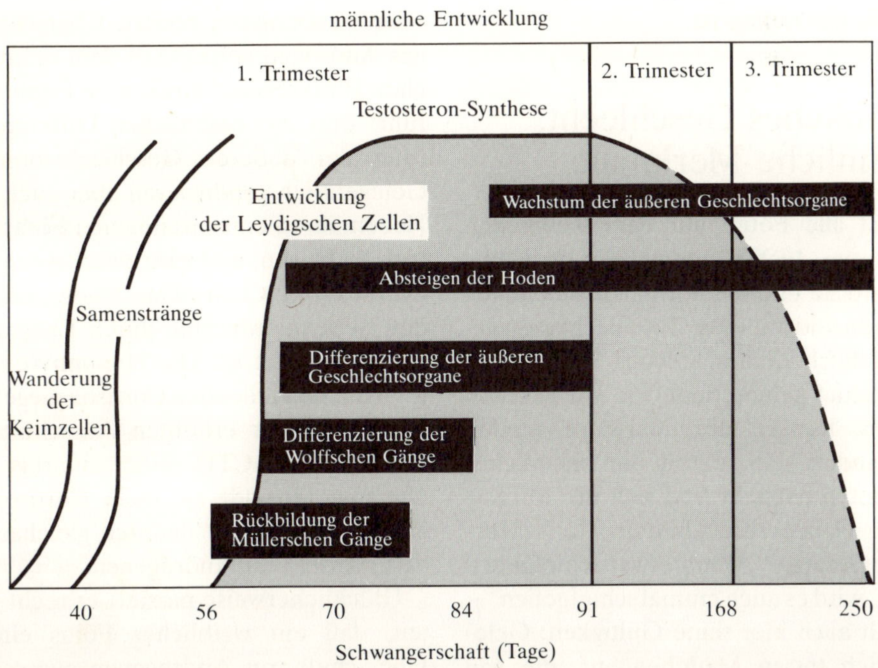


Bild 6.4: Der normale Ablauf der geschlechtlichen Entwicklung bei einem männlichen Menschenfötus.

Rückbildung der Müllerschen Gänge, die sich ohne das Regressionshormon zu Eileiter und Gebärmutter umbilden würden. Das von den Leydigschen Zellen der fötalen Hoden gebildete Testosteron fördert die Differenzierung der Wolffschen Gänge in Samenleiter und Samenblase. Durch Testosteron werden also aus den Wolffschen Gängen die männlichen inneren Geschlechtsorgane. Auf die Ausbildung der äußeren Geschlechtsorgane hat das Testosteron selbst keinen direkten Einfluß; dafür sorgt vielmehr ein Derivat dieses Hormons, das Dihydrotestosteron (DHT), das auf enzymatischem Wege in jenen Zellen gebildet wird, aus denen Hodensack und Penis hervorgehen. Bei einem Mangel an dem betreffenden Enzym sind die Geschlechtsorgane bei der Geburt nicht eindeutig festgelegt. Das Baby kann zunächst als weiblich erscheinen und sich erst während der Pubertät zu einem Jungen entwickeln, wie es bei den Kindern in der Dominikanischen Republik geschehen ist.

## Weibliches Geschlecht, männliche Merkmale

Fast alle Föten mit dem weiblichen Karyotyp 46,XX entwickeln beidseitig Eierstöcke und die normalen weiblichen inneren und äußeren Geschlechtsorgane. Tatsächlich kann in solchen Fällen nicht viel schief gehen, denn wie wir gesehen haben, müssen normalerweise Hoden vorhanden sein, damit ein männlicher Phänotyp entsteht und sich die Müllerschen Gänge zurückbilden. Doch Murphys Gesetz – „Wenn etwas schiefgehen kann, wird es auch einmal schiefgehen“ – behält auch hier seine Gültigkeit: Gelegentlich treten Mädchen auf, die wie Knaben aussehen und die man als weibliche Scheinzwitter bezeichnet. Das Syndrom nennt man *Pseudohermaphroditismus femininus*, ein zungenbrecherischer Ausdruck, um Kinder mit weiblichem Genotyp und weiblichen Keimdrüsen, aber teilweise männlichen äußeren Geschlechtsorganen zu beschreiben.

Weibliche Pseudohermaphroditen sind stets die Folge eines zu hohen Androgenspiegels während der Embryonalentwicklung, wobei die empfindliche Phase vor der zwölften Schwangerschaftswoche liegt. Danach verursachen Androgene lediglich eine Vergrößerung der Klitoris, aber keine sonstigen Anomalien. Innerhalb der ersten zwölf Wochen bewirken sie jedoch beim weiblichen Fötus eine starke Vermännlichung der äußeren Geschlechtsorgane. Die Ursache für den zu hohen Androgenspiegel kann bei der Mutter liegen, wenn diese Pillen nimmt oder Spritzen bekommt, die Androgene enthalten, oder wenn sie einen androgenbildenden Tumor in ihren Eierstöcken oder Nebennieren besitzt. Überschüssiges Androgen gelangt aus dem mütterlichen Blutkreislauf direkt zum Fötus und führt dort zur männlichen Differenzierung der äußeren Geschlechtsorgane. Gelegentlich produzieren aber auch die Nebennieren eines weiblichen Fötus zuviel Androgen, und zwar dann, wenn die Synthese von Cortisol aus Cholesterin in der Nebennierenrinde durch Enzymdefekte blockiert ist. Die Hypophyse reagiert auf den fallenden Cortisolspiegel im Blut mit einer erhöhten Ausschüttung von ACTH; ACTH seinerseits regt die Nebennierenrinde an, mehr Cortisol zu bilden, und erhöht dadurch gleichzeitig den Ausstoß an Androgenen.

Glücklicherweise passiert es recht selten, daß ein weiblicher Fötus einem Überschuß von Androgenen ausgesetzt ist. Außerdem läßt sich bei weiblichen

Scheinzwittern nach der Geburt die Androgenproduktion therapeutisch drosseln, und die Fehlentwicklungen der äußeren Geschlechtsorgane kann man mit Hilfe der plastischen Chirurgie korrigieren. Die inneren Geschlechtsorgane, etwa Gebärmutter und Eileiter, sind von dem Androgenüberschuß normalerweise nicht betroffen, denn da keine Hoden vorhanden sind, fehlt das Anti-Müller-Hormon.

## Männliches Geschlecht, weibliche Merkmale

Bei der Differenzierung des männlichen Geschlechts während der Fötalentwicklung müssen mehrere Stoffwechselschritte harmonisch aufeinander abgestimmt sein, um die Natur von ihrer Vorliebe für das Weibliche abzuhalten. Im Gegensatz zur weiblichen Entwicklung, bei der die Maskulinisierung des Fötus eine sehr seltene Ausnahme ist, gibt es bei der männlichen Entwicklung mannigfache Irrwege, die zu einer Feminisierung führen können. Um dies zu verhindern, müssen folgende Bedingungen erfüllt sein: Die fötalen Hoden müssen das Anti-Müller-Hormon sowie Testosteron bilden, und diese Hormone wiederum müssen ordnungsgemäß mit den Rezeptoren auf und in den Zellen ihrer Zielgewebe in Wechselwirkung treten. Außerdem müssen die Zellrezeptoren vorhanden sein, die das Hormonsignal in die richtige intrazelluläre Botschaft umsetzen. Gewebe, aus denen männliche äußere Geschlechtsorgane hervorgehen sollen, müssen das Enzym 5-Alpha-Reductase besitzen, das Testosteron in Dihydrotestosteron (DHT), also in die eigentlich aktive Verbindung, umwandelt. Ferner muß auch die intrazelluläre Maschinerie für die Übersetzung der im Hormon-Rezeptor-Komplex enthaltenen Botschaft funktionieren. Kinder mit dem männlichen Karyotyp 46,XY, die Hoden haben, aber aufgrund von Fehlentwicklungen trotzdem äußere Anzeichen von Feminisierung zeigen, werden als männliche Scheinzwitter bezeichnet.

Die häufigste Ursache für diesen *Pseudohermaphroditismus masculinus* ist eine gewisse Form von Testosteronresistenz; sie liegt in 75 Prozent aller Fälle zugrunde. Unter Testosteronresistenz versteht man, daß dieses Hormon seine Wirkung in den Zellen seines Zielgewebes nicht normal entfalten kann, obwohl der Testosteronspiegel im Blut normal oder sogar leicht erhöht ist. Androgenresistenzen sind in erster Linie Bindungsdefekte, die in vielerlei Ausprägungsformen und Abstufungen vorkommen; generell lassen sich jedoch drei Grundtypen klassifizieren (siehe Bild 6.5). Zum einen kann der intrazelluläre Androgenrezeptor (dargestellt durch das Symbol R) in unterschiedlichem Ausmaß defekt sein und dadurch vielfältige klinische Anomalien hervorrufen. Als weitere Schwachstellen kommen das Enzym, das Testosteron in DHT überführt, sowie die Wechselwirkung zwischen dem Hormon-Rezeptor-Komplex und der DNA im Zellkern in Frage. Diese drei unterschiedlichen Formen der Androgenresistenz führen zu einer ungeheuren Vielfalt von Krankheitsbildern.

Anfang des 19. Jahrhunderts wurde in der medizinischen Literatur erstmals über Patienten mit *testikulärer Feminisierung* berichtet, und seither sind zahlreiche derartige Fälle beobachtet worden. Das Krankheitsbild tritt bei männlichen Personen (46,XY) auf, die aufgrund einer Anomalie der betreffenden Rezeptoren völlig resistent gegenüber Testosteron und Dihydrotestosteron sind. Da Testosteron bei diesen Patienten nicht wirksam werden kann, bilden sich die Wolffschen Gänge zurück, so daß später keine Samenleiter existieren. Weil auch DHT seine Wirkung nicht zu entfalten vermag, entwickeln sich außerdem weibliche äußere Geschlechtsorgane. Das von den Hoden produzierte Anti-Müller-Hormon ist dagegen normal aktiv, so daß die Müllerschen Gänge degenerieren und damit auch keine weiblichen ableitenden Geschlechtswege entstehen können.

Patienten mit testikulärer Feminisierung werden als normal erscheinende Mädchen geboren und wachsen als solche heran; die Hoden, die sie als Keimdrüsen besitzen, sind in den Bauch oder in den Leistenkanal zurückgezogen und daher äußerlich nicht zu erkennen. Während der Pubertät entwickeln sich die Kinder wie normale Mädchen, mit der Ausnahme, daß die Menstruationsblutung ausbleibt. Eine gründliche medizinische Untersuchung zu diesem Zeitpunkt, die auch den Unterleib einschließt, ergibt, daß die Patienten zwar Hoden besitzen, daß aber weder Gebärmutter und Eileiter noch männliche ableitende Geschlechtswege vorhanden sind; die Hoden werden übrigens in solchen Fällen meist operativ entfernt, weil sie zur Bildung bösartiger Tumoren neigen. Im Blut lassen sich hohe bis weit überhöhte Testosteronspiegel feststellen, und auch die Konzentration des Hypophysenhormons LH ist deutlich gesteigert, weil die LH-bildenden Hypophysenzellen ebenfalls anomale Androgenrezeptoren besitzen und daher nicht in der Lage sind, auf die Rückkopplung durch den erhöhten Testosteronspiegel zu reagieren. Da die Behaarung von Gesicht, Achseln und Schamgegend nur in Gegenwart von Androgen zustande kommt, sind die Patienten zudem in diesen Bereichen haarlos.

Die testikuläre Feminisierung ist keineswegs selten; sie bildet die dritthäufigste Ursache für das Ausbleiben der Menstruation bei Mädchen in der Pubertät. Etliche berühmte Frauen, unter ihnen auch ein Filmstar, wiesen dieses Syndrom auf; offenbar läßt sich mit dieser Krankheit ein ganz normales Leben als Frau führen, wenn man einmal davon absieht, daß die Betroffenen keine Kinder bekommen können. Obwohl solche Menschen bei der Befruchtung mit einem männlichen Karyotyp (46,XY) ausgestattet werden und normale Hoden ausbilden, wachsen sie zu gutentwickelten Frauen heran – eine Folge jener Bindungsdefekte, die dafür sorgen, daß das von den Hoden gebildete Testosteron und sein Metabolit DHT nicht in ihren Zielgeweben wirksam werden können. Während der Pubertät entwickeln diese Personen völlig normale weibliche Konturen, weil das Testosteron aus den Hoden in der Leber und in anderen Geweben zu einem hochwirksamen Östrogen (nämlich Östradiol) umgewandelt wird. Die Bindungsdefekte der Androgenrezeptoren auf der einen Seite und die normal ablaufende Umwandlung von Testosteron in Östradiol sowie dessen ungestörte Bindung an die Östrogenrezeptoren auf der anderen Seite erlauben die Ausbildung normaler sekundärer Geschlechtsmerkmale. Auch dieses Syndrom macht deutlich, daß die Natur dem Weiblichen zuneigt: Knaben werden zu Mädchen, wenn die männlichen Geschlechtshormone nicht wirksam werden können.

Bei weniger drastischen Defekten der Androgenrezeptoren treten Maskulinisierung und Feminisierung des Fötus parallel auf, so daß sich die Personen später weder dem einen noch dem anderen Geschlecht eindeutig zuordnen lassen. Solche partiellen Rezeptordefekte verursachen vielfältige Störungen, die von der Unfruchtbarkeit eines normal erscheinenden Mannes bis zur Ausbildung kleiner Vaginaltaschen und einer weiblichen Brust reichen. Wie die testikuläre Feminisierung sind auch diese Syndrome durch hohe Blutwerte von LH und Testosteron sowie durch eine erhöhte Östrogenproduktion gekennzeichnet, was auf eine Androgenresistenz hinweist. Wo der einzelne Patient zwischen den Extremen von normal erscheinendem Mann und normal erscheinender Frau einzuordnen ist, hängt vom Anomaliegrad der Androgenrezeptoren ab.

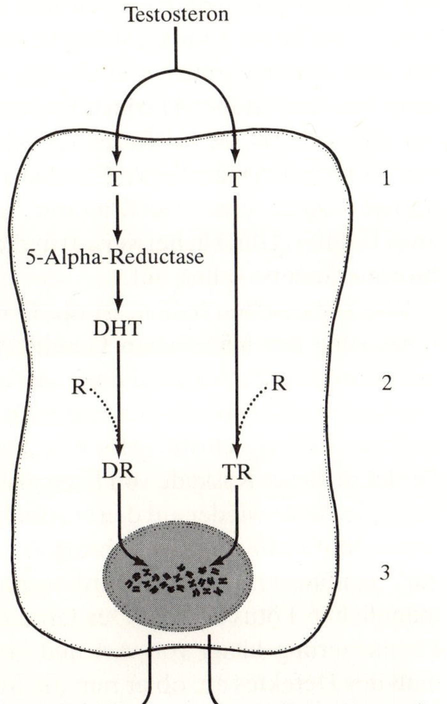


Bild 6.5: Der Androgenrezeptor (R) bindet im Cytoplasma Testosteron (T) beziehungsweise dessen Metaboliten Dihydrotestosteron (DHT). Dieser Komplex wandert anschließend in den Zellkern ein, wo er an der DNA seine Wirkung entfaltet. Störungen des Wirkungsmechanismus (Androgenresistenz) können an drei Stellen in der Zelle auftreten: erstens bei der Umwandlung von T in DHT, wenn nicht genug funktionstüchtige 5-Alpha-Reductase vorhanden ist (1), zweitens bei den Rezeptoren, wenn bestimmte Anomalien die ordnungsgemäße Bindung von Testosteron oder DHT verhindern (2), und schließlich im Zellkern, wenn der Hormon-Rezeptor-Komplex dort nicht wirksam wird (3).

Zu Beginn der sechziger Jahre erschienen erstmals Berichte über eine außergewöhnliche Androgenresistenz: Kinder mit doppeldeutigen Geschlechtsorganen, die als Mädchen aufgewachsen waren, erfuhren während der Pubertät eine ausgeprägte Maskulinisierung. 1974 beschrieb Wilson zwei solche Fälle aus Dallas, und Imperato-McGinley berichtete von 24 Fällen aus der Dominikanischen Republik. Beide Forschergruppen wiesen nach, daß die Ursache ein Mangel an 5-Alpha-Reductase war, also an jenem Enzym, das die Umwandlung von Testosteron in Dihydrotestosteron (DHT) katalysiert. Insgesamt wurden in der Dominikanischen Republik schließlich 38 Patienten mit diesem Syndrom entdeckt, dessen Bedeutung für die Wissenschaft vor allem darin liegt, daß es die Rolle des DHT bei der geschlechtlichen Differenzierung aufzuklären half. Die betroffenen Personen sind von ihren Chromosomen her männlich (46,XY) und besitzen Hoden mit einem normalen Ausstoß an Testosteron und Anti-Müller-Hormon. Folglich haben sie völlig normale innere männliche Geschlechtsorgane und keine inneren weiblichen Strukturen. Sie zeigen jedoch bei der Geburt einen weiblichen Phänotyp, weil zuvor der DHT-Spiegel im Blut weit unter jenem Wert lag, der für eine männliche Differenzierung der äußeren Geschlechtsorgane notwendig ist. Wenn die

DHT-Produktion während der Fötalentwicklung gestört ist, entstehen weibliche äußere Geschlechtsorgane. Später in der Pubertät bilden die Hoden dann vermehrt Testosteron und damit auch mehr DHT, selbst wenn das Enzym 5-Alpha-Reductase nicht normal funktioniert: Heraus kommt ein männlich aussehender Teenager, der sich von einem Mädchen in einen Jüngling mit äußeren männlichen Geschlechtsorganen verwandelt hat – ein Schicksal, das die meisten dieser Patienten offenbar ganz gut verkraften.

Resistenz gegenüber Testosteron oder DHT ist nicht die einzige Ursache für männlichen Pseudohermaphroditismus. Jede Erkrankung, die zu einem verminderten Testosteronausstoß durch die Leydigschen Zellen in den Hoden führt, kann hier problematisch werden. Etwa 25 Prozent aller Fälle von männlicher Scheinzwittrigkeit gehen auf Enzymdefekte zurück, die die Synthese von Testosteron aus Cholesterin stören. Sechs enzymatische Syntheseschritte müssen dabei durchlaufen werden, und jedes der sechs Enzyme kann aufgrund von Mutationen in dem dafür codierenden DNA-Abschnitt defekt sein. Kinder mit solchen Enzymdefekten sind chromosomal männlich (46,XY) und besitzen Hoden; ihre äußeren Geschlechtsorgane sind jedoch zwittrig. Manchmal entwickeln sich auch die Leydigschen Zellen nicht normal, so daß 46,XY-Patienten mit einem fast normalen weiblichen Aussehen heranwachsen. Personen mit unterentwikkelten Leydigschen Zellen oder mit Enzymdefekten im Syntheseweg von Testosteron lassen sich leicht von Patienten unterscheiden, die eines der Syndrome von Androgenresistenz zeigen: Bei der ersten Gruppe sind die Testosteronspiegel im Blut deutlich niedriger als bei der zweiten.

Zu guter Letzt gibt es noch eine seltene Gruppe von chromosomal männlichen Personen, die kein Anti-Müller-Hormon zu bilden vermögen, während Synthese und Wirkung von Testosteron völlig ungestört sind. Wie sich aus den bisherigen Analysen schließen läßt, entwickeln diese Patienten sich zu normal aussehenden Männern. Dies verdanken sie der Tatsache, daß Testosteron und DHT in normalen Mengen produziert werden und ungestört mit ihren Androgenrezeptoren in Wechselwirkung treten können. Da jedoch das Anti-Müller-Hormon fehlt, entwickeln sich bei diesen Patienten neben dem kompletten männlichen Geschlechtsapparat auch eine Gebärmutter und zwei Eileiter. Glücklicherweise tritt diese Störung äußerst selten auf.

Wie wir gesehen haben, ist die Differenzierung des männlichen Geschlechts eine komplizierte Angelegenheit, die den ungestörten Ablauf etlicher ausgeklügelter Entwicklungsschritte erfordert. Jeder Fehler in dieser Kaskade von Ereignissen kann die Natur wieder auf den von ihr bevorzugten weiblichen Kurs bringen und zur Feminisierung des chromosomal männlichen Fötus führen. Der Grad der Feminisierung hängt von Art und Ausmaß des Defektes ab, ob er nun die Synthese oder die Wirksamkeit des Anti-Müller-Hormons, des Testosterons oder des Dihydrotestosterons betrifft – jenes Hormon-Triumvirats also, dessen wohl koordinierte Tätigkeit für eine normale Entwicklung des männlichen Geschlechts unabdingbar ist.

## Die Regulation des Sexualverhaltens durch Hormone

Ein Blick auf die äußeren Geschlechtsorgane eines Neugeborenen sagt in der

Regel alles: Normalerweise ist das Geschlecht sofort erkennbar, so daß dies als vernünftige Methode erscheint, um festzustellen, ob es sich bei dem Baby um ein Mädchen oder einen Jungen handelt. Wenn jedoch Zweifel über den Typ der Geschlechtsorgane bestehen, ist eine eingehendere Untersuchung notwendig, um über das tatsächliche Geschlecht des Kindes Aufschluß zu erhalten. Die Zuordnung zu dem einen oder anderen Geschlecht wird für das Kind von lebenslanger Bedeutung sein. Wie wir gesehen haben, spielen bei der Differenzierung der inneren und äußeren Geschlechtsorgane während der Fötalentwicklung Hormone eine zentrale Rolle. Der Fötus entwickelt sich zum Weiblichen, wenn diese Hormone fehlen oder nicht angemessen wirksam werden können – unabhängig von seinem chromosomalen Geschlecht und vom Geschlecht seiner Keimdrüsen. Während einer kritischen Phase der Embryonalentwicklung kommen die Androgene ins Spiel und drücken dem Fötus ihren Stempel auf, indem sie äußere männliche Geschlechtsorgane entstehen lassen.

Rufen die hohen Androgenkonzentrationen noch anderswo im Fötus männliche Merkmale hervor? Gibt es ein männlich geprägtes Zentralnervensystem, dessen Ausbildung von fötalen Androgenen abhängig ist, und ein weibliches Gegenstück, dessen Entwicklung auf fötalen Östrogenen beruht? Für den Menschen wissen wir darauf noch keine Antwort; von einigen Säugetieren ist jedoch bekannt, daß eine Behandlung mit Androgenen in einer frühen Lebensphase zu einer irreversiblen Vermännlichung der Hirnphysiologie führt und das angeborene Fortpflanzungsverhalten in ein typisch männliches Verhaltensmuster umprägt.

Die meisten erwachsenen Säugetierweibchen weisen einen periodischen Ovulationszyklus auf; bei Ratten beispielsweise dauert er fünf Tage, bei Meerschweinchen 15 Tage und beim Menschen 28 Tage. Der Zyklus steht zum einen unter der Kontrolle von LH und FSH, deren Ausschüttung aus der Hypophyse selbst einem zyklischen Muster folgt, und wird zum anderen durch die ebenfalls zyklisch verlaufende Freisetzung des Eierstockhormons Östradiol reguliert. Selbstverständlich ist das zyklische Sekretionsmuster der Gonadotropine an einen entsprechenden Ausschüttungszyklus des Hypothalamushormons LHRH gekoppelt. Bei erwachsenen Säugetiermännchen treten keine solchen Sekretionszyklen auf; bei ihnen werden LH und FSH vielmehr in gleichförmiger Weise alle paar Stunden ausgeschüttet. Dieses männliche Sekretionsmuster ist bei den Weibchen zusätzlich zu dem typischen zyklischen Ausschüttungsmodus zu finden.

Geoffrey Harris, der die Theorie von der hypothalamischen Regulation der Hypophyse entwickelt hat, konnte in einem Experiment den umstimmenden Einfluß der Hormone nachweisen: Wenn man eine neugeborene männliche Ratte innerhalb von 72 Stunden nach der Geburt kastriert, wird ihr Gehirn irreversibel feminisiert, so daß dieses Männchen in der Pubertät die für weibliche Ratten typische zyklische Sekretion von LH und FSH zeigt. Pflanzt man einer solchen männlichen Ratte nach der Pubertät einen Eierstock ein, so tritt auch der normale weibliche Ovulationszyklus auf. Wird der kastrierten neugeborenen Ratte jedoch unmittelbar nach der Kastration ein einziges Mal Testosteron injiziert, so unterbleibt im Erwachsenenalter sowohl die zyklische Gonadotropinsekretion als auch nach Transplantation eines Eierstocks die Ovulation. Ähnliches zeigt sich bei weiblichen Ratten, denen sofort nach der Geburt Testosteron verabreicht wird; sie haben später keinen Eisprung und schütten ihre Gonadotropine nach dem männlichen Muster aus.

Bestimmte charakteristische Verhaltensweisen männlicher und weiblicher Ratten stehen im Dienste der Fortpflanzung. Die Weibchen sind nur in bestimmten Perioden, die mit der Ovulation einhergehen, empfängnisbereit, während die Männchen fortgesetzt Aufreitverhalten zeigen. Zweifellos entwickelt sich das typisch männliche Sexualverhalten nur, wenn in einer frühen Lebensphase ein Androgen wie Testosteron vorhanden ist; sein Fehlen bedingt das weibliche Verhaltensmuster.

Testosteron kann also offenbar eine physiologische Vermännlichung des Rattengehirns herbeiführen; fehlt es, findet eine weibliche Differenzierung des Gehirns statt. Einer der überraschenden Winkelzüge in dieser Geschichte besteht darin, daß Testosteron in den Nervenzellen des Gehirns in das weibliche Geschlechtshormon *Östradiol* umgewandelt wird. Und eben dieses Östradiol bewirkt augenscheinlich die Vermännlichung des Gehirns. In bestimmten Hirnregionen kommen Neuronen mit Östradiolrezeptoren im Cytoplasma vor; die Entwicklung dieser Regionen und die endgültige Funktion ihrer Neuronen wird vermutlich direkt durch Östradiol und folglich indirekt durch Testosteron beeinflußt.

In welchen Regionen die Geschlechtshormone ihre Kontrolle über physiologische Hirnprozesse bei niederen Säugetieren entfalten, läßt sich noch nicht genau angeben. Anscheinend sind jedoch mehrere Kontrollmechanismen beteiligt. Als erstes ist die männliche Prägung durch Testosteron in einer frühen Lebensphase zu nennen, wenn Wachstum und Entwicklung von spezifischen Neuronen beeinflußt werden können, die männliche oder weibliche Fortpflanzungsfunktionen steuern. Später liefern die Androgene und Östrogene offensichtlich die entscheidenden Impulse für die körperlichen Veränderungen in der Pubertät und für die Ausreifung geschlechtsspezifischer Verhaltensweisen.

Bisher ist unklar, inwieweit die experimentellen Befunde an Ratten und anderen niederen Säugetieren auf die Regulation der Sexualität beim Menschen übertragbar sind. Bis heute ist es nicht gelungen, nachzuweisen, daß das menschliche Gehirn durch Androgene oder Östrogene geschlechtlich geprägt wird. Die hypothalamische Kontrolle der LH- und FSH-Sekretion kann von dem für Männer typischen gleichförmigen Muster auf die für Frauen spezifische Periodik umgestellt werden, indem man Männern in einem regelmäßigen Zyklus Eierstockhormone verabreicht. Allem Anschein nach gibt es also keine angeborene Männlichkeit von Hypothalamus und Hypophyse, was die Regulation der Keimdrüsentätigkeit betrifft. Beim Menschen kommt gelegentlich eine Erkrankung, die sogenannte congenitale (angeborene) Nebennierenhyperplasie, vor, bei der die Nebenniere aufgrund eines Enzymdefektes im Syntheseweg des Cortisols zu viel Androgen produziert. Mädchen, die mit diesem Defekt auf die Welt kommen, haben maskulinisierte äußere Geschlechtsmerkmale. Wird der Zustand früh genug erkannt, können die Geschlechtsorgane operativ korrigiert werden, und auch die übermäßige Androgenproduktion durch die Nebennieren läßt sich leicht kontrollieren. Mädchen mit Nebennierenhyperplasie durchlaufen eine normale Pubertät, entwickeln einen normalen Menstruationszyklus und sind fortpflanzungsfähig. Offensichtlich hat trotz des extrem hohen Androgenspiegels während der Fötalentwicklung keine Männlichkeitsprägung stattgefunden, auch wenn die äußeren Geschlechtsorgane maskulinisiert sind. Auch bei Mädchen, deren Mütter während der Schwangerschaft Androgene eingenommen haben, fehlt jede männliche Prägung, so daß sie sich nach einer korrigierenden Operation nach der Geburt zu normalen gebärfähigen Frauen entwickeln. Androgene scheinen also die psychosoziale Entwicklung des Kindes zu einer normalen Frau nicht zu beeinflussen. In dieser Hinsicht bestehen demnach auffällige Unterschiede zwischen dem Menschen und niederen Säugetieren.

Die Ansicht, daß die Sexualität des Menschen vornehmlich von kulturellen und psychologischen Faktoren bestimmt wird und daß Hormone nur eine untergeordnete Rolle spielen, war mehr oder weniger unumstritten, bis man den Geschlechtswandel jener Mädchen in der Dominikanischen Republik entdeckte. Von den insgesamt 38 Personen mit dem Guevedoce-Syndrom waren 18 als Mädchen aufgewachsen, hatten die Pubertät durchgemacht und konnten ausführlich befragt werden. Fast alle dieser 18 Mädchen hatten die Verwandlung in Jünglinge während der Pubertät ohne Kummer und große Probleme vollzogen, woraus Imperato-McGinley schloß, daß Androgene einen starken Beitrag zur Formung der männlichen Geschlechtsidentität leisten, einen Beitrag nämlich, der den psychosozialen Einfluß einer weiblich orientierten Erziehung offensichtlich zu verdrängen vermag.

Die Dörfer, die Imperato-McGinley untersucht hat, bestehen meist aus strohgedeckten Holzhütten mit jeweils zwei Räumen. Die Bewohner baden gewöhnlich im Fluß, da nur wenige Hütten mit Duschen ausgestattet sind. Die Dorfgesellschaft ist stark patriarchalisch organisiert; es herrscht ein doppelter Moralkodex, der Männern mehr sexuelle und andere Freiheiten gewährt als Frauen. Die Erziehung von Jungen und Mädchen geht völlig verschiedene Wege und führt zu einer scharfen Rollenverteilung zwischen den Geschlechtern. Bis zum Alter von sechs oder sieben Jahren spielen Jungen und Mädchen noch ungehindert miteinander. Dann jedoch werden sie getrennt erzogen und mit völlig verschiedenen Aufgaben betraut. Die Jungen helfen ihren Vätern bei der Landarbeit, haben aber außerdem viel Zeit zum Spielen, da sie gewöhnlich nicht zur Schule gehen. Im Alter von zwölf Jahren beginnen sie, Bars aufzusuchen und bei Hahnenkämpfen mitzuwirken, und mit 14 Jahren gehen sie bereits in Bordelle. (Prostitution wird hier als etwas Selbstverständliches empfunden.) Die jungen Männer heiraten üblicherweise im Alter zwischen 18 und 25 Jahren und verdienen dann ihren Lebensunterhalt als Bauer, Bergarbeiter oder Holzfäller. Die Mädchen dagegen verbringen die meiste Zeit im Elternhaus und helfen ihren Müttern im Haushalt; mit 13 bis 20 Jahren heiraten sie meistens. Absolute Treue ist für sie, nicht aber für ihre Ehemänner, oberstes Gebot.

Eine ausführliche Befragung der 18 Personen sowie ihrer Geschwister, Eltern, Nachbarn und Freundinnen ergab, daß alle 18 als Mädchen erzogen worden waren. Vor der Pubertät besaß also jede von ihnen eine weibliche Identität (das heißt, sie empfanden sich selbst als weiblich) und erfüllten in der Gesellschaft auch die typische Rolle eines Mädchens.

Bei 17 der 18 Betroffenen vollzog sich dann über mehrere Jahre hinweg ein geschlechtlicher Identitätswandel, der schon vor dem zwölften Geburtstag einsetzte; sie begannen, sich zunehmend als Männer zu fühlen und auch so auszusehen. Bei 16 von ihnen fand im Alter von 16 Jahren der Rollentausch statt, und 15 lebten später mit einer Frau zusammen. Diese Männer waren zwar fähig zum Geschlechtsverkehr, zeugten jedoch keine Kinder.

Zwischen der Fötalphase und der Pubertät, zwei Lebensabschnitten mit hohen Blutspiegeln an Hypophysengonadotropinen und Keimdrüsensteroiden, legt die Hypothalamus-Hypophysen-Keimdrüsen-Achse einen ungefähr zehnjährigen Dornröschenschlaf ein, um erst zu Beginn der Pubertät wieder zu erwachen. Eingeleitet wird die Pubertät durch kleine LH-Sekretionsschübe während der Nacht, die zweifellos auf entsprechenden LHRH-Sekretionen aus dem Hypothalamus beruhen. Warum der Hypothalamus zehn Jahre lang ruhig bleibt und dann plötzlich wieder aktiv wird und des Nachts kurze LHRH-Pulse auszusenden beginnt, ist ein Geheimnis, das mit der Reifung des Gehirns zusammenhängt. Mit dem Einsetzen der LHRH-Schübe öffnen sich die Schleusentore für die Hormonkaskade. LHRH stimuliert die Ausschüttung von LH und FSH aus der Hypophyse, und diese wiederum regen die Hoden zur Produktion von Testosteron und Spermien sowie die Eierstöcke zur Bildung von Östradiol und Eizellen an. Die nächtlichen LHRH-Pulse bauen sich nach und nach zu einem Sekretionsmuster auf, bei dem LHRH rund um die Uhr in Intervallen von mehreren Stunden sezerniert wird. Bei Frauen bildet sich schließlich der mit der Ovulation und der Östradiolausschüttung aus den Eierstöcken abgestimmte monatliche Sekretionszyklus von LH und FSH aus.

Sowohl während der Fötalentwicklung als auch während der Pubertät steuern Hormone also tiefgreifende Umwandlungen, die unser sexuelles Schicksal bestimmen. Der Embryo entwickelt sich in die weibliche Richtung, solange nicht Androgene und das Anti-Müller-Hormon aus den Hoden eingreifen, um die Weichen für eine männliche Differenzierung zu stellen. Diese Transformation ist ein komplizierter Prozeß; und wenn mit den Androgenen irgendetwas schiefgeht, bricht die von der Natur bevorzugte weibliche Entwicklungsrichtung sofort wieder durch. Nach einer langen Ruhepause von zehn Jahren treten die Hormone dann wieder in Aktion, um die pubertären Umwandlungen in Gang zu setzen und die sekundären Geschlechtsmerkmale des Erwachsenen zu fixieren. Ohne diese Hormone wären Geschlechtsleben und Fortpflanzung unmöglich, und – gelähmt durch den fatalen Verlust von Sexualität und Fruchtbarkeit – könnte sich die Art als solche nicht mehr fortentwickeln.

# Riesen und Zwerge

Man kann nicht viel tun, um groß zu werden, wenn man Gene geerbt hat, die für Kleinwüchsigkeit codieren. Es gibt jedoch zahlreiche Möglichkeiten, als kleiner Mensch zu enden, obwohl man genetisch auf Großwüchsigkeit programmiert ist. Für ein maximales Wachstum müssen nämlich Nahrungsversorgung und Hormonhaushalt optimal ausgewogen sein. Wenn die Nahrung – wie leider in vielen Teilen der Welt – knapp ist, können Skelett und andere Organsysteme nicht optimal wachsen; der Wachstumsprozeß wird gehemmt, weil die für den Energiehaushalt des Körpers benötigten Nährstoffe nicht in ausreichender Menge zur Verfügung stehen. Für ein normales Wachstum sind auch Schilddrüsenhormon und Wachstumshormon unersetzlich. Jede Störung, die die Bereitstellung eines dieser beiden Hormone in einer frühen Lebensphase beeinträchtigt, wird ebenfalls zu einer Wachstumshemmung führen. Chronische Infekte und bösartige Geschwulste sowie mangelnde Zuwendung wirken in die gleiche Richtung.

Gesundheit, gute Ernährung und die uneingeschränkte Wirksamkeit von Schilddrüsenhormon und Wachstumshormon sind also unabdingbare Voraussetzungen dafür, daß ein Mensch zu seiner maximalen Größe heranwächst. Bei gesunden und gut ernährten Kindern ist das Wachstumshormon der wichtigste Regulator des Wachstumsvorganges; die folgenden Seiten sind diesem Hormon gewidmet. Riesen und Zwerge entstehen aufgrund von Wirkungsanomalien des Wachstumshormons: Ein Überschuß in einer frühen Lebensphase führt zu Riesenwuchs, ein Mangel oder eine Inaktivierung zu Zwergwüchsigkeit.

## Riesenwuchs

Robert Wadlow wurde 1928 in Alton im US-Bundesstaat Illinois geboren. Bei der Geburt war er knapp acht Pfund schwer und normal groß. Niemand konnte damals ahnen, daß dieses eher unauffällige Baby bald als der „Riese von Alton“ bekannt werden und schließlich eine Größe von 2,72 Metern erreichen würde. Damit ist Robert Wadlow bis heute der größte Mensch der Welt, für dessen Körpermaße zuverlässige Daten existieren. Schon kurz nach der Geburt begann er so schnell zu wachsen, daß er als Einjähriger bereits 28 Kilogramm wog und 1,12 Meter groß war. Während seiner Kindheit schritt das rasche Wachstum unaufhaltsam fort (siehe Bild 7.1). Im Alter von neun Jahren hatte er ein Gewicht von 81 Kilogramm und eine Größe von 1,85 Metern erreicht. Er wuchs ununterbrochen weiter, bis er mit 22 Jahren an einer Infektion starb. Zu diesem Zeitpunkt wog er 215 Kilo und war 2,72 Meter groß.

Röntgenaufnahmen des Schädels von Robert Wadlow zeigen, daß er einen Hypophysentumor hatte, der zweifellos für die Wachstumsentgleisung verantwortlich war. Zum einen produzierte dieser Tumor bereits im Babyalter ungeheure Mengen von Wachstumshormon, so daß die anfängliche Wachstumsrate überaus hoch lag. Zum anderen drückte der Tumor das benachbarte Hypophysengewebe zusammen und behinderte dadurch die Produktion der Gonadotropine LH und FSH. Als Folge davon bildeten die Hoden zu wenig Testosteron. Für eine normale Knochenreifung war deshalb der Testosteronspiegel in seinem Blut zu niedrig: Es kam nicht zum sogenannten Epiphysenschluß an den Enden der Röhrenknochen, so daß die Epiphysenfuge, die Wachstumszone des Knochens, erhalten blieb und Wadlow zeit seines Lebens weiter wuchs. Er wurde zum größten bisher registrierten Menschen der Welt, weil der Tumor schon in frühester Kindheit, vermutlich kurz nach seiner Geburt, aktiv wurde. Später in seinem kurzen Leben war der Riese von Alton durch Nervenschädigungen in seinen Gliedmaßen stark gehandicapt und litt wiederholt an Fußinfektionen. Riesenwuchs bringt allgemein eine verkürzte Lebensdauer mit sich, und die Infektionen verursachten dann auch den Tod des damals 22jährigen Wadlow. Vermutlich wird ein solcher Fall zumindest in den Industriestaaten nie wieder auftreten, da wir die Krankheit heute exakt diagnostizieren und erfolgreich behandeln können.

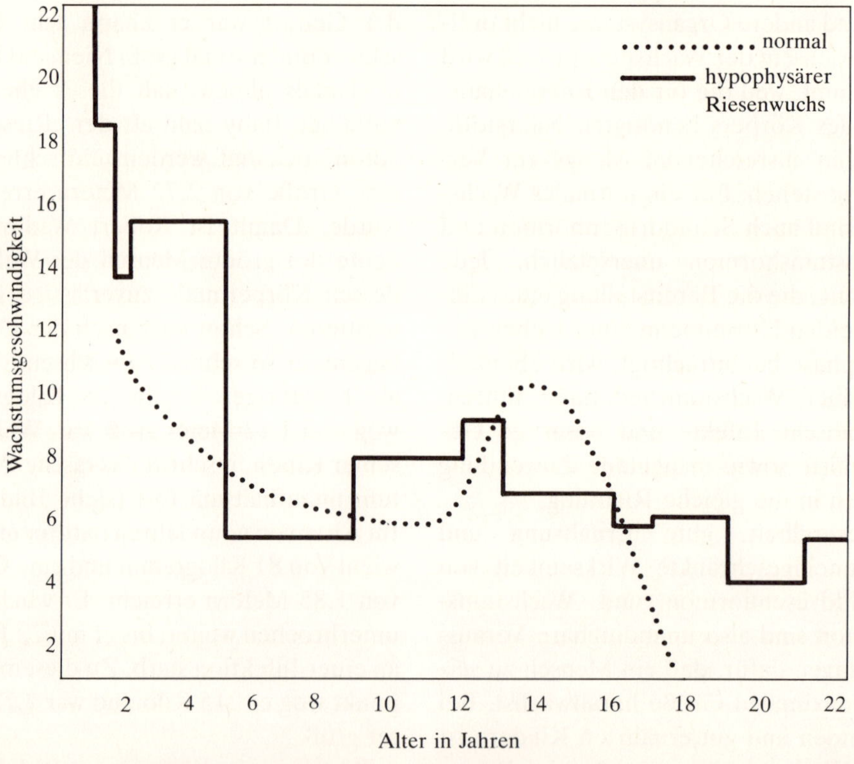


Bild 7.1: Der Riese von Alton zeigte während der ersten Lebensjahre eine stark erhöhte Wachstumsgeschwindigkeit; sie sank im Alter von fünf Jahren auf ein anschließend nahezu konstantes Niveau. Man beachte den Unterschied zwischen der Wachstumskurve des Altoner Riesen und der eines normalwüchsigen Menschen. Die Wachstumsgeschwindigkeit ist in Zentimeter pro Jahr angegeben.

Bild 7.2: Bei Robert Wadlow, dem Riesen von Alton, hatte sich in den ersten Lebensjahren ein Hypophysentumor entwickelt, der eine erhöhte Sekretion von Wachstumshormon bewirkte und damit zu der außerordentlich raschen Größenzunahme dieses Jungen führte (siehe Bild 7.1). Im Alter von 13 Jahren überragte er nicht nur seinen neunjährigen Bruder, sondern auch seinen Vater bei weitem.

Wenn sich die wachstumsfördernden Tumoren erst nach der Pubertät entwikkeln – also zu einer Zeit, wenn die Epiphysenfugen geschlossen sind und das Knochenwachstum beendet ist –, tritt ein anderer Typ von übermäßigem Wachstum auf. Knochen und Weichteile wachsen dann ausschließlich in die Breite, und es kommt zum Krankheitsbild der *Akromegalie*. Riesenwuchs und Akromegalie sind demnach zwei verschiedene Erscheinungsformen ein- und desselben Problems, nämlich eines Hypophysentumors, der Wachstumshormon bildet. Sehr viel seltener rührt Akromegalie von einem Tumor her, der Wachstumshormon-Releasing-Hormon (GHRH) sezerniert, doch hat man gerade anhand solcher Tumoren, die in der Bauchspeicheldrüse vorkommen, die Struktur eines Faktors mit GHRH-Aktivität (hpGRF) aufgeklärt.

In der Geschichte wird von etlichen Riesen berichtet, die immer eine große Faszination auf die Menschen ausübten. Alles in allem sind sie jedoch ausgesprochen selten und ohne sonderlich große medizinische Bedeutung. Die meisten Leute, Ärzte eingeschlossen, bekommen in ihrem ganzen Leben nicht einen einzi-

Bild 7.3: Der irische Riese Charles Byrne, dessen Körpergröße mit 2,49 Metern angegeben wird, im Größenvergleich mit seinen Freunden. Die Zeichnung ist 1785 von Rowlandson angefertigt worden.

gen echten Riesen zu Gesicht. Bruno Bettelheim hat betont, daß Riesen in den Märchen oft Erwachsene symbolisieren, die von schlauen Kindern ausgetrickst werden können. Kinder sehen in Erwachsenen häufig selbstsüchtige Riesen, und sie haben – ob es uns gefällt oder nicht – große Freude an der Vorstellung, wir seien leicht an der Nase herumzuführen. In den nordischen Sagen wimmelt es von Riesen, und auch im Alten Testament finden sich überall Hinweise auf solche übergroßen Gestalten. Die bekannteste Geschichte ist die des Philisters Goliath von Gath, der über 2,80 Meter groß war. Vielleicht hatte dieser Mann tatsächlich einen Hypophysentumor, der Wachstumshormon bildete; es fällt jedoch schwer zu glauben, daß er als Riesenwüchsiger noch so enorme körperliche Kräfte entfalten konnte. Der griechische Geschichtsschreiber Herodot hat von einem Mann namens Artachnaios berichtet, der ungefähr 2,50 Meter maß und angeblich die lauteste Stimme in der Welt besaß. Interessanterweise besitzen Patienten mit Akromegalie in der Regel eine tiefe und rauhe Stimme.

Ähnlich wie der Riese von Alton starben auch die berühmten irischen Riesen Cornelius Magrath und Charles Byrne mit Anfang Zwanzig. Byrne wurde 1761 geboren und wuchs während seiner Kindheit rasch zu enormer Größe heran – was man übrigens der Tatsache zuschrieb, daß er oben auf einem Heuhaufen gezeugt worden war! Als Jugendlicher trat er auf Jahrmärkten auf, und mit 21 Jahren wurde er in London mit seinen 2,49 Metern als der größte Mann der Welt vorgestellt. Sein Alkoholmißbrauch brachte ihm im Jahr darauf den Tod. Auf dem Sterbebett verfügte er, daß sein Leichnam ins Meer zu werfen sei, damit sich die Chirurgen, die sehr an seinem Skelett interessiert waren, nicht an seinen Knochen vergreifen könnten. Das reichte aber offensichtlich nicht aus, um die gierigen Chirurgen zurückzuhalten, wie die Photographie aus dem John Hunter-Museum in England beweist (Bild 7.4); sie zeigt das riesige Skelett von Charles Byrne, das dort ausgestellt ist. Niemand weiß genau, wie der berühmte englische Chirurg Hunter in den Besitz dieses Skeletts kam; er soll jedoch den Leichenbestattern Bestechungsgelder gezahlt haben, um seine 13000 biologische Objekte umfassende Sammlung durch das Byrne-Skelett zu ergänzen. Die Sammlung befindet sich heute im John Hunter-Museum, das vom Royal College of Surgeons of England betreut wird.

Die Aufnahme in diese Sammlung war der Anfang einer langen Reihe von

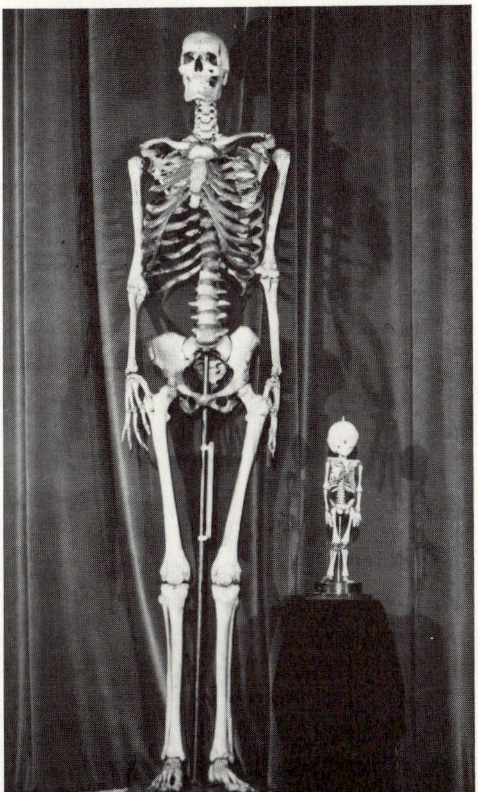

Bild 7.4: Das Skelett des irischen Riesen Charles Byrne ist heute im John Hunter-Museum neben dem eines sizilianischen Zwerges aufgestellt.

wissenschaftlichen Untersuchungen des Byrne-Skeletts, die bis heute andauern. Zu der Zeit, als das Skelett 1783 statt ins Meer in die Hunter-Sammlung kam, herrschte noch die Theorie vor, die Hypophyse sei das Klärwerk des Gehirns und führe dessen Abfallprodukte über die Nase ab. Daher konnte damals auch niemand auf die Idee kommen, daß der irische Riese einen großen Hypophysentumor gehabt hatte, der in einem vergrößerten und zerfressenen Türkensattel eingebettet war. Als nach der Entdekkung der Akromegalie durch Pierre Marie im Jahre 1886 verschiedentlich gemutmaßt wurde, daß sowohl Riesenwuchs als auch Akromegalie auf Hypophysentumoren beruhen könnten, entschlossen sich 1909 Arthur Keith, der Kurator des John Hunter-Museums, und Harvey Cushing, ein berühmter amerikanischer Neurochirurg, den Schädel Byrnes zu öffnen. Sie fanden einen stark vergrößerten Türkensattel, der zweifellos einen Hypophysentumor beherbergt hatte. Hunter war also seinerzeit die Chance entgangen, Riesenwuchs mit Hypophysentumoren in Verbindung zu bringen. Anhand von Röntgenaufnahmen des Schädels stellte man 1963 fest, daß die gleichen Knochenveränderungen vorlagen, wie sie auch bei einem Hypophysentumor und Akromegalie auftreten. 1980 untersuchte man auch die Handwurzelgelenke röntgenologisch und entdeckte, daß Byrne genau wie der Riese von Alton an einer Hypophysenunterfunktion gelitten hatte und daher nicht in der Lage gewesen war, genügend Testosteron zu produzieren, um den Epiphysenschluß an den Unterarmknochen herbeizuführen.

Es ist nicht lustig, ein Riese zu sein. Ständig kreisen übermäßig viel Wachstumshormone und andere Wachstumsfaktoren, sogenannte Somatomedine, durch den Körper und richten Schaden an. Gleichzeitig kann der Wachstumshormon produzierende Tumor zu einem zu geringen Ausstoß der übrigen Hypophysenhormone führen. Riesenwuchs und Akromegalie beruhen beide auf der übermäßigen Sekretion von Wachstumshormon durch die Hypophyse. Heute haben diese Störungen weitgehend ihren Schrecken verloren, da sie erfolgreich behandelt werden können. Zu Riesenwuchs kommt es, wenn vor Beendigung des Längenwachstums der Knochen zu viel Wachstumshormon im Körper kreist. Akromegalie tritt dagegen auf, wenn die Überproduktion an Wachstumshormon erst nach dem Epiphysenschluß der Röhrenknochen einsetzt; dann wird der Körper nicht länger, sondern einzelne Teile wachsen in die Breite. Riesen, die alt genug werden, entwickeln im Alter einige Merkmale der Akromegalie. Nach einer langen Periode des Längenwachstums fangen ihre Körper an, dicker zu werden. Im Leben wie im Märchen ist das Schicksal der Riesen häufig ein Leidensweg, der mit dem frühen Tod endet – jedenfalls alles andere als die Art von Leben, die man sich wünschen sollte, selbst wenn man klein ist.

## Zwerge und Pygmäen

Genau wie Riesen sind auch Zwerge für normale Menschen äußerst interessante Lebewesen, und in Märchen und Volkstum nehmen sie einen wichtigen Platz ein. Diese häufig in ihrer emotionalen wie körperlichen Entwicklung zurückgebliebenen Wesen verharren sozusagen auf einer vorgeschlechtlichen Stufe des Lebens und konzentrieren sich ganz darauf, durch harte Arbeit ihren Unterhalt zu verdienen. Sie sind jedoch mit der täglichen Eintönigkeit ihres von Mühsal und mangelnder Zuwendung geprägten Lebens zufrieden. In enger Bindung an die Erde verrichten sie ihr Tagwerk, und ansonsten reduziert sich ihr Leben sozusagen auf Fleisch und Kartoffeln. Sie können sehr hinterlistig sein, aber auch äußerst wohlwollend; man denke nur an die Geschichte, wo sie ein Mädchen in den Wäldern vor den bösartigen Nachstellungen seiner Stiefmutter retten.

Echte Zwerge sind in erster Linie in ihrem Körperwachstum gehemmt, ein Zustand, der häufig mit menschlichem Wachstumshormon erfolgreich behandelt werden kann. Das Wachstum von Knochen und anderen Geweben ist ein komplizierter Stoffwechselprozeß, bei dem natürlich allerlei schief gehen kann. Weltweit gesehen, sind Unterernährung und chronische Krankheiten die häufigsten Ursachen für eine Wachstumsverzögerung bei Kindern. Eine kleine Statur kann aber auch auf genetischen Defekten, Chromosomenveränderungen, angeborenen Anomalien und sonstigen seltenen Krankheitsfaktoren beruhen, die zu Störungen im Knochenwachstum führen. Glücklicherweise gehören solche Fälle nicht zum Alltag eines Arztes.

Der typische Verlauf des menschlichen Wachstums ist in idealisierter Form in Bild 7.5 dargestellt. Ähnliche Wachstumskurven gelten auch für Primaten. Die Kurve der Wachstumsgeschwindigkeit ist einfach die erste Ableitung der Wachstumskurve und verdeutlicht einige interessante Merkmale der Größenzunahme beim Menschen. So gibt es während der ersten Lebensjahre einen steilen Abfall in der Wachstumsgeschwindigkeit, der nach etwa vier Jahren zum Stillstand kommt; erst zu Beginn der Pubertät, wenn ein Wachstumsschub erfolgt, nimmt die Wachstumsgeschwindigkeit wieder zu. In den letzten Teenagerjahren sinkt sie dann auf Null ab, und die nun erreichte Körpergröße bleibt für eine gewisse Zeit konstant. Im Laufe der Jahre schrumpfen wir schließlich alle ein bißchen, doch beruht dies auf der Alterung der Knochen und nicht auf einer veränderten Wirkung des Wachstumshormons. Die Wachstumsprofile (Bild 7.5) sehen für jeden Menschen ein klein wenig anders aus. Das hängt mit den unterschiedlichen genetischen Programmen zusammen, die für zahlreiche verschiedene Wachstumsgeschwindigkeiten und Wachstumskurven sorgen. Der Normbereich in einer Gesellschaft – die Spanne der Körpergrößen für ein bestimmtes Alter, die zwischen dem 3. und dem 97. Perzentil liegen – ist abhängig von der Rasse, vom Geschlecht und von Umweltfaktoren, die mit Ernährung und chronischen Erkrankungen zusammenhängen. Zwergwüchsige Menschen liegen weit unterhalb des dritten Perzentils und sind oft schon in frühester Kindheit als solche zu erkennen.

Hypophysäre Zwerge entstehen, wenn die Hypophyse nicht fähig ist, genügend Wachstumshormon zu bilden, oder wenn das dort produzierte Hormon nicht an den Zielgeweben wirksam werden kann. Die das Wachstum steuernde Hormonkaskade beginnt im Hypothalamus, wo in bestimmten Zellen das Wachstumshormon-Releasing-Hormon (GHRH) und Somatostatin gebildet werden. Jeder Prozeß, der zu einem GHRH-Mangel oder zu einem Überschuß an Somatostatin führt, hat auch einen Mangel an Wachstumshormon zur Folge. Die häufigste Ursache für einen zu geringen Wachstumshormonspiegel während der Kindheit ist ein noch unklarer Defekt in der hypothalamischen Regulation, der auf Sauerstoffmangel während der Geburt beruhen kann. In seltenen Fällen tritt eine Funktionsstörung des Hypothalamus bei Kindern auf, die in einem Milieu aufwachsen, das zu starken psychosozialen Entzugserscheinungen führt; wenn man diesen Kindern ein besseres Milieu bietet, setzt das normale Wachstum wieder

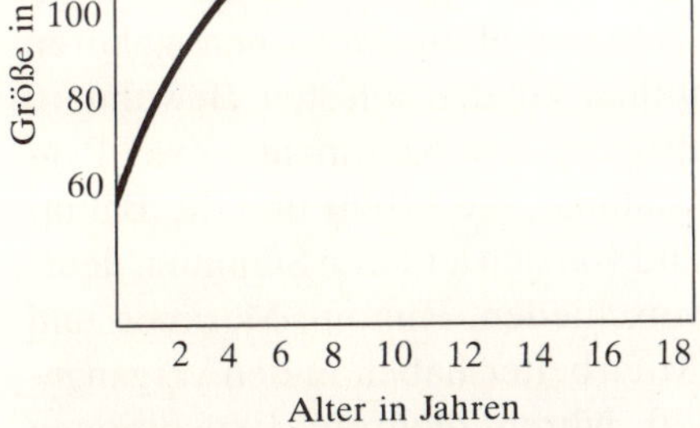


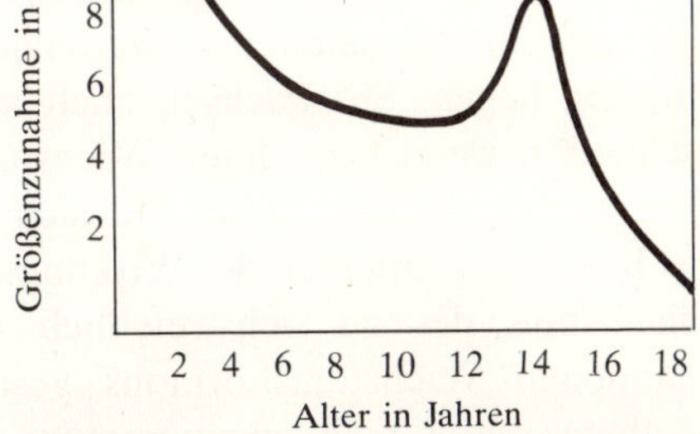


Bild 7.5: Die Wachstumskurve des Menschen läßt eine sehr rasche Größenzunahme in den ersten Lebensjahren und darüber hinaus einen deutlichen Wachstumsschub während der Pubertät erkennen.

ein. Schließlich können auch Hirntumoren wie das gefürchtete Kraniopharyngiom und Entzündungskrankheiten, die auf Hypothalamus oder Hypophyse übergreifen, einen Mangel an Wachstumshormon bewirken. All diese Störungen verursachen hypophysären Zwergwuchs.

Zwergwüchsigkeit wird häufig dann erkannt, wenn die Wachstumskurve eines Kindes den Normbereich verläßt. Glücklicherweise vermögen wir heute viele dieser Fälle erfolgreich zu behandeln, wenn sie nur früh genug diagnostiziert werden. In der Neurochirurgie haben neu entwickelte Techniken die operative Behandlung von Hypophysentumoren revolutioniert, und inzwischen läßt sich außerdem Wachstumshormon therapeutisch einsetzen, um das Wachstum anzuregen. Anders als die Zwerge im Märchen können heutzutage viele der von Zwergwüchsigkeit Betroffenen mit Zuversicht auf ein recht normales Erwachsenenleben hoffen.

Im Jahre 1966 beschrieben Zoi Laron und seine Mitarbeiter in Israel eine neue Form der Zwergwüchsigkeit. Die sogenannten „Laron-Zwerge" stammen durchweg aus jüdischen Familien asiatischer Herkunft und sehen genauso aus wie hypophysäre Zwerge mit Wachstumshormonmangel. Tatsächlich sind jedoch bei ihnen die Blutwerte für das Wachstumshormon erhöht, während die Spiegel der sogenannten Somatomedine niedrig liegen. Sie wachsen auch nicht schneller, wenn man ihnen Wachstumshormon verabreicht. Ganz offensichtlich ist bei diesen Patienten der Wirkungsmechanismus des an sich reichlich vorhandenen Wachstumshormons gestört. Anfangs hatte man angenommen, daß Laron-Zwerge ein abartiges Wachstumshormon bilden, das zwar im Wachstumshormontest zu einer positiven Reaktion führt, aber am eigentlichen Zielort im Körper seine Wirkung nicht entfalten kann. Neuere Untersuchungen haben jedoch gezeigt, daß das Wachstumshormon im Blut von Laron-Zwergen völlig normal ist; es kann bloß nicht an den vorgesehenen Stellen wirksam werden. Dieses Phänomen läßt sich am besten als Wachstumshormonresistenz beschreiben. Einer der wichtigsten Wirkungsorte des Wachstumshormons ist die Leber, wo es normalerweise die Synthese der Somatomedine fördert.

Vermutlich tragen bei den Laron-Zwergen die niedrigen Somatomedinspiegel zur Wachstumsverzögerung bei. Die erhöhten Wachstumshormonwerte wiederum könnten die Folge dieser niedrigen Somatomedinspiegel sein, die bei Rückmeldung an die Hypophyse natürlich keine normale Rückkopplungshemmung herbeizuführen vermögen. Sobald wir genügend gereinigte Somatomedine zur Verfügung haben, wäre es interessant zu prüfen, ob ihre Verabreichung bei Laron-Zwergen die Wachstumsverzögerung aufheben kann. Dann ließen sich diesen unglücklichen Kindern die Nachteile der Zwergwüchsigkeit ersparen.

Die Pygmäen Zentralafrikas haben schon seit langem die Aufmerksamkeit von Endokrinologen und anderen, die sich mit Wachstumsanomalien beschäftigen, auf sich gezogen. Diese faszinierenden zwergenhaften Menschen gehören vermutlich zu den ältesten Bewohnern des afrikanischen Kontinents. Zwei Pygmäenstämme, die Mbuti und die Babingas, sind von den anderen Stämmen deutlich verschieden. Rimoin, Merimee und ihre Mitarbeiter haben in den vergangenen 20 Jahren mehrere Expeditionen nach Zentralafrika unternommen, um das Wachstum der Babinga Pygmäen zu studieren. Einige ihrer Befunde sind hochinteressant. So scheinen Pygmäen einen Defekt bei der Bildung des sogenannten Somatomedins C aufzuweisen. Die Durchschnittsgröße einer erwachsenen Babinga-Frau beträgt 1,47 Meter, während die Männer im Mittel 1,52 Meter groß werden. Ihre Körperproportionen – gemessen als Verhältnis der Oberkörperlänge zur Unterkörperlänge – entsprechen denen sechsjähriger amerikanischer Schwarzer. Rimoin und Merimee stellten bei ihren ersten Expeditionen fest, daß bei den Pygmäen der Wachstumshormonspiegel im Blut normal war und keine Hypophysenunterfunktion vorlag. Als sie den Pygmäen zusätzliches Wachstumshormon injizierten, zeigte sich jedoch keinerlei Wirkung; sie schlossen daraus, daß die Pygmäen unempfindlich gegenüber Wachstumshormon seien.

Die ersten Somatomedinmessungen (man erinnere sich, daß Somatomedine Wachstumsfaktoren sind) ergaben normale Blutwerte für diese Faktoren; doch mit nach und nach verbesserten, genaueren Tests kam der Verdacht auf, daß bei den Pygmäen die Bildung eines der wichtigen Somatomedine nicht normal verläuft. Eine neuere Untersuchung von Merimee und seinen Mitarbeitern hat schließlich gezeigt, daß sehr wenig Somatomedin C im Blut vorkommt – möglicherweise eine Erklärung für die extreme Kleinwüchsigkeit dieses Volkes. Welchen Wert all diese Studien für die Pygmäen haben, ist nicht ganz klar, selbst wenn sich herausstellt, daß ihr Wachstum durch Gaben von Somatomedin C verbessert werden könnte. Vielleicht sind sie ja gerne Pygmäen und hegen den Verdacht, daß die Wissenschaftler nur versuchen, einen Weg zu finden, damit jeder so klein werden kann wie sie.

Zum Schluß dieses Abschnitts seien die Ursachen des Zwergwuchses noch einmal kurz zusammengefaßt. Er tritt auf bei Störungen der Wachstumshormonsynthese in den Hypophysenzellen (hypophysäre Zwerge), bei Defekten im Wirkungsmechanismus des Wachstumshormons (Laron-Zwerge), bei gestörter Somatomedinproduktion (Pygmäen) und vermutlich auch bei Defekten im Wirkungsmechanismus der Somatomedine.

## Die Physiologie des Wachstumshormons

Daß es echte Riesen und Zwerge gibt, ist seit der Antike bekannt. Doch die Vorstellung, daß das Fehlen oder der Überfluß einer körpereigenen Substanz für diese seltenen Wachstumsstörungen verantwortlich ist, entwickelte sich nur langsam, da es an entsprechenden wissenschaftlichen Beweisen mangelte. Das änderte sich erst, als Anfang der zwanziger Jahre dieses Jahrhunderts Evans und Long Riesenratten züchteten, indem sie normal großen Tieren Extrakte von Rinderhypophysen injizierten. Damit war eindeutig bewiesen, daß die Hypophyse eine wachstumsfördernde Substanz enthält. Es vergingen allerdings noch mehrere Jahrzehnte mühevoller Forschungsarbeit, bis dieser Stoff schließlich als Wachstumshormon isoliert war. Die Hypophysen von Rindern und anderen Säugetieren enthalten weit mehr Wachstumshormon als andere Hypophysenhormone – ein glücklicher Umstand, der es den Wissenschaftlern entscheidend erleichtert hat, dieses Hormon zu isolieren und schließlich auch eine erfolgreiche Therapie für zwergwüchsige Patienten zu entwickeln.

Viele Jahre gingen ins Land, bis die notwendigen chemischen Verfahren vorhanden waren, um aus Rinder- und Schweinehypophysen reines Wachstumshormon zu gewinnen. Entscheidende Fortschritte gelangen in den vierziger Jahren, einem Jahrzehnt, in dem man außerdem in zahlreichen Untersuchungen die wachstumsfördernde Wirkung solcher Hormonpräparationen bei niederen Säugetieren nachwies. Enttäuscht waren die Wissenschaftler jedoch von der Tatsache, daß keine der Wachstumshormonextrakte aus den Rinder- und Schweinehypophysen beim Menschen wirksam war. Man schien zwar ein Mittel gegen Zwergwüchsigkeit in der Hand zu haben, doch konnte man damit die Krankheit nicht heilen, und der Grund dafür blieb viele Jahre im dunkeln. Um weiterzukommen, brauchte man einen neuen Ansatz, und dieser kam schließlich aus einer völlig unerwarteten Richtung. 1954 entdeckten Wilhelmi und Pickford, daß aus Fischhypophysen gewonnenes Wachstumshormon zwar bei Fischen wirksam war, nicht aber bei Ratten. Mit anderen Worten: Das Wachstumshormon schien artspezifisch zu sein. Dank dieser bahnbrechenden Erkenntnis platzte kurz darauf der Knoten, als Knobil und Greep herausfanden, daß auch bei Affen nur das aus Affenhypophysen isolierte, nicht jedoch das aus Rinder- oder Schweinehypophysen gewonnene Wachstumshormon eine Wirkung zeigte.

Damit war offenkundig, daß die Struktur des Wachstumshormons von Art zu Art variieren mußte. Folglich konnte Zwergwüchsigkeit beim Menschen nur dann erfolgreich behandelt werden, wenn es gelingen würde, menschliches Wachstumshormon zu isolieren. Als ersten Schritt dahin entwickelte Maury Raben 1956 am New England Center Hospital in Boston eine Methode, um Wachstumshormon aus den Hypophysen Verstorbener zu isolieren. Anschließend wiesen John Beck und seine Mitarbeiter vom Royal Victoria Hospital in Montreal nach, daß Rabens Hormonpräparationen das Wachstum bei einem zwergwüchsigen Patienten förderten, dessen Unterentwicklung auf dem völligen Fehlen des Wachstumshormons beruhte. Daraufhin wurde die National Pituitary Agency gegründet, um im gesamten Nordamerika menschliche Hypophysen zu sammeln; diese Hypophysenbänke waren viele Jahre lang die einzige Quelle für Wachstumshormon, mit dem man Kinder mit Wachstumsstörungen behandeln konnte. Anfang der siebziger Jahre gelang es dann, die chemische Struktur des menschlichen Wachstumshormons aufzuklären. Heute wird dieses Hormon gentechnologisch mit Hilfe von Bakterien hergestellt. Damit verfügen wir über eine im Prinzip unerschöpfliche Quelle für menschliches Wachstumshormon, die sicherlich in naher Zukunft die Gewin-

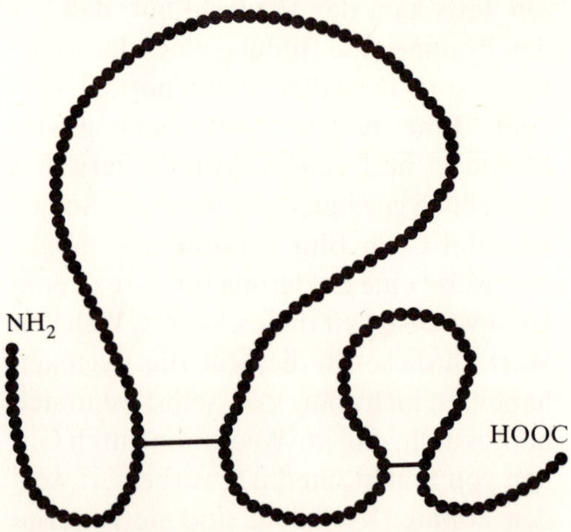


Bild 7.6: Das menschliche Wachstumshormon HGH (vom englischen *human growth hormone*) besteht aus 191 Aminosäuren. Aufgrund von zwei Disulfidbrücken weist das Molekül zwei Schleifen auf.

nung dieses Hormons aus den Hypophysen Verstorbener völlig ersetzen wird.

Das menschliche Wachstumshormon (HGH, vom englischen *human growth hormone*) hat eine ungewöhnliche Struktur. In seiner Form erinnert es an eine Schnecke, die spät in der Nacht auf der Suche nach einem Happen durch den Garten kriecht. Das Molekül besteht aus einer Kette von 191 Aminosäuren, die durch zwei Disulfidbrücken in zwei Schleifen gelegt ist (siehe Bild 7.6). Das Aussehen dieses Hormons verrät weder etwas über seine immense Bedeutung für den Wachstumsvorgang noch über seine Störanfälligkeit, aufgrund derer manchmal aus gewöhnlichen Leuten Riesen werden.

Es liegt nahe, das Wachstumshormon als dasjenige Molekül zu betrachten, das die Hypophyse auf verschiedene Reize hin in den Blutstrom ausschüttet. Wie sich jedoch kürzlich herausgestellt hat, enthält die Hypophyse eine ganze Familie von Hormonen, die in ihrer Struktur dem gewöhnlichen Wachstumshormon ähnlich sind; möglicherweise besitzt jedes dieser Hormone im Körper unterschiedliche wachstumsfördernde Eigenschaften. Welche Rolle diese Varianten tatsächlich spielen, ist noch unbekannt.

Die Sekretion des Wachstumshormons durch die Hypophyse steht unter der Kontrolle von zwei Hypothalamushormonen, die über das Pfortadersystem zur Hypophyse gelangen (siehe Bild 7.7). Somatostatin ist ein Peptid aus 14 Aminosäuren und hemmt die Ausschüttung von Wachstumshormon, während das Releasing-Hormon für das Wachstumshormon (GHRH), das aus 40 Aminosäuren besteht, dessen Synthese und Freisetzung anregt. In dem Maße, wie wir zu den Bildungsmechanismen von Somatostatin und GHRH im Hypothalamus vordringen, verkompliziert sich die ganze Geschichte. Reize aus anderen Hirnregionen werden zu Hypothalamusneuronen weitergeleitet, die Somatostatin und GHRH produzieren; diese beiden Hormone gelangen dann über das Pfortadersystem zur Hypophyse, wo sie die Sekretion des Wachstumshormons regulieren.

Gewöhnlich schüttet die Hypophyse etwa eine Stunde nach dem Einschlafen einen großen Schwung Wachstumshormon aus. Eine ähnlich erhöhte Sekretion ist auch nach körperlicher Anstrengung und bei einem plötzlichen, durch Insulin verursachten Abfall des Blutzuckerspiegels zu beobachten. Über den Tag verteilt gibt es immer wieder kleinere Sekretionsgipfel, die offensichtlich spontan auftreten; möglicherweise sind sie von unserem evolutionären Bastler eingebaut worden, um die ansonsten recht monotone Situation etwas aufregender zu gestalten. Auch andere Hypophysenhormone zeigen solche spontanen Sekretionsschwankungen, so daß vermutlich doch ein tieferer Sinn dahinter steckt. Bestimmte Substanzen wie Arginin, Glucagon und L-Dopa können ebenfalls die Ausschüttung von Wachstumshormon auslösen, während hohe Blutzuckerwerte dessen Bildung unterdrücken. Stimulation oder Hemmung der Wachstumshormonsekretion dürfte in all diesen Fällen über die Hypothalamusneuronen erfolgen, die GHRH und Somatostatin produzieren. Demnach unterliegt also auch die Bildung des Wachstumshormons – genau wie die der übrigen Hypophysenhormone – der strikten Kontrolle durch den Hypothalamus.

Wie entfaltet das Wachstumshormon nun seine Wirkung, nachdem es in das Blut abgegeben worden ist? Diese immer noch unbeantwortete Frage hat bereits Generationen von Medizinern und Phy-

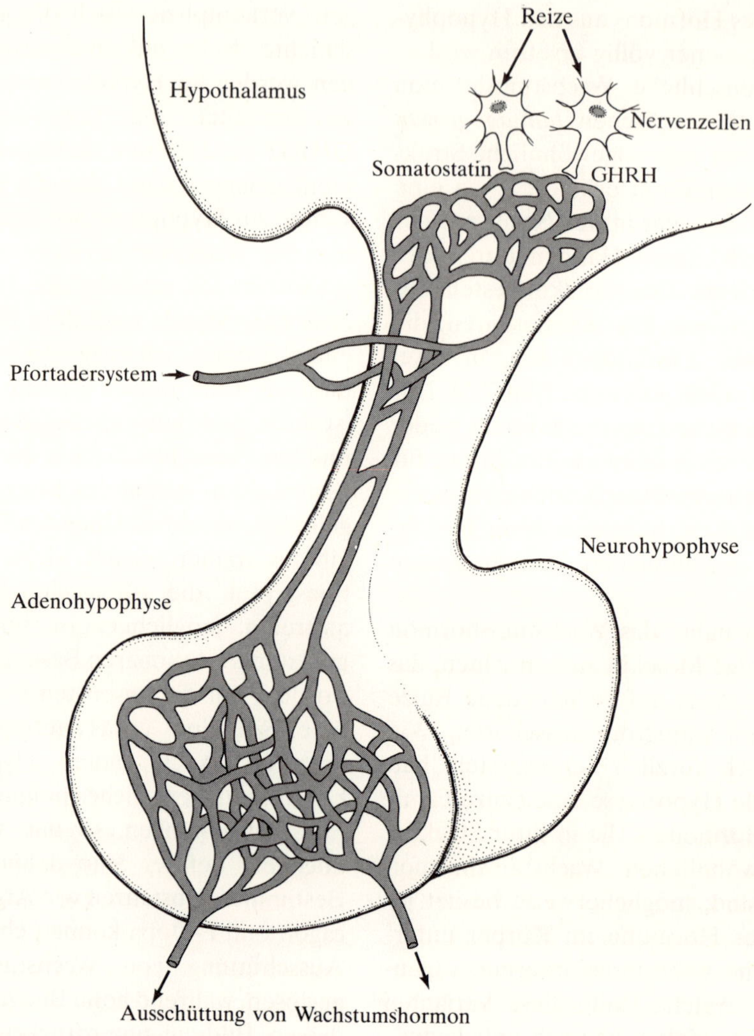


Bild 7.7: Die Abgabe von Wachstumshormon aus der Adenohypophyse wird über Hypothalamusneuronen gesteuert, die auf Reize hin GHRH und Somatostatin in das Pfortadersystem ausschütten.

siologen seit der Entdeckung des Hormons in den zwanziger Jahren beschäftigt. Als es in den dreißiger Jahren aus Hypophysenextrakten gewonnen werden konnte, begannen Wissenschaftler, seine Wirkung auf das Knochenwachstum und den Stoffwechsel bei Tieren zu untersuchen. Bald erkannte man, daß bei Tieren, denen man die Hypophyse entfernt hatte, die Wachstumszonen an den Enden der Röhrenknochen stark beeinträchtigt waren; das Knochenwachstum normalisierte sich aber wieder, wenn man Wachstumshormon injizierte. Man nahm daher an, dieses Hormon übe seine wachstumsfördernde Wirkung direkt auf die Knochen aus. Weitere wichtige Experimente machten diese Auffassung jedoch zunichte. An ihre Stelle trat ein spekulativer Erklärungsversuch, der bis heute noch nicht endgültig bewiesen ist: die „Somatomedin-Hypothese".

Diese Hypothese erwuchs aus der Beobachtung von Salmon und Daughaday, daß das Wachstumshormon keinen direkten Einfluß auf den Stoffwechsel des Knorpels beim Knochenwachstum hat. Es bewirkt vielmehr, daß im Blut spezielle Wachstumsfaktoren, sogenannte *Somatomedine*, auftreten, die ihrerseits die Umwandlung von Knorpel in Knochengewebe und damit das Knochenwachstum fördern. Mit dem Begriff Somatomedin bezeichnet man heute jede Verbindung, die auf Knorpel einwirkt und unter der Kontrolle des Wachstumshormons steht. Neben ihrer Wirkung auf den Knorpel beeinflussen Somatomedine den Stoffwechsel noch in anderer Weise: So entfalten sie eine insulinähnliche Wirkung auf Muskel- und Fettzellen und stimulieren das Wachstum anderer Zellen.

Die Somatomedine werden hauptsächlich in der Leber hergestellt, wo das Wachstumshormon ihre Bildung und Freisetzung anregt. Es handelt sich um Peptidhormone, die eine gewisse Ähnlichkeit mit Proinsulin haben, was vermutlich ihre insulinähnliche Wirkung auf Muskel- und Fettzellen erklärt. Von der Leber werden sie an das Blut abgegeben und kreisen mit diesem durch den Körper. Die Somatomedin-Hypothese besagt, daß diese zirkulierenden Substanzen die wachstumsfördernde Aktivität des Wachstumshormons vermitteln. Bisher ist es allerdings noch nicht gelungen, Somatomedine in ausreichenden Mengen zu isolieren und damit eindeutig zu beweisen, daß sie bei Tieren oder Menschen mit Wachstumshormonmangel das Wachstum zu fördern vermögen. Kürzlich wurde aus Schweden berichtet, daß das Wachstumshormon bei Ratten auch eine direkte wachstumsfördernde Wirkung auf die Knochen haben kann; möglicherweise regt es in bestimmten Knochenzellen die Somatomedinbildung an. Welche Rolle Wachstumshormon und Somatomedine bei der Wachstumsförderung spielen und ob es noch andere wichtige Wachstumsfaktoren gibt, sind Fragen, mit denen sich die weitere Forschung auseinanderzusetzen hat.

## Zukünftige Heilungsmöglichkeiten

Die Behandlung kleinwüchsiger Kinder, die an Wachstumshormonmangel leiden, ist in den fünfziger Jahren durch die Entdeckung revolutioniert worden, daß das Wachstumshormon artspezifisch ist und daß daher eine erfolgreiche Therapie nur mit menschlichem Wachstumshormon möglich ist. Den Anfang machte Beck, der an einem 13jährigen zwergwüchsigen Jungen die drastischen Stoffwechseleffekte des menschlichen Wachstumshormons aufzeigte. Anschließend wies Raben nach, daß das menschliche Wachstumshormon bei hypophysären Zwergen das Wachstum dauerhaft zu fördern vermag. Etwa eines von 5000 Kindern leidet an einem Wachstumshormonmangel, dem man erfolgreich zu Leibe rücken kann, wenn man mit der Behandlung früh genug beginnt. Es ist unbedingt erforderlich, daß diese Störung in jungen Jahren erkannt und behandelt wird: Wenn die Therapie einsetzt, bevor der Patient fünf Jahre alt ist, kann er später zu normaler Größe heranwachsen; beginnt die Behandlung jedoch erst im Alter von neun Jahren, können nur noch zwei Drittel der Längendifferenz zur Normalgröße ausgeglichen werden. Da man das Wachstumshormon bis vor kurzem ausschließlich aus den Hypophysen Verstorbener gewonnen hat, stand es nur in sehr begrenzter Menge zur Verfügung. Doch glücklicherweise tritt der durch Wachstumshormonmangel verursachte Zwergwuchs nur selten auf, so daß die Versorgung der Patienten mit diesem Hormon trotzdem in den meisten Fällen sichergestellt war. In neuerer Zeit ist dieses Gleichgewicht zwischen Angebot und Nachfrage durch zwei Dinge ins Wanken gekommen. Zum einen hat man entdeckt, daß auch viele andere kleinwüchsige Kinder, die nicht an Wachstumshormonmangel leiden, auf eine Behandlung mit diesem Hormon positiv ansprechen, und zum anderen verdanken wir den neuen Techniken der Gentechnologie, daß sich das menschliche Wachstumshormon heute im Labor durch Bakterien herstellen läßt.

Rudman und seine Mitarbeiter haben sich vor kurzem eingehend mit einer Gruppe „normal" kleinwüchsiger Kinder beschäftigt, deren Körpergröße zwar unterhalb des dritten Perzentils liegt, die aber keinerlei organische Ursache für ihre Kleinheit erkennen lassen; Radioimmunoassays erbringen bei ihnen unter solch provokativen Testbedingungen wie der insulininduzierten Hypoglykämie normale Blutwerte für das Wachstumshormon. 40 Prozent aller kleinwüchsigen Kinder, die unterhalb des dritten Perzentils liegen, zeigen dieses Phänomen. Nach Rudman weisen einige der Betroffenen niedrige Somatomedin C-Spiegel im Blut auf. Behandelt man sie mit menschlichem Wachstumshormon, beschleunigt sich ihr Wachstum; in einigen Fällen ähneln die Ergebnisse einer solchen Behandlung denjenigen, die man bei Kindern mit Wachstumshormonmangel erzielt. Demnach dürften insgesamt weit mehr kleinwüchsige Kinder für eine Therapie mit Wachstumshormon in Frage kommen, möglicherweise sogar jedes 500. Kind. Ob man diese Kinder allerdings überhaupt behandeln sollte, steht auf einem ganz anderen Blatt.

Glücklicherweise verfügen wir inzwischen über eine neue Quelle für menschliches Wachstumshormon. Mit gentechnologischen Methoden läßt sich in die Erbsubstanz des Bakteriums *Escherichia coli* jenes Gen einschleusen, das beim Menschen für Wachstumshormon codiert. Forscher an der Stanford-Universität und bei Genentech haben gezeigt, daß das von *E. coli* synthetisierte menschliche Wachstumshormon in seiner Stoffwechselaktivität der aus menschlichen Hypophysen gewonnenen Substanz entspricht. In ersten klinischen Tests werden derzeit kleinwüchsige Kinder mit diesem gentechnologisch erzeugten Wachstumshormon behandelt. Die Ergebnisse dieser Untersuchungen könnten durchaus die Tür zu neuen Therapieformen aufstoßen, die geeignet sind, von Zwergwüchsigkeit bedrohten Kindern zu normaler Größe zu verhelfen.

# Eine Therapie aus Toronto

Am 2. Dezember 1921 wurde der 13jährige Leonard Thompson in das Stadtkrankenhaus von Toronto eingewiesen. Der hagere, auffallend blasse Junge wog nur 65 Pfund, machte einen ermatteten Eindruck und hatte einen niedrigen Blutdruck. Blut- und Urintests ließen keinen Zweifel daran, daß die Ärzte einen schweren Fall von frühem jugendlichem *Diabetes mellitus* (Zuckerkrankheit) vor sich hatten. Man verordnete Thompson eine besondere Diät. Doch einen Monat nach seiner Einlieferung ins Krankenhaus verschlechterte sich sein Zustand plötzlich. Wohl keiner ahnte damals, daß er die Krankheit überleben und zum Mittelpunkt einer therapeutischen Revolution werden würde, deren Grundstein Monate vorher in der physiologischen Abteilung der Universität Toronto gelegt worden war.

Bisweilen gibt es in der Medizin bahnbrechende Momente, wenn im Labor gemachte Entdeckungen unmittelbar in die Praxis umgesetzt werden können. Unbewußt hatte Leonard Thompson solch einen günstigen Zeitpunkt und auch genau den richtigen Ort gewählt, um an seinem schweren Diabetes zu erkranken. Am 11. Januar 1922 wurde ihm ein Extrakt injiziert, der von Frederick Banting und Charles Best aus den Bauchspeicheldrüsen von Rindern gewonnen worden war. Die beiden Wissenschaftler hatten sich acht Monate lang im Labor von J. J. MacLeod bemüht, Insulin zu isolieren. Die Eintragung in Thompsons Krankenhausprotokoll war knapp und bündig: „15 ccm MacLeod-Serum, 7,5 ccm in jede Gesäßbacke." Das war alles, keine Fanfarenstöße, kein Hinweis darauf, daß man einen Markstein in der Geschichte der Medizin erreicht hatte.

Durch die Injektion sank der Blutzuckerspiegel von Leonard Thompson um etwa 25 Prozent. Bald darauf brachte ein noch wirksamerer Extrakt seinen Blutzucker fast auf den Normalwert. Die gespritzten Bauchspeicheldrüsenextrakte enthielten das Hormon Insulin, das damit erstmals für einen Behandlungsversuch am Menschen angewandt wurde. Dem jungen Patienten verordnete man anschließend eine Dauerbehandlung auf Insulinbasis. Dank dieser Therapie konnte er noch 14 Jahre lang ein relativ normales Leben führen, bevor er im Alter von 27 Jahren an einer Lungenentzündung starb. Die Einführung des Insulins in die klinische Praxis im Jahre 1922 bedeutete für Millionen von Diabetikern den entscheidenden therapeutischen Fortschritt. Sie alle verdanken ihr Leben der richtungsweisenden Forschung von Banting, Best und den vielen anderen Wissenschaftlern, die zur Isolierung und Reinigung des Insulins beigetragen haben. Wie hat man dieses Hormon in der Bauchspeicheldrüse bei Tieren entdeckt, und warum ließ die Entdeckung so lange auf sich warten?

# Die Entdeckung und Isolierung von Insulin

Die Zuckerkrankheit kannte man bereits im Altertum. Davon zeugen chinesische, hinduistische und griechische Schriften, die eine eindeutige klinische Beschreibung der Symptome liefern: übermäßiges Harnen, Durst und Mattigkeit. Um 100 vor Christus prägte der griechische Arzt Aretaios den Begriff *diabetes*, was soviel wie „hindurchgehen" bedeutet. Die Entdeckung, daß der Urin von Diabetikern süß schmeckt, verhalf der Krankheit dann zu der Bezeichnung *Diabetes mellitus*. Im 18. Jahrhundert wies Matthew Dobson in England nach, daß Urin und Blut von Diabetikern tatsächlich ungeheuer viel Zucker enthalten, und 1815 stellte Chevreul fest, daß es sich dabei um Glucose handelt.

Noch aber besaß man keinen Hinweis auf die Ursache der Zuckerkrankheit. Erst als man bei Patienten mit Verletzungen der Bauchspeicheldrüse die Beobachtung machte, daß sie *Diabetes mellitus* entwickelten, fiel der Verdacht auf dieses Organ. Die Bauchspeicheldrüse (Pankreas) liegt hinter dem Magen und ist über einen Gang mit dem Zwölffingerdarm (Duodenum) verbunden. Nach der Nahrungsaufnahme schüttet sie über diesen Bauchspeicheldrüsengang verschiedene Verdauungsenzyme in den Dünndarm aus. Die Bauchspeicheldrüse hat also insofern eine *exokrine Funktion*, als sie einen Teil ihrer Sekrete nach außen, in das Darmlumen, und nicht in den Blutstrom abgibt. Von dieser exokrinen Funktion der Bauchspeicheldrüse – der Sekretion von Verdauungssekreten in den Zwölffingerdarm – wußte man bereits im 17. Jahrhundert. Aber erst im späten 19. Jahrhundert entdeckte man, daß sie auch eine *endokrine Funktion* besitzt, zu der unter anderem die Ausschüttung von Insulin ins Blut gehört, um den Nahrungsstoffwechsel im Körper zu regulieren.

1869 beschrieb der junge deutsche Medizinstudent Paul Langerhans im Rahmen seiner Doktorarbeit die Struktur der Bauchspeicheldrüse und wies dabei auf einige ungewöhnliche, über die gesamte Bauchspeicheldrüse verteilte Zellhaufen hin. Er maß dieser Beobachtung jedoch keine größere Bedeutung bei, sondern hob lediglich hervor, daß jene Zellen völlig anders aussehen als die sonstigen Bauchspeicheldrüsenzellen. Der Gedanke, daß diese Langerhansschen Inseln, wie die Zellhaufen später genannt wurden, eine endokrine Funktion erfüllen, kam erst 24 Jahre später auf; Laguesse vermutete damals, daß die Zellen der Langerhansschen Inseln irgendein Sekret bilden, das den Ausbruch der Zuckerkrankheit verhindert. Diese erste Hypothese zur Existenz einer antidiabetischen Substanz basierte im wesentlichen auf den wichtigen Experimenten von Joseph von Mering und Oscar Minkowski, die zuvor ihre inzwischen klassische Studie über die Entwicklung von *Diabetes mellitus* bei Hunden nach Entfernung der Bauchspeicheldrüse veröffentlicht hatten.

Minkowski und von Mering interessierten sich ursprünglich für die Rolle der Bauchspeicheldrüse bei der Verdauung von Fetten. Doch als sie bei einem Hund dieses Organ sorgfältig entfernt hatten, kam es zu folgender überraschender Reaktion: Das Tier harnte plötzlich in stark erhöhtem Maße. Sie untersuchten den Urin und stellten zu ihrer Verwunderung fest, daß er große Mengen Zucker enthielt. Durch die Entfernung der Bauchspeicheldrüse hatten sie ganz unabsichtlich ein experimentelles Modell des

Bild 8.1: Der berühmte rumänische Physiologe Nicolas Paulesco entdeckte das Hormon Insulin in Bauchspeicheldrüsenextrakten, bevor es im Jahre 1921 durch Banting und Best isoliert wurde.

*Diabetes mellitus* geschaffen. Offenbar war die Drüse irgendwie für die Regulation des Blutzuckerspiegels verantwortlich. Nachdem auch andere bestätigt hatten, daß die Entfernung der Bauchspeicheldrüse bei Hunden und anderen Tieren Diabetes verursacht, begann die Suche nach dem mutmaßlichen Regulator des Blutzuckerspiegels – nach jener Substanz, die schließlich den Namen „Insulin" erhielt. Doch der Weg von der Laguesseschen Hypothese aus dem Jahr 1893, daß die Langerhansschen Inseln in der Bauchspeicheldrüse ein Sekret bilden, das – ans Blut abgegeben – den Blutzuckerspiegel reguliert, bis zur Isolierung des Insulins durch Banting und Best im Jahre 1921 war mehr als verschlungen.

Die meisten der zahlreichen früheren Versuche, Bauchspeicheldrüsenextrakte von Tieren so aufzubereiten, daß man sie Menschen zur Senkung des Blutzuckerspiegels injizieren konnte, waren aus dem einen oder anderen Grund fehlgeschlagen. Manche Forscher erzielten jedoch Ergebnisse, die den späteren Resultaten von Banting und Best schon recht nahe kamen. Das erste und sicher eigentümlichste Ereignis in diesem Wettstreit um das Insulin wurde um die Jahrhundertwende von dem talentierten französischen Physiologen Eugène Gley initiiert. Er stellte in den neunziger Jahren Bauchspeicheldrüsenextrakte mit Hilfe einer Methode her, die nahezu mit derjenigen identisch war, die Banting und Best später benutzten. Gley injizierte die Extrakte diabetischen Hunden und erreichte so eine beachtliche Verbesserung ihres klinischen Zustandes. Ihm waren also schon 25 Jahre vor dem Durchbruch in Toronto fast die gleichen Experimente gelungen, wie sie später Banting und Best durchführten. Aus völlig unersichtlichen Gründen weigerte sich Gley jedoch, seine Ergebnisse zu veröffentlichen; statt dessen versiegelte er sie in einem Paket, das er 1905 bei der Französischen Gesellschaft für Biologie mit der Auflage deponierte, es nur auf sein Verlangen hin zu öffnen. Das geschah, als er 1921 von Bantings und Bests Entdeckung erfuhr. Zweifellos hatte Gley als erster die antidiabetische Wirkung von Extrakten aus degenerierten Bauchspeicheldrüsen nachgewiesen und damit im Prinzip das Insulin entdeckt. Doch dürfte er seinerzeit die volle Tragweite seiner Ergebnisse nicht erkannt haben, denn er verfolgte seine Bauchspeicheldrüsenexperimente nicht weiter.

Der Rumäne Nicolas Paulesco war da von ganz anderem Schlage. Als Professor an der Medizinischen Fakultät in Bukarest hatte er bereits seit mehr als 20 Jahren wichtige Beiträge zur Physiologie der Hypophyse geliefert und eine geniale neurochirurgische Methode zur Entfernung der Hypophyse bei Tieren entwikkelt. 1916 entdeckte er, daß die Injektion von Bauchspeicheldrüsenextrakten bei diabetischen Hunden das Harnlassen vermindert. Nach Ende des ersten Weltkriegs stellte er Extrakte aus den Bauchspeicheldrüsen von Hunden und Rindern her, die bei diabetischen Hunden den Zuckergehalt von Blut und Urin senkten. Er wußte genau, was er tat, als er durch Pankreasextrakte eine schwere Hypoglykämie (Unterzuckerung) bei Hunden herbeiführte. Es gab keine Zweifel: Seine Extrakte enthielten Insulin. Der vollen Tragweite seiner Befunde bewußt, veröffentlichte Paulesco im August 1921 seine Ergebnisse – etwa sechs Monate, bevor die bahnbrechende Arbeit von Banting und Best über die Isolierung des Insulins erschien. Noch im selben Jahr versuchte Paulesco erstmals, Menschen mit Bauchspeicheldrüsenextrakten zu behandeln. Er wurde jedoch von der Gruppe aus Toronto überholt, die Insulin inzwischen so hochgradig gereinigt hatte, daß es beim Menschen anwendbar war.

Trotzdem hatte Paulesco eine hervorragende Leistung vollbracht, die in den Augen vieler ausgereicht hätte, um ihm 1923 den Nobelpreis einzubringen. Doch nur Banting und MacLeod wurden damals mit diesem höchsten Wissenschaftspreis ausgezeichnet. Die Entscheidung des Nobelpreiskomitees stieß nicht nur in Rumänien auf viel Unverständnis, weil Paulesco nicht berücksichtigt worden war, sondern auch in Toronto, denn Best, der die Experimente zur Isolierung von Insulin gemeinsam mit Banting in MacLeods Labor durchgeführt hatte, ging ebenfalls leer aus. Solche Ungerechtigkeiten sind ein immer wiederkehrendes Diskussionsthema, nicht nur bei der Verteilung der Nobelpreise, sondern bei sämtlichen Preisverleihungen, durch die wichtige Entdeckungen gewürdigt werden sollen. Häufig ist es sehr schwierig, genau zu entscheiden, wer wann was beigetragen hat.

Daß gerade Frederick Banting und Charles Best die Isolierung des Insulins gelingen würde, war nicht vorauszusehen; im Gegensatz zu Paulesco und MacLeod besaß keiner der beiden große experimentelle Erfahrung auf dem Gebiet der Physiologie. Sie begannen ihre Arbeit quasi aus dem Nichts, ohne sich der Schwierigkeit ihres Unternehmens voll bewußt zu sein. Auch den zahlreichen fehlgeschlagenen Versuchen der letzten 30 Jahre, Insulin aus Bauchspeicheldrüsenextrakten zu isolieren, schenkten sie nicht viel Beachtung.

Das Forschungsprojekt, das letztlich in der Entdeckung des Insulins gipfelte, nahm allerdings einen eher fragwürdigen Anfang. Banting hatte als ausgebildeter orthopädischer Chirurg 1920 versucht, sich in London in der kanadischen Provinz Ontario als praktischer Arzt niederzulassen. Da seine Praxis jedoch nicht sonderlich gut lief, arbeitete er zeitweise am Physiologischen Institut der Universität von West-Ontario. Als er dort eine Vorlesung über *Diabetes mellitus* vorbereitete, kam ihm die Idee, die sein Leben entscheidend verändern sollte. Er hatte den Verdacht, daß die bisherigen Mißerfolge bei der Isolierung von Insulin darauf beruhten, daß die Verdauungsenzyme aus dem exokrinen Teil der Bauchspeicheldrüse das Insulinmolekül während der Isolierungsprozedur zerstörten. Banting glaubte dies verhindern zu können, wenn er den Bauchspeicheldrüsengang in der Nähe des Zwölffingerdarms abband; aus kurz zuvor veröffentlichen Arbeiten wußte er, daß das Abbinden zur Degeneration des exokri-

Bild 8.2: Charles Best (links) und Frederick Banting (rechts) mit einem ihrer Versuchshunde. In der zweiten Hälfte des Jahres 1921 gelang es den beiden, Insulin aus der Bauchspeicheldrüse von gesunden Hunden zu isolieren und mit diesem Hormon diabetische Hunde am Leben zu halten. Ihr im Februar 1922 veröffentlichter Bericht über die Entdeckung und Reinigung des Insulins galt als Sensation.

nen Teils der Bauchspeicheldrüse führt und daß nur die Langerhansschen Inseln zurückbleiben, in denen er das gesuchte Insulin vermutete. Mit dieser Idee ging Banting zu MacLeod, der damals in Kanada der führende Physiologe auf dem Gebiet des Kohlenhydratstoffwechsels und ein anerkannter Experte des experimentellen Diabetes war. Obwohl MacLeod gewisse Zweifel hinsichtlich der Experimente hegte, die der vorwärtsstrebende junge Chirurg vorschlug, bot er Banting ein Labor in der medizinischen Abteilung der Universität Toronto an. Außerdem beauftragte MacLeod seinen Doktoranden Charles Best, Banting bei seinem Vorhaben zu assistieren.

Best war in einer kleinen Stadt im nördlichen Maine als Sohn eines Landarztes aufgewachsen. Im Alter von zwölf Jahren half er seinem Vater beim Anästhesieren und zeigte sich allgemein stark an medizinischen Fragen interessiert. Seine Tante, Anna Best, war zuckerkrank; ihr Tod durch ein diabetisches Koma hatte einen großen Einfluß auf Bests Entscheidung, eine Laufbahn in der medizinischen Forschung anzustreben. Im Mai 1921 startete er zusammen mit Banting den Versuch, Insulin zu isolieren. Dieses acht Monate dauernde Unternehmen brachte schließlich beiden internationale Anerkennung und eröffnete Millionen von Diabetikern die Chance, ein relativ normales Leben zu führen.

Die zwei jungen Wissenschaftler (siehe Bild 8.2) begannen ihre Forschungsarbeit unter erschwerten Bedingungen. Sie hatten kaum finanzielle Unterstützung und arbeiteten den ganzen heißen Torontoer Sommer rund um die Uhr. MacLeod weilte zu dieser Zeit in Schottland. Für Banting und Best wurde das Labor ihr Zuhause; sie schliefen dort und kochten sich ihr Essen über einem Bunsenbrenner. Mit der Zeit verbesserten sie die Verfahren zur Gewinnung der Bauchspeicheldrüsenextrakte und zur Messung des Blutzuckerspiegels bei den wenigen Versuchshunden, die ihnen zur Verfügung standen. Banting verkaufte sogar sein Auto, um Futter und anderes Material kaufen zu können. Die beiden Forscher kamen nur langsam voran; doch bis Ende Juli war es ihnen gelungen, nachzuweisen, daß ihre Extrakte tatsächlich eine Substanz enthielten, die den Blutzuckerspiegel bei diabetischen Hunden senkte. Als MacLeod im September aus Schottland zurückkehrte, stellte er erstaunt fest, daß die beiden jungen Wissenschaftler kurz vor einer außerordentlich wichtigen Entdeckung standen. Er steckte seine gesamten Forschungsmittel in das Projekt und ließ die Experimente so lange wiederholen, bis schließlich mehr als 75 erfolgreiche, mit verschiedenen Techniken durchgeführte Versuche belegten, daß Bauchspeicheldrüsenextrakte den Blutzuckerspiegel zu senken vermögen. Im November 1921 präsentierten sie an der Universität Toronto ihre Befunde erstmals der Öffentlichkeit; ihre umfassende Arbeit erschien dann im Februar 1922.

MacLeod sicherte sich nun die Unterstützung des Biochemikers J. B. Collip, um das Insulin so weit zu reinigen, daß es beim Menschen angewandt werden konnte. Die erste Insulintherapie eines zukkerkranken Patienten begann im Januar 1922; sie läutete eine neue Ära in der Behandlung des *Diabetes mellitus* ein. Nach und nach wurden viele neue Insulinpräparate entwickelt, die heute routinemäßig bei der Behandlung von Diabetikern eingesetzt werden. Die Großproduktion von gereinigtem Insulin aus den Bauchspeicheldrüsen von Schweinen und Rindern war der nächste Schritt, um die lebensrettende Diabetestherapie si-

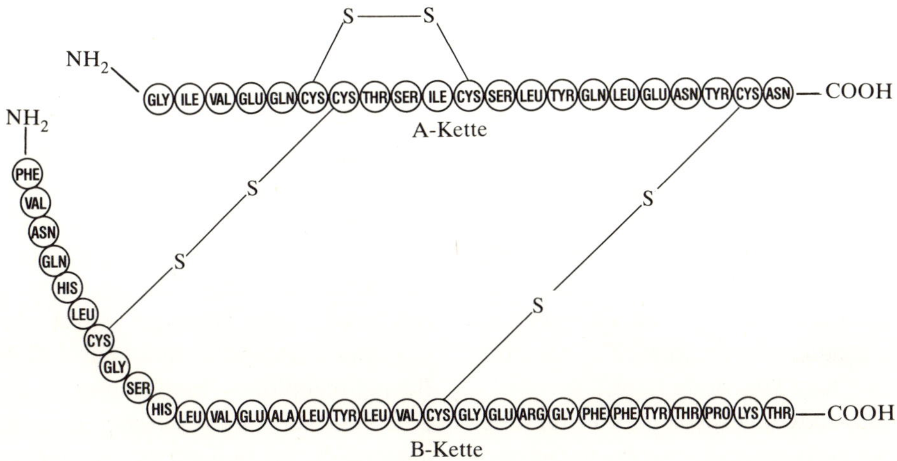


Human-Insulin

Bild 8.3: Menschliches Insulin wird in den Beta-Zellen der Langerhansschen Inseln, die sich über die gesamte Bauchspeicheldrüse verteilen, zunächst als Proinsulin synthetisiert. Anschließend wird das Proinsulin in Insulin überführt und dieses wiederum in sekretorische Granula verpackt. Das Insulin selbst besteht aus zwei Ketten von Aminosäuren, die über Disulfidbrücken verbunden sind.

cherzustellen. Die chemische Struktur des Human-Insulins (siehe Bild 8.3) wurde im Jahre 1953 vollständig aufgeklärt. Seit es mit Hilfe rekombinierter DNA möglich geworden ist, menschliches Insulin durch Bakterien synthetisieren zu lassen, hat sich für den klinischen Einsatz dieser Substanz eine neue Quelle aufgetan.

## Die Rolle des Insulins

Insulin ist das Speicherhormon schlechthin. Es sorgt dafür, daß der Körper Nährstoffe für magere Zeiten ansammelt, und kann daher als ein ideales Hormon für alle biologischen Arten gelten, die beim Kampf ums Überleben keinen dauernden Zugang zu Nahrungsquellen haben. Unter dem Gesichtspunkt der Evolution bringt es also enorme Vorteile, wenn ein Organismus in der Lage ist, Glucose als Glykogen, Aminosäuren als Proteine und Fettsäuren als Triglyceride zu speichern. Wissenschaftler, die sich mit dem Wirkungsspektrum, dem Wirkungsmechanismus und der Kontrolle des Insulins beschäftigen, haben ihr Hauptaugenmerk auf seine Rolle im Kohlenhydrat-, Eiweiß- und Fettstoffwechsel gelenkt. Ihre Erkenntnisse lehren uns, welchen Beitrag das Insulin zum Stoffwechselhaushalt des Körpers liefert.

Insulin ist ein kleines Peptidhormon, das die Bauchspeicheldrüse nach der Nahrungsaufnahme ins Blut abgibt. Über einen noch ungeklärten Mechanismus stimulieren Glucose und Aminosäuren in der Nahrung Synthese und Freisetzung des Insulins aus den Langerhansschen Inseln. Diese Zellhaufen besitzen eine komplexe Struktur (siehe Bild 8.4). Innen liegen die Beta-Zellen, welche das Insulin synthetisieren; sie bilden das Kernstück, das von glucagonproduzierenden Alpha-Zellen ringförmig umgeben und mit Delta-Zellen durchsetzt ist.

Die Delta-Zellen stellen Somatostatin her. Dieser Wirkstoff ist uns bereits als Hypothalamushormon begegnet, das die Sekretion von Wachstumshormon aus der Hypophyse hemmt. Das in den Langerhansschen Inseln gebildete Somatostatin dagegen dürfte eine direkte hemmende Wirkung auf Alpha- und Beta-Zellen ausüben. Glucagon, das Hormon der Alpha-Zellen, ist – wie wir noch genauer sehen werden – als Insulinantagonist von Bedeutung.

Wenn der Glucosespiegel im Blut steigt – etwa nach einem kohlenhydratreichen Essen –, reagieren die Beta-Zellen mit der Produktion von Insulin, das den Blutzucker wieder auf den Normalwert senkt; in dieser Phase wird die Glucagonbildung in den Alpha-Zellen unterdrückt. Während einer Fastenperiode wird umgekehrt der Insulinausstoß vermindert und die Glucagonabgabe verstärkt. Bei beginnendem juvenilem Diabetes, heute als Typ I-Diabetes bezeichnet, sind die Beta-Zellen in ihrer Funktion gestört und produzieren nicht genügend Insulin; daher erhöht sich der Glucosespiegel im Blut. Für einen normalen Stoffwechsel ist somit die volle Funktionstüchtigkeit der Langerhansschen Inseln unabdingbar.

Im Blut strömt das Insulin von der Bauchspeicheldrüse zu seinen wichtigsten Zielorganen: der Leber, der Muskulatur und dem Fettgewebe. Dort entfaltet das Insulin seine Wirkung, indem es sich wie andere Peptidhormone an Zelloberflächenrezeptoren bindet und dadurch eine Kaskade biochemischer Ereignisse auslöst, die schließlich zur Speicherung von Nährstoffen führt. Wie wir bereits wissen, kommt Insulin oder ein sehr ähnliches Molekül auch bei niederen Organismen wie Bakterien und Pilzen vor, ohne daß bisher bekannt ist, welche Funktion es dort erfüllt. Höher entwickelte Organismen haben dieses Molekül schlauerweise als Botenstoff eingesetzt, der von den Langerhansschen Inseln aus folgende Nachricht an Leber, Fettgewebe und Muskulatur übermittelt: Es ist Zeit,

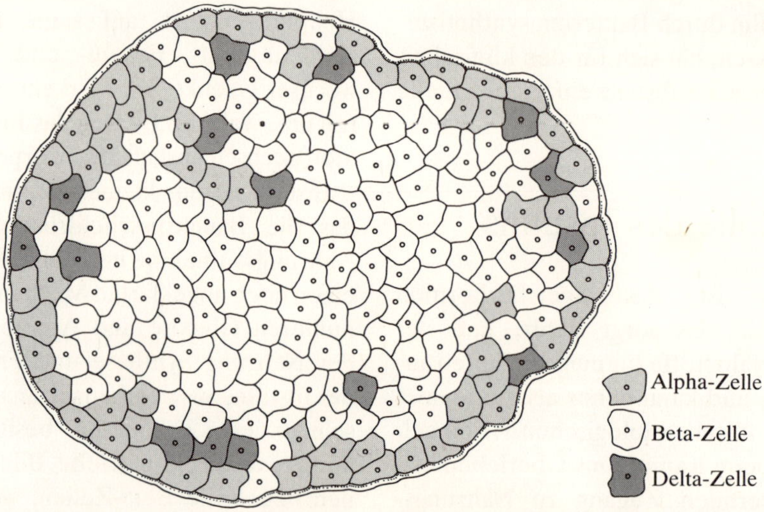


Bild 8.4: Eine Langerhanssche Insel – nach dem deutschen Pathologen Langerhans – in der Bauchspeicheldrüse baut sich aus drei Typen von Zellen auf. Am häufigsten sind die insulinbildenden Beta-Zellen. Sie werden von Alpha-Zellen eingefaßt, die Glucagon synthetisieren. Die vereinzelt auftretenden Delta-Zellen stellen Somatostatin her, das auch von hypothalamischen Neuronen produziert wird.

Nährstoffdepots für magere Zeiten anzulegen. Für unseren Körper gilt das in Bild 8.5 dargestellte Wirkungsschema: Insulin reguliert an den drei Zielorganen ein fein abgestimmtes biochemisches Wirkungsgefüge, das die Vorratshaltung für den gesamten Körper koordiniert. Wir wollen jedes dieser Zielorgane im folgenden etwas genauer betrachten. Dabei werden wir einen Blick in das Innere der Zellen tun und alle Ecken und Winkel auf intrazelluläre Botenstoffe, Enzymkaskaden und mitochondriale Übertragungsketten absuchen, um herauszubekommen, auf welche Weise ein Molekül wie Insulin einen so ungeheuren Einfluß auf die Stoffwechsellage des Körpers ausüben kann.

Wir wollen mit der Leber beginnen, dem ersten Wirkungsort des Insulins, nachdem es die Bauchspeicheldrüse verlassen hat. Unser Interesse gilt zunächst den insulinspezifischen Bindungsstellen auf der Oberfläche der Leberzellen. Eine Fülle von Beweisen spricht dafür, daß es dort tatsächlich Rezeptoren mit hoher Affinität für Insulin gibt. Höchstwahrscheinlich setzt der Wirkungsmechanismus des Insulins an der Zelloberfläche an, indem das Hormon mit seinem Rezeptor in Wechselwirkung tritt. Darüber hinaus weiß man über den Mechanismus nur wenig. Bekannt ist allerdings, daß cyclo-AMP – anders als bei den meisten Peptidhormonen – nicht beteiligt ist. Welche Verbindung aber dem Insulin als intrazellulärer Bote dient, ist nach wie vor ungewiß; viele Substanzen sind schon als Kandidaten angeführt und wieder fallengelassen worden, beispielsweise cyclische Nucleotide, Calciumionen und andere intrazelluläre Komponenten. In neuester Zeit hat man ein Peptid von ge-

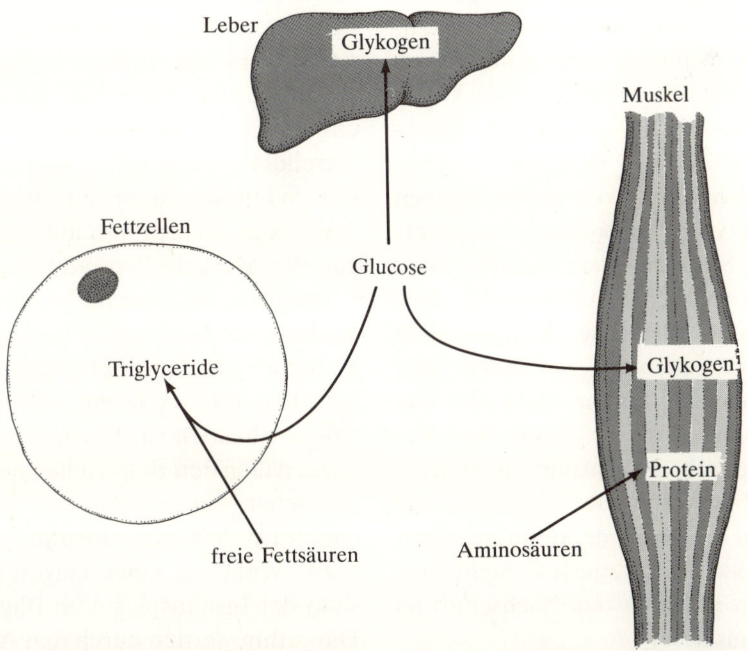


Bild 8.5: Insulin reguliert die Speicherung von Brennstoffen an drei verschiedenen Stellen im Körper. In Leber und Muskel wird Glucose in Form des Kettenmoleküls Glykogen gespeichert; in Fettzellen werden Fettsäuren als Triglyceride, in Muskelzellen Aminosäuren als Proteine deponiert.

ringem Molekulargewicht als möglichen *second messenger* für das Insulin identifiziert, doch es bedarf noch etlicher Untersuchungen, um diesen Befund zu erhärten. Vorerst müssen wir uns mit der Vorstellung begnügen, daß Insulin höchstwahrscheinlich ähnlich wie andere Peptidhormone wirksam wird: Das heißt, es bindet sich an einen Membranrezeptor auf der Zelloberfläche und regt dadurch die Bildung eines intrazellulären Botenstoffes an; dieser wiederum löst eine ganze Kaskade chemischer Reaktionen aus, die sozusagen die ursprüngliche hormonelle Anweisung in die Tat umsetzen. Im Falle der Leber besteht sie in der Speicherung von Glucose als Glykogen und von Fettsäuren als Triglyceriden sowie in der Verwertung von Glucose für die Neusynthese von Fettsäuren.

Der Einfachzucker Glucose ist ein Brennstoff, ohne den das Gehirn nicht arbeiten kann. Leber und Muskelgewebe stellen diesen Stoff für das Gehirn bereit, wenn in der Nahrung nicht genug davon enthalten ist. Die Synthese von Glykogen aus Glucose und die umgekehrte Reaktion, der Abbau von Glykogen zu Glucose, werden jeweils von einem eigenen Satz an Enzymen kontrolliert. In den ersten zwölf Stunden einer Fastenperiode und bei körperlicher Anstrengung wird die benötigte Glucose hauptsächlich durch Glykogenabbau gewonnen. Die Geschichte hat offenbar Methode: Die Koordination all dieser chemischen Reaktionen durch das Insulin dient dem Zweck, Nährstoffe wie Glykogen und Fett in den Zellen zu deponieren, damit dem Körper der Brennstoff nicht ausgeht, wenn plötzlich der Nachschub an Nahrung ausbleibt.

Insulin steuert auch die Speicherung von Triglyceriden in den einzelnen Zellen des Fettgewebes. Und wieder läuft das gleiche Schema ab: Das Insulin bindet sich an einen Membranrezeptor von hoher Affinität und setzt dadurch die Bildung eines intrazellulären Boten in Gang. Zweifellos handelt es sich dabei um den gleichen geheimnisvollen *second messenger*, der auch die Speicherung von Nährstoffen in den Zellen von Leber und Muskelgewebe kontrolliert. Innerhalb der Fettzelle löst der noch unbekannte Botenstoff eine wohlkoordinierte chemische Reaktionsfolge aus, die zur Umwandlung von Fettsäuren in Triglyceride führt. Insulin spielt also mit Sicherheit eine entscheidende Rolle bei der Speicherung von Triglyceriden; alles ist darauf abgestimmt, Fettdepots aufzubauen, auf die als Brennstofflager zurückgegriffen werden kann, wenn die Nahrung knapp wird.

In den Muskelzellen schließlich stimuliert Insulin die Aufnahme von Glucose und seine Speicherung als Glykogen. Außerdem regt es die Proteinsynthese an und hemmt den Abbau von Proteinen zu Aminosäuren. Auch hier laufen sämtliche Fäden des Programms bei einem intrazellulären Botenstoff zusammen, dessen Synthese durch die Bindung des Insulins an Rezeptoren auf der Oberfläche der Muskelzellen induziert wird.

Insulin ist ein Speicherhormon, das die Bildung von Glykogen-, Triglycerid- und Proteindepots in Leber-, Fett- und Muskelzellen fördert, wenn reichlich Nahrung vorhanden ist. Essen führt indirekt dazu, daß in den Beta-Zellen der Langerhansschen Inseln, die zur Bauchspeicheldrüse gehören, Insulin produziert wird. Während eines längeren Fastens sinkt der Insulinspiegel im Blut stark ab. Daraufhin werden durch den Abbau von Glykogen, Triglyceriden und Proteinen Glucose, Fettsäuren und Glycerin sowie Aminosäuren bereitgestellt. All diese kleinen Bausteine dienen als Brennstoffe, um den Körper funktionsfähig zu erhalten, bis neue Nahrung zur Verfügung steht. Zur Zuckerkrankheit kommt es, wenn die Beta-Zellen defekt sind oder wenn das Insulin an seinen Zielorganen nicht richtig wirksam werden kann.

## Der Fastende aus Malta

Am 10. April des Jahres 1912 marschierte der berühmte Mister L. in das Stoffwechsellabor des Carnegie-Instituts, um unter Aufsicht von Doktor Francis Benedict mit einem 31 Tage dauernden Fasten zu beginnen. Dieses Unternehmen sollte zu einer klassischen Publikation führen, die sich eingehend mit den Folgen eines Dauernahrungsentzugs für den Stoffwechsel auseinandersetzt. Mister L., ein 40 Jahre alter Rechtsanwalt, hatte in seinem Heimatland Malta die Society of Psychical Studies and Research gegründet, eine Gesellschaft, die im Fasten eine Behandlungsmethode für allerlei Leiden sah. Mister L. selbst hatte bereits beachtliche Erfahrung mit dem kontrollierten Hungern. Die Vorstellung, daß ein Rechtsanwalt seinen Körper der medizinischen Forschung widmet, dürfte an den Vorurteilen rütteln, die man aufgrund des heute üblichen Gerangels zwischen Medizinern und Juristen vor Augen hat, doch war damals eine andere Zeit und Mister L. sicherlich eine andere Art von Rechtsanwalt.

Der erste war er allerdings keineswegs, der an den therapeutischen Wert des Fastens glaubte. In vielen verschiedenen religiösen Sekten ist das Fasten fester Bestandteil der Religionsausübung. Bereits im alten Griechenland galt es als probates Mittel, um Visionen zu erzeugen und mit übernatürlichen Kräften in Kontakt zu treten. Im 19. Jahrhundert erschien eine Flut von Büchern und medizinischen Veröffentlichungen, die über die Auswirkungen längeren Fastens berichteten. Doch die ausführliche Studie, die Benedict während der 31tägigen Fastenzeit von Mister L. unternahm, schuf erstmals ein wissenschaftliches Fundament, auf dem man die Stoffwechselfolgen eines solchen Nahrungsentzugs verstehen konnte. Mister L. nahm während der 31 Tage keinerlei Nahrung zu sich; in dieser Zeit maßen Benedict und eine Schar von technischen Assistenten sämtliche organischen und anorganischen Abbauprodukte, für die geeignete Tests zur Verfügung standen. Außerdem überwachten sie in kurzen Zeitintervallen den Sauerstoffverbrauch und die $CO_2$-Produktion von Mister L. und stellten eingehende Untersuchungen zum Stoffwechselgleichgewicht an. Hierzu benutzten sie einen eigens für diesen Zweck konstruierten großen Apparat, ein sogenanntes Ganzkörperkalorimeter.

Nach Benedicts Aufzeichnungen baute Mister L.s Körper während der ersten Fastentage sämtliche Kohlenhydratdepots ab. Die übrige Zeit lebte er von den Fett- und Proteinvorräten, wobei das Fett etwa 85 Prozent und die Proteine die restlichen 15 Prozent seines täglichen Kalorienbedarfs abdeckten. Mister L.s Körpergewicht fiel von 120 auf 94 Pfund. Sein täglicher Kalorienbedarf, der anfangs bei 1600 Kalorien lag, war am Ende der Fastenzeit auf ungefähr 1300 Kalorien gesunken. Die Stickstoffmenge, die er pro Tag über den Harn ausschied, nahm mit der Zeit immer mehr ab; offenbar wurde der Abbau der aus den Proteinen stammenden Aminosäuren zunehmend gedrosselt. Während längeren Fastens braucht der Körper also als erstes die Glykogendepots auf, reduziert den

Endabbau der Proteine auf ein Minimum und verwertet die Fettvorräte als primäre Energielieferanten. Ein Blick auf Tabelle 8.1 zeigt, warum der Körper diese Strategie gewählt hat: Das meiste Brennmaterial ist im Fettgewebe gespeichert. Außerdem müssen die Körperproteine größtenteils für lebensnotwendige strukturelle, mechanische und enzymatische Funktionen im Muskel und in anderen Geweben zur Verfügung stehen. Es ist daher ökonomisch am sinnvollsten, das Protein für diese Funktionen aufzuheben, anstatt es als Brennstoff zu nutzen.

Die Bereitstellung von Energieträgern für den Betriebsstoffwechsel während einer Fastenzeit unterliegt einer hormonellen Steuerung, bei der das Insulin die zentrale Rolle spielt. Wie wir gesehen haben, liegt die fundamentale Bedeutung des Insulins für den Stoffwechsel darin, daß es die Speicherung von Nährstoffen in Form von Glykogen, Triglyceriden und Proteinen fördert. Der drastische Abfall des Insulinspiegels im Blut bei längerem Fasten gibt quasi die zuvor angelegten Nährstoffspeicher frei. Gleichzeitig nehmen die gegenregulierenden Hormone, die die Bildung von Glucose in den Leberzellen anregen, im Blut zu: Glucagon aus den Alpha-Zellen der Langerhansschen Inseln, Wachstumshormon und ACTH aus der Hypophyse sowie Cortisol und Adrenalin aus der Nebenniere. Diese Hormone wirken als Insulinantagonisten und fördern die Spaltung der ge-

**Tabelle 8.1: Körperbrennstoffe eines durchschnittlich großen Menschen**

| Quelle | Gewicht in Kilogramm | Kalorien | prozentualer Anteil |
|---|---|---|---|
| Fett | 15,0 | 141 000 | 85,0 |
| Protein | 6,0 | 24 000 | 14,0 |
| Glykogen | 0,225 | 900 | 0,5 |

**Tabelle 8.2: Glucose- und Hormonspiegel im Blutserum während längerer Fastenperioden**

| Dauer des Fastens in Tagen | Glucosegehalt in Milligramm pro Deziliter | Insulingehalt in Mikroeinheiten pro Milliliter* | Glucagongehalt in Picogramm pro Milliliter | Wachstumshormongehalt in Nanogramm pro Milliliter |
|---|---|---|---|---|
| 0 | 96 | 13,5 | 139 | 0,7 |
| 5 | 63 | 2,9 | 222 | 2,9 |
| 12 | 74 | 5,3 | 162 | 4,1 |
| 19 | 71 | 2,6 | 249 | 8,0 |
| 26 | 77 | 1,5 | 328 | 9,9 |
| 33 | 76 | 1,3 | 728 | 3,1 |

*Eine Insulineinheit entspricht etwa 41,7 Mikrogramm.

speicherten Nährstoffe in energiereiche Verbindungen, die im Blut zirkulieren und vom Gehirn, von den Muskeln und von anderen Geweben zur Deckung des Kalorienbedarfs und zur Aufrechterhaltung des Betriebsstoffwechsels verbrannt werden können. Diese komplizierten Vorgänge sind in Tabelle 8.2 und in Bild 8.5 veranschaulicht: Insulin und die gegenregulierenden Hormone dirigieren das Zusammenspiel zwischen Leber-, Muskel- und Fettgewebe, um den Körper während eines längeren Nahrungsentzugs mit den nötigen Brennstoffen, Glucose und Ketonkörpern, zu versorgen.

## Das Problem der Hypoglykämie

Wenn man die Welt aus dem engen Blickwinkel eines Endokrinologen betrachtet, so scheinen wir heutzutage Zeugen einer regelrechten Hypoglykämie-Epidemie zu sein. Unter Hypoglykämie versteht man das Absinken des Blutzuckerspiegels unter den Normalwert und die darauf beruhenden Krankheitszeichen. Davon betroffene Patienten entwickeln neben anderen ungewöhnlichen Symptomen zentralnervöse Störungen, die sich in Persönlichkeitsveränderungen, Anfällen und ans Bizarre grenzenden stereotypen Verhaltensweisen ausdrücken. Es scheint ein Grundzug unserer modernen Welt zu sein, daß die Leute immer einen Sündenbock greifbar haben müssen, den sie für all ihre merkwürdigen Symptome und Verhaltensweisen verantwortlich machen können und der eine legitime Erklärung für das Unerklärbare liefert. Zur Zeit ist die Hypoglykämie an der Reihe, um den vielfältigen Wehwehchen und Verhaltensstörungen einen Namen zu geben. Diagnostische Modetendenzen kommen und gehen wie Vorlieben beim Essen; sie verblassen immer wieder, sobald die heranwachsende Generation Mythen, Dogmen und Lebensstil der Elterngeneration ablehnt. Daß heute so oft die Hypoglykämie als Ursache für die seltsamsten Störungen diagnostiziert wird, ist in erster Linie auf eine unverständliche Nachlässigkeit der Ärzteschaft zurückzuführen. Wie immer, so wird auch im Falle unseres hypoglykämischen Zeitalters die Zeit die Wahrheit an den Tag bringen.

Natürlich gibt es auch echte Fälle von Hypoglykämie, doch sind sie äußerst selten. Echte Hypoglykämie rührt häufig von Tumoren her, entweder von Inselzelltumoren der Bauchspeicheldrüse, die zuviel Insulin herstellen, oder von Tumoren an anderen Stellen im Körper, die Substanzen mit insulinähnlicher Wirkung produzieren. All diese Hypoglykämie auslösenden Tumoren treten nur selten auf. Hypoglykämie kann aber auch entstehen, wenn die Glucosebildung in der Leber gestört ist. Als Ursachen hierfür kommen bestimmte Anomalien innerhalb der Leber oder das Fehlen gegenregulierender Hormone wie Cortisol oder Wachstumshormon in Frage. Neben Insulin können auch einige andere Wirkstoffe Hypoglykämie verursachen. Alles in allem sind jedoch die Voraussetzungen für eine echte Hypoglykämie nur selten erfüllt; im täglichen Leben wird man kaum einmal auf diese Krankheit stoßen, es sei denn bei Patienten, die unter Insulintherapie stehen.

## Die Zuckerkrankheit

Die Isolierung des Insulins durch Banting und Best löste eine Welle der Begeisterung aus. Angespornt durch die Aussichten auf eine erfolgreiche Behandlung der Zuckerkrankheit *Diabetes mellitus* wurden neue Methoden zur Reinigung des Insulins entwickelt und neuartige Insulinpräparate in die Praxis eingeführt. Eliot Joslin, der in Boston eine berühmte Diabetesklinik einrichtete, vertrat zusammen mit einigen anderen Kollegen die Meinung, daß durch eine strenge Kontrolle des Blutzuckerspiegels einige der Spätfolgen der Zuckerkrankheit wie Erblinden und Nierenversagen zu verhindern seien. Ein gefürchtetes Stadium der Erkrankung ist die *diabetische Ketoacidose*, die bei chronischem Insulinmangel auftreten und zu Koma und Tod führen kann. Als es gelang, sie therapeutisch besser in den Griff zu bekommen, erhöhte sich unmittelbar die Lebenserwartung von Patienten, die an der schweren Verlaufsform der Zuckerkrankheit litten.

Es ist heute immer noch ungewiß, ob eine Insulintherapie Spätkomplikationen zu verhindern vermag. Damit haben wir eines der Kernprobleme vor uns, mit denen sich Diabetologen in der ganzen Welt heute beschäftigen. Sind die Spätfolgen eines *Diabetes mellitus* – Zerstörung der Netzhaut, Nierenversagen, beschleunigte Atherosklerose mit Schädigung von Herz und Nervensystem – auf den erhöhten Blutzuckerspiegel zurückzuführen? Bevor wir diese Frage zu beantworten versuchen, wollen wir uns einen kurzen Überblick über die Ursachen von *Diabetes mellitus* und über die Natur der Spätfolgen dieser Krankheit verschaffen.

Die Bezeichnung *Diabetes mellitus* wird auf mehrere verschiedene Erkrankungsformen angewandt, deren gemeinsames Merkmal ein erhöhter Blutzuckerspiegel ist. Die Diagnose fällt nicht schwer: Man legt nach der abendlichen Mahlzeit eine Nahrungspause bis zum nächsten Morgen ein und läßt sich nüchtern eine Blutprobe entnehmen; liegt dann der Blutzuckerspiegel bei 140 Milligramm pro Deziliter oder darüber, ist man zuckerkrank.

Die Diabetologie unterscheidet zwei Haupttypen der Zuckerkrankheit. Den ersten Typ nennt man *insulinabhängigen Diabetes mellitus* oder einfach Typ I-Diabetes; man findet ihn vorwiegend bei Kindern und Jugendlichen. Er ist durch niedrige Insulinwerte im Blut gekennzeichnet und macht eine Insulintherapie absolut notwendig. Ohne Behandlung entwickelt der Typ I-Diabetiker neben einer Hyperglykämie (einem erhöhten Blutzuckerspiegel) auch eine Ketoacidose, eine lebensbedrohende Überproduktion von Ketonkörpern. Normalerweise werden Ketonkörper bei Hunger in geringen Mengen gebildet, um den Hirn- und Muskelzellen als Brennstoff zu dienen. Ihre Synthese aus Fettsäuren in der Leber wird beim Stoffwechselgesunden durch die Bauchspeicheldrüsenhormone Insulin und Glucagon reguliert. Wenn aber – wie bei dem Typ I-Diabetes – der Insulinspiegel sehr niedrig und der Glucagonspiegel hoch ist, läuft die Ketonkörperproduktion in der Leber auf vollen Touren. Ohne Insulin könnte ein Typ I-Diabetiker nicht lange überleben, und es ist sicherlich in erster Linie der Kreis dieser Zuckerkranken, der aus der Entdekkung und Reinigung des Insulins den größten Nutzen gezogen hat.

Den zweiten Typ der Zuckerkrankheit nennt man *nicht insulinabhängigen Diabetes mellitus* oder Typ II-Diabetes. Während beim Typ I der niedrige Insulinspiegel offensichtlich darauf beruht, daß aufgrund von Immunreaktionen oder Virusinfektionen die Beta-Zellen geschädigt sind, sieht die Situation beim Typ II-

Diabetes komplizierter aus. Er tritt in der Regel bei über 40jährigen auf (daher auch Altersdiabetes genannt) und ist durch Insulinresistenz der Zielgewebe sowie durch Funktionsstörungen der Beta-Zellen in der Bauchspeicheldrüse gekennzeichnet. Typ II-Diabetiker entwikkeln keine Ketoacidose, wenn sie nicht mit Insulin behandelt werden. Ihre Blutzuckerspiegel sind aber in unterschiedlichem Ausmaß überhöht. Verschärfend tritt in vielen Fällen Fettleibigkeit hinzu. Durch Einhaltung einer strengen Diät kann jedoch das Normalgewicht wieder erlangt werden, wodurch sich der Gesamtzustand drastisch verbessert. Viele Typ II-Diabetiker können ihre Krankheit nicht nur ohne Insulin, sondern auch ohne orale Antidiabetika beherrschen lernen.

Zu *Diabetes mellitus* kommt es außerdem, wenn die Bauchspeicheldrüse schweren Schaden erleidet, wie beispielsweise bei Pankreatitis (Pankreasentzündung) oder Hämochromatose („Eisenspeicherkrankheit"). Und natürlich entwickelt sich die Zuckerkrankheit auch, wenn die Bauchspeicheldrüse aus irgendeinem Grund operativ entfernt werden mußte. Einige Medikamente können ebenfalls *Diabetes mellitus* verursachen, entweder indem sie eine Insulinresistenz fördern oder indem sie die Abgabe von Insulin aus der Bauchspeicheldrüse hemmen. Es gibt also, kurz gesagt, viele Möglichkeiten, zuckerkrank zu werden.

Wenn es bei der Behandlung der Zukkerkrankheit lediglich darum ginge, den Blutzuckerspiegel so einzuregulieren, daß auf der einen Seite ein hyperglykämisches Koma und auf der anderen hypoglykämische Insulinreaktionen ausgeschlossen werden, dann würde diese Krankheit weit weniger klinische Probleme aufwerfen, und die Lebenserwartung der meisten Diabetiker wäre wohl der der Allgemeinbevölkerung vergleichbar. Leider bringt die Erkrankung jedoch negative Begleiterscheinungen an Blutgefäßen und Nerven mit sich, die den Allgemeinzustand des Diabetikers ernsthaft beeinträchtigen. Mit zunehmender Dauer der Krankheit werden die kleinen Blutgefäße in den Augen, den Nieren und an anderen Körperstellen immer enger; nach vielen Jahren können diese Veränderungen zu vermindertem Sehvermögen, Verschlechterung der Nierenfunktion sowie mangelnder Durchblutung der Extremitäten führen. Oft beschleunigt sich bei Diabetes die Atherosklerose, die schließlich auch die großen Blutgefäße des Körpers erfaßt. Wenn diese durch die Ablagerung von atherosklerotischen Plaques zunehmend verengt werden, kann sich die Durchblutung von Herz, Gehirn und Beinen sowie von anderen Organsystemen dramatisch verschlechtern. Schließlich führt Diabetes auch zu Schädigungen von autonomen, peripheren und sensorischen Nerven. All diese Komplikationen, die Blutgefäßsystem und Nervensystem betreffen, machen die Therapie eines Diabetikers zu einer ausgesprochen heiklen Aufgabe, die von Patient und Arzt die allerhöchste Sorgfalt verlangt.

Die meisten Diabetesspezialisten vertreten heutzutage die Arbeitshypothese, daß die in Verbindung mit der Zuckerkrankheit auftretenden Blutgefäß- und Nervenschädigungen eine direkte Folge des erhöhten Blutzuckerspiegels sind. Könnte der Blutzuckerspiegel so genau kontrolliert werden, wie es bei einem Nichtdiabetiker mit normal funktionierenden Beta-Zellen der Fall ist, würden die Blutgefäße und die Nerven keinen Schaden nehmen. Diese Hypothese ist keineswegs bloß eine Marotte wohlmeinender Ärzte und Wissenschaftler, die sich mit dem Problem Diabetes beschäftigen. Gut fundierte Untersuchungen an Tieren stützen diese Theorie. Diabetische Ratten entwickeln beispielsweise Nierenerkrankungen, die völlig verschwinden, wenn die Tiere durch Bauchspeicheldrüsentransplantate nichtdiabetisch gemacht werden. Die Erkrankung der Niere endet ebenfalls, wenn man das Organ von der diabetischen Ratte in eine gesunde Ratte verpflanzt. Außerdem läßt sich durch genaue Einstellung des Blutzuckerspiegels auch die Nervenleitung bei diabetischen Ratten drastisch verbessern. Untersuchungen am Menschen haben dagegen widersprüchliche Ergebnisse erbracht: In einigen Fällen führte eine strenge Blutzuckerkontrolle tatsächlich zu einer Verbesserung der Nierenfunktion und des Sehvermögens; doch geht aus verschiedenen neueren Berichten hervor, daß sich bei dieser Behandlung die Sehleistung sogar vorübergehend verschlechtern kann.

Dank der gerade in jüngster Zeit erzielten technischen Fortschritte verfügt man heute über Methoden, die die Blutzuckerkontrolle erheblich erleichtern; dazu gehören Meßgeräte zur Blutzuckerselbstkontrolle und teure tragbare Insulininfusionspumpen. Doch keines der Verfahren erreicht die Präzision, mit der die Bauchspeicheldrüse eines gesunden Menschen den Blutzuckerspiegel reguliert. Erst wenn wir Apparate entwickelt haben, die die Kontrollfunktion der Bauchspeicheldrüse exakt simulieren, könnten wir Zeugen der nächsten therapeutischen Revolution werden: Mit der konstanten Einstellung normaler Blutzuckerwerte hätten dann die lebensbedrohenden Spätfolgen des *Diabetes mellitus* ein Ende. Für die Therapie der Zuckerkrankheit, die mit der Entdekkung und der Reinigung des Insulins begann, hätte sich dann der Kreis geschlossen; den *Diabetes mellitus*, wie wir ihn heute kennen, gäbe es nicht mehr. Zur Zeit sind etwa zehn Millionen US-Amerikaner von der Zuckerkrankheit betroffen. Über die erfolgreiche Behandlung hinaus könnte aber ein tieferes Verständnis der Ursachen der verschiedenen Diabetestypen auch den Ausbruch dieser Krankheit verhindern helfen. Therapeutische und präventive Fortschritte dieser Art kommen jedoch nicht von ungefähr; sie bedürfen einer kontinuierlichen und finanziell großzügig unterstützten Forschungsarbeit.

# Gebeine und Steine

Nachdem Unteroffizier Charles Martell 1916 die Massachusetts Nautical School als Bester seiner Klasse abgeschlossen hatte, trat er als Kapitän in die Dienste der US-Handelsmarine. Zur Zeit des Waffenstillstands, im November 1918, war er 1,85 Meter groß und stand am Anfang eines geradezu heroischen Kampfes gegen eine neue und ungewöhnliche Knochenerkrankung, die ihm zahlreiche Krankenhausaufenthalte, sieben Operationen und eine Fülle von unwirksamen medikamentösen Behandlungen bescheren sollte. 14 Jahre lang hatte er sich mit diesem Leiden herumzuschlagen. Wie so häufig bei chronischen Erkrankungen begann die Krankheit schleichend. Als erste Symptome traten Schmerzen im Rücken und in den Beinen auf; dann begann Kapitän Martell unaufhaltsam zu schrumpfen: Zwischen 1918 und 1926 verlor er 17 Zentimeter.

Bild 9.1: Kapitän Martell, als 1918 erste Symptome von Hyperparathyreoidismus bei ihm auftraten.

Zusätzlich entwickelte er eine Hühnerbrust, und mit seinem Harn ging weißer Grieß ab. Es folgten mehrere unerwartete Knochenbrüche an Knien und Armen, und die zahlreichen Ärzte, die er konsultierte, stellten alle falsche Diagnosen. Der Kapitän ging buchstäblich aus dem Leim. Ein ungewöhnlicher Prozeß machte sich an seinen Knochen zu schaffen und ließ allmählich sein Skelett zerbröckeln. Er mußte sich verschiedenen untauglichen Behandlungen unterziehen, die unter anderem auf bestrahlte Milch, Adrenalin, vegetarische Diät und die Heilkraft des Sonnenlichtes zurückgriffen. Doch es half alles nichts!

Schließlich landete Martell im Bellevue Hospital von New York, wo er das Glück hatte, auf Doktor Eugène DuBois zu treffen. Dieser Arzt brachte seinem Fall ein außergewöhnliches Interesse entgegen. Er entdeckte zunächst, daß die Calciumwerte im Blut von Kapitän Martell sehr hoch waren. Eine Untersuchung des Calciumhaushaltes seines Patienten ergab, daß er mehr Calcium ausschied, als er mit der Nahrung aufnahm. Aufgrund dieser Stoffwechselanomalien und vorangegangener Untersuchungen an normalen Personen, denen am Massachusetts General Hospital parathormonhaltige Extrakte verabreicht worden waren, folgerte DuBois, daß Kapitän Martell an einer Überproduktion des Parathormons litt. Er bezeichnete diesen Zustand als *Hyperparathyreoidismus*. Damit war in den USA diese Diagnose zum ersten Mal gestellt worden.

Etwa zur gleichen Zeit entdeckte in Wien der Chirurg Felix Mandl bei einem Patienten einen ähnlich schweren Knochenabbau. Als Mandl diesen Patienten operierte, legte er an einer der beiden Nebenschilddrüsen einen bösartigen Tumor frei. Nachdem er die Geschwulst entfernt hatte, erholte sich sein Patient bemerkenswert schnell. Bei Kapitän Martell, der insgesamt sechs Mal im Halsbereich operiert wurde, war man nie auf solch einen Nebenschilddrüsentumor gestoßen. Martell gab aber nicht auf und stellte sich noch weiteren Untersuchungen zur Verfügung. Außerdem las er alles über Hyperparathyreoidismus und die Anatomie der Nebenschilddrüsen, was ihm in die Hände fiel. Aus seinen anatomischen Recherchen zog er letztlich den Schluß, daß er einen Nebenschilddrüsentumor in einer ungewöhnlichen Lage haben mußte. Normalerweise besitzt der Mensch vier Nebenschilddrüsen, die im Hals direkt hinter der Schilddrüse liegen. Gelegentlich kommt es jedoch zu Fehlentwicklungen, so daß eine dieser Drüsen in den Brustraum absteigt. Kapitän Martell drängte die Chirurgen, seinen Brustraum zu öffnen, um nach einem solchen versprengten Tumor zu suchen. So wurde schließlich im November 1932 – also 14 Jahre nach dem Auftreten der ersten Symptome – ein großer Nebenschilddrüsentumor in seiner Brust entdeckt. Nachdem man diesen entfernt hatte, sank der Calciumspiegel in Martells Blut rasch ab, und der Zustand seiner Knochen begann sich zu verbessern. Unglücklicherweise starb er sechs Wochen nach der erfolgreichen Operation an den Folgen eines Nierensteines.

Kapitän Martell hatte einen heldenhaften Kampf geführt, um ein Heilmittel für sein Leiden zu finden. Während seiner tapferen und unermüdlichen Anstrengungen gelang es Medizinern in New York und am Massachusetts General Hospital in Boston, die Physiologie der Parathormonüberproduktion aufzuklären. An diesem einen Patienten wurden praktisch alle Merkmale des Hyperparathyreoidismus offenkundig – einschließlich der Möglichkeit ungewöhnlich gelegener Nebenschilddrüsentumoren. Wenn aufgrund eines Tumors der Nebenschilddrüse Parathormon im Übermaß produziert wird, beginnen die Knochen, ihre Festigkeit zu verlieren; Knochenschmerzen, Brüche und ein Schrumpfungsprozeß infolge zerstörter Wirbelkörper kennzeichnen das Krankheitsbild. Das Parathormon entzieht den Knochen das Calcium, das über den Harn ausgeschieden wird; die Bildung von Nierensteinen ist die Folge. Woher rührt die Idee, daß der Calciumstoffwechsel etwas mit dem Parathormon zu tun hat, und wie kontrolliert die Nebenschilddrüse das Calciumgleichgewicht im Körper?

# Die Nebenschilddrüsen und die Regulation des Calciumhaushaltes

Tausende von Jahren hatten die Nebenschilddrüsen sich unseren Blicken entzogen. Erst von der Mitte des 19. Jahrhunderts an begann ihre Existenz langsam in unser Bewußtsein zu dringen – allerdings auf Umwegen und aus einem Wust anatomischer Studien. Die ersten Hinweise stammten von Richard Owen in England, der die Anatomie des Indischen Nashorns untersuchte. Das Rhinozeros war, wie sich herausstellte, kein schlechter Anfang, denn Owen fand tatsächlich im Hals des Nashorns eine kleine gelbliche Drüse, die mit der Schilddrüse verbunden war. Man schenkte dieser Entdeckung aber kaum weitere Beachtung, bis Yvar Sandstroem bei einer eingehenden Inspektion des Halsbereiches von 50 menschlichen Leichen auf jeder Halsseite zwei mit der Schilddrüse verbundene Drüsen ausfindig machte. Er nannte sie „Nebenschilddrüsen", weil sie in unmittelbarer Nähe der Schilddrüse lagen. Später stellte sich allerdings heraus, daß zwischen dieser Drüse und den vier Nebenschilddrüsen keinerlei funktionelle Beziehung besteht. Die Nebenschilddrüsen sezernieren das *Parathormon* (PTH), das den Calciumspiegel im Blut innerhalb eines engen Bereiches reguliert. Die Schilddrüse dagegen schüttet Thyroxin aus, das den Stoffwechselumsatz in den verschiedenen Körperzellen kontrolliert. Zum Zeitpunkt ihrer Entdeckung durch Sandstroem im Jahre 1880 ahnte noch niemend, daß die Nebenschilddrüsen den Calciumstoffwechsel beeinflussen.

Auch Sandstroems Entdeckung geriet bald in Vergessenheit. Erst mit den Untersuchungen des französischen Physiologen Gley erwachte das Interesse an den Nebenschilddrüsen aufs neue. Zusammen mit anderen Wissenschaftlern hatte Gley Ende des 19. und Anfang des 20. Jahrhunderts festgestellt, daß Tiere, denen man die Nebenschilddrüsen vollständig entfernt hatte, eine *Tetanie* entwickelten – einen Zustand, bei dem sich viele verschiedene Muskeln im Körper verkrampfen. Die Vermutung lag nahe, daß die Nebenschilddrüsen auf irgendeine Weise eine neuromuskuläre Übererregbarkeit verhindern. Bis man jedoch auf die Idee kam, daß sie sich dazu eines Hormons bedienen, das einen gefährlichen Abfall der Calciumwerte im Blut verhindert, mußten noch viele wichtige Versuche in Europa und in den USA durchgeführt werden.

Zunächst machte Jacques Loeb am Rockefeller Institute in New York die Beobachtung, daß Calcium krampfartige Muskelzuckungen bei Fröschen unterbindet. Anschließend konnte Jacob Erdheim in Wien in einer Versuchsreihe zeigen, daß bei Ratten, denen man die Nebenschilddrüsen entfernt hatte, die Einlagerung von Calcium in die wachsenden Zähne unterblieb; die Zähne wurden dadurch leicht brüchig. Offensichtlich gab es eine enge Beziehung zwischen den Nebenschilddrüsen, dem Calciumstoffwechsel und dem Phänomen der Tetanie. Um jedoch dieses Labyrinth aus zuckenden Muskeln und zerfallenden Zähnen zu entwirren, bedurfte es weiterer richtungsweisender Experimente. Hier sind vor allem die Untersuchungen von MacCallum und Voegtlin zu nennen, zweier junger Wissenschaftler an der Johns-Hopkins-Universität in Baltimore. Sie entfernten Hunden die Nebenschilddrüsen, was – wie schon andere gezeigt hatten – zur Tetanie führte. MacCallum und

Voegtlin gingen jedoch einen Schritt weiter, indem sie zeigten, daß das Blut dieser Hunde nur noch wenig Calcium enthielt und sich die Tetanie durch eine Calciuminjektion ins Blut aufheben ließ. Damit hatten sie bewiesen, daß die Nebenschilddrüsen auf irgendeine Weise die Calciumkonzentration im Blut auf Normalniveau halten, daß die Entfernung der Nebenschilddrüsen einen Abfall des Calciumspiegels zur Folge hat und daß eine Calciuminjektion die darauf beruhende Tetanie wieder verschwinden läßt.

Andere Wissenschaftler bestätigten diese Befunde zunächst im Tierexperiment und dehnten dann ihre Untersuchungen auf Menschen aus, die infolge einer Funktionsstörung der Nebenschilddrüsen Anzeichen einer Tetanie entwikkelten. Die Krampfzustände konnten durch eine calciumreiche Diät oder durch Nebenschilddrüsentransplantate aufgehoben werden. Als später genauere Methoden zur Messung der Calciumkonzentration in Blut und Urin zur Verfügung standen, war es möglich, exakte quantitative Studien zur Physiologie der Calciumregulation durchzuführen. Als Normbereich des Calciumspiegels wurden neun bis elf Milligramm pro 100 Milliliter Blut bestimmt. Bei Patienten ohne Nebenschilddrüsen fiel der Blutcalciumspiegel auf etwa 5,5 Milligramm pro 100 Milliliter; gleichzeitig traten krampfartige Muskelzuckungen und andere Tetaniesymptome auf.

Es war nun klar, daß die Nebenschilddrüsen einen Stoff abgeben, der den Calciumspiegel im Blut innerhalb eines engen Normbereiches hält. Folglich begann man, in Nebenschilddrüsenextrakten nach einem Hormon mit diesen Eigenschaften zu suchen. Wieder einmal waren dabei zwei Wissenschaftler, nämlich Adolph Hanson und J. B. Collip, gleichzeitig und unabhängig voneinander erfolgreich. Beide extrahierten das sogenannte Parathormon aus den Nebenschilddrüsen von Rindern, indem sie die Drüsen in verdünnter Salzsäure kochten. Als sie ihre Extrakte Hunden injizierten, denen zuvor die Nebenschilddrüsen entfernt worden waren, stellten sie einen starken Anstieg des Blutcalciumspiegels fest; die Tetanie blieb aus. Collip zeigte außerdem, daß hohe Parathormondosen zu weit überhöhten Blutcalciumwerten führen. Diese Experimente ließen keinen Zweifel mehr an der Existenz des Parathormons, obwohl es noch weitere 50 Jahre dauerte, bis seine chemische Struktur bestimmt war.

Während man in den Vereinigten Staaten allmählich die Physiologie der Calciumregulation durch das Parathormon aufklärte, machten Ärzte in Europa etliche interessante Beobachtungen, die mit den Nebenschilddrüsen selbst zusammenhingen. Gegen Ende des 19. Jahrhunderts tauchten erstmals Berichte über eine ungewöhnliche Knochenerkrankung auf, die man *Ostitis fibrosa cystica* nannte. Sie ist durch fibröse Ablagerungen und Zysten sowie Nester von Riesenzellen in den Knochen gekennzeichnet. Die Ursache dieser Erkrankung war damals noch unbekannt, doch wenig später entdeckte man bei der Autopsie mehrerer Ostitis-Patienten, daß eine der Nebenschilddrüsen mit einem Tumor behaftet war. Man nahm daraufhin an, solche Tumoren seien irgendwie für den Knochenabbau verantwortlich. 1925 sollte dann zu einem entscheidenden Jahr für die Geschichte dieser Krankheit werden. Damals entschloß sich der Wiener Chirurg Mandl, einen Ostitis-Patienten namens Albert (sein Familienname blieb unbekannt) am Hals zu operieren.

Albert befand sich in einer ähnlichen Lage wie Kapitän Martell. Seine Erkrankung begann mit Schmerzen in den Beinen und Hüften und verschlimmerte sich zusehends. Er verlor seine Stelle als Straßenbahnfahrer und geriet in eine immer hoffnungslosere Lage. Wie Kapitän Martell verordneten die Ärzte auch ihm eine ganze Reihe von untauglichen Behandlungen, zu denen unter anderem Schlammbäder und die Einnahme von Dorschlebertran gehörten. Röntgenaufnahmen zeigten, daß Alberts Knochen immer dünner wurden und Zysten enthielten. Nach vier Jahren konnte er wegen der starken Knochenschmerzen weder laufen noch stehen. Mit seinem Urin ging weißer Grieß ab. Als man ihm einen Nebenschilddrüsenextrakt injizierte, verschlechterte sich sein Zustand nur noch. In einem Anfall von Verzweiflung unternahm Mandl schließlich eine Halsoperation; dabei stieß er auf einen riesigen Nebenschilddrüsentumor, den er sofort entfernte. Nach dem Eingriff erholte sich Albert schnell, und die Heilung seiner Knochen machte beachtliche Fortschritte. Dank der sensationellen Operation konnte er bald wieder aktiv am Leben teilnehmen.

Wie erwähnt, war man im Falle von Kapitän Martell bei ähnlichen Operationen nicht fündig geworden und hatte erst Jahre später in seinem oberen Brustraum einen Nebenschilddrüsentumor entdeckt. Trotzdem verdanken wir seiner Krankengeschichte – zusammen mit der von Albert und einigen anderen in den späten zwanziger Jahren – die Identifizierung und Heilung des Hyperparathyreoidismus. Außerdem haben diese Fälle uns gelehrt, in welch enger Beziehung Parathormon, Knochenstoffwechsel und Calciumregulation zueinander stehen. Wie und wo das Parathormon wirksam wird, um den Blutcalciumspiegel in seinem Normbereich zu halten, war in den folgenden Jahrzehnten Gegenstand intensiver Forschungen; diese haben uns inzwischen ein Regulationsschema von außerordentlicher Komplexität enthüllt.

## Die Regulation des Calciumstoffwechsels

Calcium ist für alle höheren Lebewesen ein essentielles Element. An Phosphat gebunden, wird es zu einem unlöslichen Mineral, das die Grundsubstanz der Knochen härtet, die bei so vielen Tieren zu einem körperstützenden Gerüst zusammengefügt sind. Als Ion kommt Calcium auch im Blut und in anderen Körperflüssigkeiten sowie innerhalb der Zellen vor; in dieser Form reguliert es wichtige Stoffwechselprozesse. Die zwei Calcium-„Pools" – in den Knochen und in den Körperflüssigkeiten – existieren nicht unabhängig voneinander, sondern stehen in einem empfindlichen Gleichgewicht. Droht die Konzentration der Calciumionen im Blut unter den Normalwert zu fallen – etwa bei sehr calciumarmer Nahrung –, so wird Calcium aus den Knochen freigesetzt, um den Blutcalciumspiegel im Normbereich zu halten. An der Freisetzung des Knochencalciums sind das Parathormon und Vitamin D beteiligt. Die Knochen dienen als Calciumdepot, das eine nahezu konstante Calciumkonzentration in den Körperflüssigkeiten sichert. Deshalb werden auch die Knochen dünn (*Osteoporose*), wenn ein ernährungsbedingter Calciummangel herrscht.

Das Knochengewebe befindet sich ständig im Umbruch, wobei schichtenweise neue Knochensubstanz aufgebaut und alte resorbiert wird. An dieser Aufgabe haben im wesentlichen zwei Knochenzelltypen teil: Die *Osteoblasten* synthetisieren als „Knochenmutterzellen“ die neue Knochengrundsubstanz (Matrix), während die *Osteoklasten* als „Knochenfreßzellen“ das Knochengewebe enzymatisch und phagocytotisch abbauen. Die Aktivitäten der Osteoblasten und Osteoklasten sind auf noch ungeklärte Weise eng miteinander verknüpft, so daß der dynamische Umbauprozeß nie aus dem Gleichgewicht gerät. Während der Wachstumsphase ist die Nettobilanz des Calciums so lange positiv, bis die Knochen ausgereift sind. Ab dem 30. Lebensjahr wird sie dann aber leicht negativ: Der Organismus baut langsam Knochensubstanz ab. 99 Prozent des Calciums im Körper befinden sich in den Skelettknochen; nur ein Prozent kreist als Calciumionen durch Körperflüssigkeiten und Zellen. Das Parathormon ist einer der wichtigsten Regulatoren des Calciumstroms zwischen Knochen und Blut. Wenn dieses Hormon fehlt, läßt die mangelnde Resorption von Knochensubstanz die Calciumkonzentration im Blut auf gefährlich niedrige Werte fallen. Ist das Hormon dagegen im Überschuß vorhanden, kann der Blutcalciumspiegel bedrohlich ansteigen.

Calciumionen sind für zahlreiche zelluläre Prozesse unersetzlich, so daß jede Störung der normalen Calciumionenkonzentration ernste Konsequenzen mit sich bringt. Diese Ionen werden für die Übertragung von Nervenimpulsen ebenso benötigt wie für normale Muskelkontraktionen. Sie sind unabdingbar für die Blutgerinnung und die Sekretion der verschiedensten Hormone. Ferner scheint Calcium auch an Prozessen der Zellmembran sowie am Wirkungsmechanismus der Peptidhormone beteiligt zu sein. Wenn man diese Fülle wichtiger Informationen betrachtet, ist es nicht verwunderlich, daß der Blutcalciumspiegel so streng kontrolliert wird. Niedrige Blutcalciumwerte bringen Muskelkrämpfe, Anfälle und Angstzustände mit sich, während erhöhte Calciumspiegel zu geistiger Lethargie, Depressionen, Übelkeit, Verstopfung und schließlich zur Verkalkung der Nieren führen.

Der Blutcalciumspiegel wird durch die gemeinsame Aktion von Parathormon (PTH) und Vitamin D reguliert (siehe Bild 9.2). Vitamin D (Calciferol) fördert die Aufnahme von Calcium aus der Nahrung, indem es die Synthese eines calciumbindenden Proteins in den Epithelzellen des Dünndarmes ankurbelt. Dieses Protein sorgt für den Transport des Calciums vom Darm in das Blut. Ein Derivat des Vitamin D, das 1,25-Dihydroxycholecalciferol (1,25-D), ist der eigentliche Stimulator für die Synthese des calciumbindenden Proteins, und interessanterweise fördert PTH die Synthese dieses Vitamin D-Abkömmlings. Demzufolge führt sowohl ein Mangel an PTH als auch an Vitamin D zu einer unzureichenden Aufnahme von Calcium aus dem Darm. Den zweiten Angriffsort für die Regulation des Calciumstoffwechsels bilden die Nieren, die täglich eine kleine Menge Calcium ausscheiden. PTH regt die Zellen der Nierenkanälchen an, Calcium zu resorbieren und an das Blut abzugeben. Wenn dieses Hormon fehlt, geht eine beträchtliche Menge Calcium mit dem Urin ab, bis schließlich die Calciumkonzentration im Blut auf einen niedrigen Wert gefallen ist. Schließlich wird PTH zusammen mit Vitamin D auch am Knochen wirksam, um dort Calcium freizusetzen, das dann ins Blut gelangt. Das Knochencalcium dient als Puffer, um zu verhindern, daß der Calciumspiegel bei calciumarmer Nahrung gefährlich absinkt.

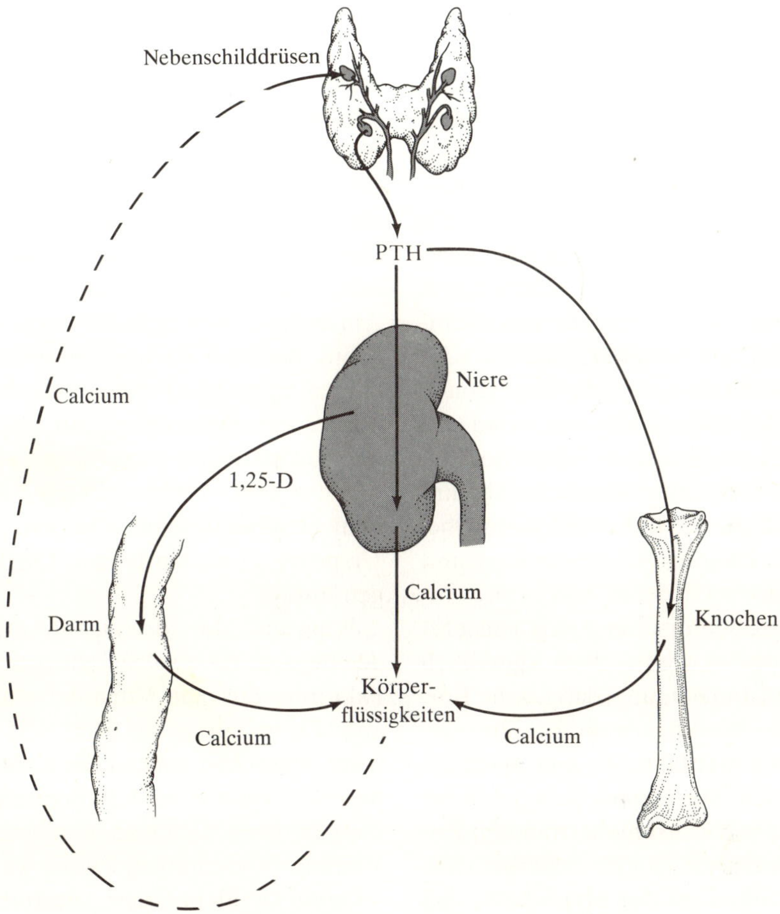


Bild 9.2: Das Parathormon (abgekürzt PTH) und das Vitamin D-Derivat 1,25-Dihydroxycholecalciferol (1,25-D) regulieren den Calciumfluß aus Niere, Knochen und Darm in den Blutkreislauf.

## Vitamin D

Für die Entdeckung, daß Vitamin D für eine normale Mineralisierung der Knochen von Kindern und Erwachsenen unbedingt notwendig ist, brauchte man fast 300 Jahre. Im 17. Jahrhundert beschrieben Daniel Whistler und Francis Glisson unabhängig voneinander eine bei englischen Kindern auftretende Krankheit, die sogenannte *Rachitis*. Bei schwerem Verlauf hatte diese Erkrankung verheerende Folgen: Zwergwuchs, Mißbildungen des Schädels („Quadratschädel"), X- und O-Beine, Knochenendauftreibungen an Rippen, Hand- und Sprunggelenken, allgemeine Schlaffheit, mangelnder Muskeltonus und weiche Gelenke. Als die Krankheit entdeckt wurde, gab es noch keinerlei Hinweise auf ihre Ursache.

Die Rachitis blieb lange ein rätselhaftes Leiden; erste Fortschritte wurden erzielt, als man im 19. Jahrhundert bei mehreren histologischen Untersuchungen rachitischer Knochen Wucherungen von unverkalktem Knochengewebe feststellte. Außerdem erkannte man, daß bei

Erwachsenen eine vergleichbare Krankheit auftritt, die *Osteomalazie*, die ebenfalls auf einer unzureichenden Kalkeinlagerung in die Knochengrundsubstanz beruht. Auch hierbei werden die Knochen brüchig und fangen an zu schmerzen, doch sie verformen sich lange nicht so stark wie im Falle der Rachitis. Zwischen dem 17. und dem 19. Jahrhundert bemerkten viele Untersucher, daß Rachitis in erster Linie bei unterernährten Kindern in den britischen Industrieregionen vorkam. Diese Krankheit trat – und tritt heute noch, wenn auch weitaus seltener – als Folge der schlechten Lebensbedingungen auf, die die Industrialisierung bei hoch entwickelten Gesellschaften mit sich bringt.

Die Ursachenforschung ging zunächst nur schleppend voran, doch allmählich wuchs die Überzeugung, daß für die Entstehung der Rachitis sowohl Ernährungs- als auch Umweltfaktoren eine wichtige Rolle spielen. Die Beobachtung, daß die Einnahme von Dorschlebertran den Zustand rachitischer Kinder erheblich verbesserte, führte zu der Hypothese, daß die Krankheit auf einem Fettmangel in der Ernährung beruht. Doch dann kam das Jahr 1919, in dem Edward Mellanby in England und K. Huldshinsky in Deutschland einige entscheidende Experimente veröffentlichten, die für das Verständnis von Rachitis und Osteomalazie eine neue Ära anbrechen ließen. Mellanby erzeugte bei jungen Hunden Rachitis, indem er sie fast ausschließlich mit Milch und Kohlenhydraten ernährte. Bei einigen Hunden konnte er den Ausbruch der Krankheit verhindern, indem er der Nahrung verschiedene pflanzliche und tierische Fette zusetzte. Diese Versuche belegten, daß die Nahrungszusammensetzung eine wichtige Rolle bei der Rachitis spielt. Für die Prophylaxe erwiesen sich vor allem tierische Fette, insbesondere Dorschlebertran, als geeignet, während mit pflanzlichen Fetten sehr unterschiedliche Erfolge erzielt wurden. Huldshinsky zeigte, daß sich die Rachitis auch dadurch heilen läßt, daß man die Patienten – ungeachtet ihrer Ernährungsweise – dem Sonnenlicht oder ultravioletter Strahlung aussetzt. Anfang der zwanziger Jahre war also bekannt, daß man Rachitis entweder durch eine an tierischen Fetten reiche Nahrung oder durch Bestrahlung mit ultraviolettem Licht heilen beziehungsweise verhindern kann. Fortan galt die Suche jenem antirachitischen Faktor, dessen Ursprung in diesen beiden Quellen liegen mußte.

Während der dreißiger Jahre entdeckte man zwei solche antirachitischen Faktoren, die man Vitamin $D_2$ und Vitamin $D_3$ nannte (siehe Bild 9.3). Da sie beim Menschen nahezu die gleiche chemische Struktur und biologische Wirkung besitzen, faßt man sie allgemein als Vitamin D zusammen. Zuerst wurde das Vitamin $D_2$ identifiziert. Bestrahlt man das pflanzliche Öl Ergosterin mit ultraviolettem Licht, wandelt es sich in Vitamin $D_2$ um. Die Entdeckung dieser chemischen Reaktion hat es ermöglicht, Milch und anderen Nahrungsmitteln auf einfache Weise Vitamin D zuzusetzen. Auch verschiedene Vitaminpräparate enthalten Vitamin $D_2$ zur Deckung des Vitamin D-Bedarfs. Dem weitverbreiteten Gebrauch solcher Vitaminpillen und von Nahrung, die mit Vitamin $D_2$ angereichert ist, haben wir es zu verdanken, daß die Rachitis als nahezu ausgerottet gelten kann; nur in Regionen, in denen große Armut herrscht, treten gelegentlich noch Krankheitsfälle auf.

Vitamin $D_3$ wird beim Menschen und bei verschiedenen Tieren in der Haut aus der Vorstufe 7-Dehydrocholesterin gebildet. Die chemische Umwandlung läuft in zwei Schritten ab. Zunächst wird die Vorstufe durch Sonnenlicht oder ultraviolette Strahlung sehr rasch in das sogenannte Provitamin $D_3$ überführt; in der anschließenden, langsameren, energieverbrauchenden Reaktion entsteht daraus das Vitamin $D_3$. Diese Reaktion hat eine auffallende Ähnlichkeit mit denjenigen, die wir von der Synthese der Steroidhormone her kennen; dort werden cholesterinartige Vorstufen über eine Kette chemischer Reaktionen in Hormone wie Cortisol und Testosteron umgewandelt. Nach seiner Bildung in der Haut gelangt das Vitamin $D_3$ in den Blutkreislauf. Im Blut bindet es sich, ähnlich wie die Steroidhormone, an ein Trägerprotein, das in diesem Fall Vitamin D-bindendes Protein (DBP) genannt wird. Auf Vitamin D in der Nahrung kann man verzichten, wenn eine ausreichende Sonnenbestrahlung gewährleistet ist; hinsichtlich der Synthese von Vitamin $D_3$ ist die Haut nämlich autark. In diesem Sinne ist das Vitamin $D_3$ eher ein Hormon als ein Vitamin, denn es wird von der Haut an das Blut abgegeben und muß nicht – wie andere Vitamine – unbedingt in der Nahrung vorhanden sein (es sei denn, die Sonne fehlt). Das erklärt, warum die Rachitis nur unter Bedingungen vorkommt, bei denen zuwenig Sonnenlicht und ein Vitamin D-Mangel in der Nahrung gekoppelt auftreten.

Wie gelingt es dem Vitamin D, die nötige Kalkeinlagerung in den Knochen sicherzustellen und den Blutcalciumspiegel auf einem normalen Niveau zu halten? Vor der Entdeckung dieses Vitamins hatte man beobachtet, daß bei rachiti-

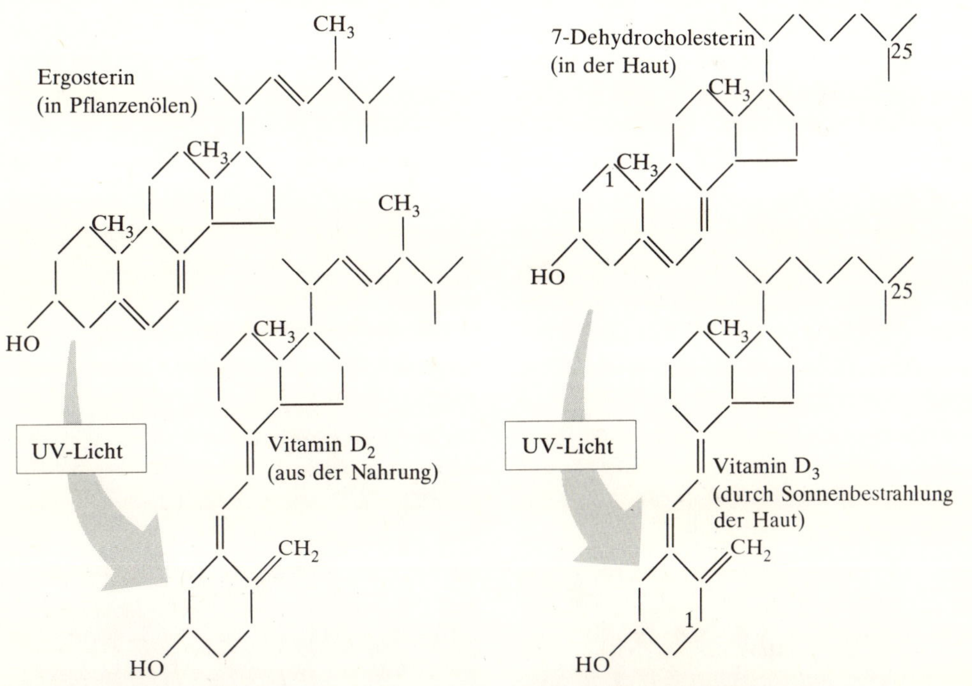


Bild 9.3: Pflanzliches Ergosterin wird wie das 7-Dehydrocholesterin in der Haut von Tieren durch UV-Licht in Vitamin D umgewandelt. Vitamin $D_2$ ist die wichtigste Vitamin D-Quelle in der Nahrung, während Vitamin $D_3$ im Körper selbst durch die Einstrahlung von Sonnenlicht entsteht.

schen Kindern ein großer Teil des Nahrungscalciums mit dem Stuhl ausgeschieden wird; man vermutete daher, daß die mit Dorschlebertran oder ultravioletter Bestrahlung erzielten Heilungserfolge auf einer verbesserten Resorption des Calciums im Darm beruhten. Dieser Gedanke ließ sich jedoch erst weiterverfolgen, als man das Vitamin D isoliert hatte und im Tierversuch testen konnte. Ende der dreißiger Jahre führten Nicolaysen und seine Mitarbeiter eine wichtige Versuchsserie an Ratten durch, mit der sie zweifelsfrei nachwiesen, daß eine entscheidende Wirkung des Vitamins D darin besteht, die Aufnahme von Calcium aus der Nahrung durch den Darm zu fördern. Natürlich nahm man seinerzeit an, daß das Vitamin selbst für den erhöhten Transport von Calcium durch die Darmwand verantwortlich war. Doch in den siebziger Jahren mußte diese Vorstellung revidiert werden: Man hatte überraschend festgestellt, daß der verstärkte Calciumtransport aus dem Darm von einem Stoffwechselprodukt des Vitamin D verursacht wird. Mit dem Nachweis eines vom Vitamin D abhängigen calciumbindenden Proteins in der Wand des oberen Darmabschnittes war dann der Weg für eine umfassende Theorie der Vitamin D-Wirkung frei.

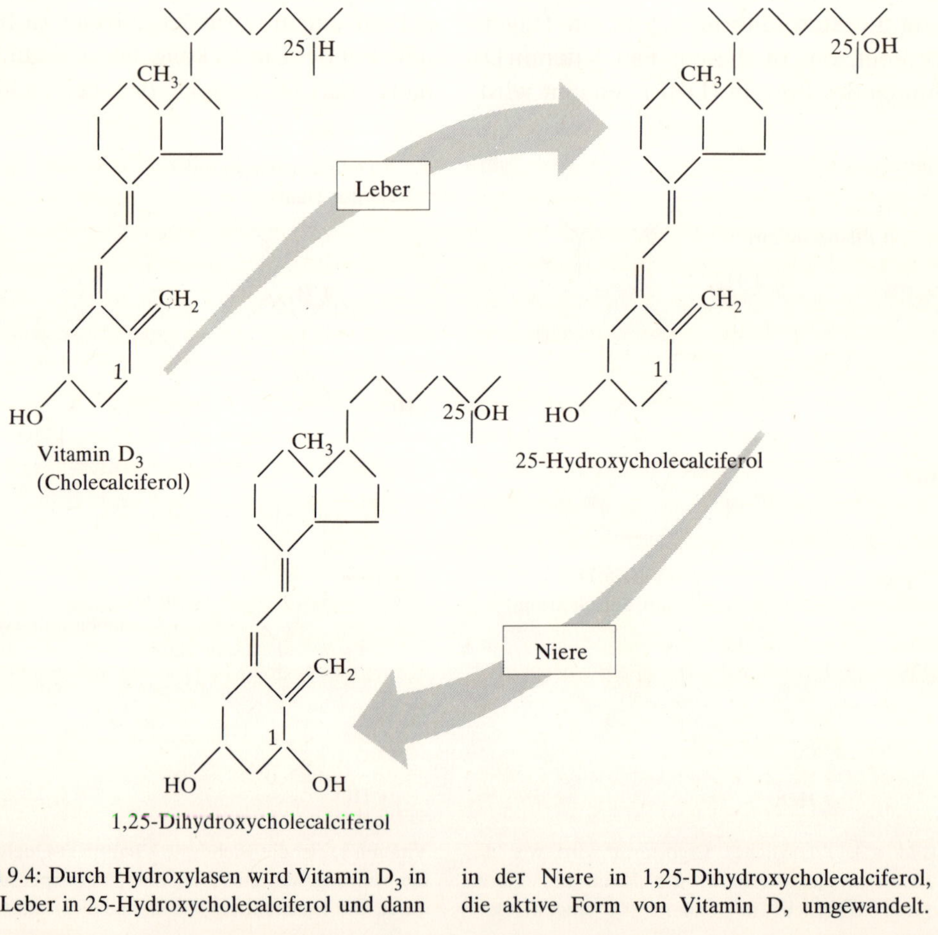


Bild 9.4: Durch Hydroxylasen wird Vitamin $D_3$ in der Leber in 25-Hydroxycholecalciferol und dann in der Niere in 1,25-Dihydroxycholecalciferol, die aktive Form von Vitamin D, umgewandelt.

Die Entdeckung biologisch aktiver Vitamin D-Metaboliten beruhte ganz entscheidend auf der Synthese radioaktiv markierter $D_2$- und $D_3$-Moleküle. Mit diesen Substanzen konnten die Wissenschaftler verfolgen, wie Vitamin D in zwei wichtige Derivate umgewandelt wird (siehe Bild 9.4). Als erstes Derivat wurde das 25-Hydroxycholecalciferol entdeckt, das in Leberzellen aus dem von Blut aufgenommenen Vitamin $D_3$ entsteht. Das zweite wichtige Derivat ist das 1,25-Dihydroxycholecalciferol, das in den Nieren gebildet wird. Es läßt sich als ein Hormon betrachten, dessen Synthese vom 7-Dehydrocholesterin ausgeht; diese Vorstufe wird in sonnenbestrahlten Hautzellen in Vitamin $D_3$ umgewandelt, welches wiederum in Leber und Nieren die letzten chemischen Veränderungen erfährt.

Wie aber reguliert das Hormon 1,25-Dihydroxycholecalciferol den Calciumstoffwechsel? Indem es sich an spezifische intrazelluläre Rezeptoren in den Darmzellen bindet, stimuliert es die Synthese des calciumbindenden Proteins, das Calcium vom Darm in das Blut transportiert. Auf bislang noch unbekannte Weise fördert es auch die Freisetzung von Calcium aus den Knochen. Bei einem Mangel an Dihydroxycholecalciferol oder einer Störung in seinem Wirkungsmechanismus fällt der Calciumspiegel im Blut unter den Normalwert, weil die Aufnahme des Calciums aus der Nahrung und seine Freisetzung aus den Knochen eingeschränkt sind. Der niedrige Blutcalciumspiegel führt zu einer erhöhten Parathormonkonzentration im Blut, wodurch vermehrt Phosphat mit dem Urin ausgeschieden wird und der Phosphatgehalt im Blut sinkt. Wenn das Blut zu wenig Phosphat und zu wenig Calcium enthält, können wachsende Knochen nicht ausreichend mineralisiert werden; bei Kindern kommt es in solchen Fällen zum Krankheitsbild der Rachitis, bei Erwachsenen entsprechend zu dem der Osteomalazie.

## Das Parathormon

Die Entdeckung der Nebenschilddrüsen im späten 19. Jahrhundert und der Nachweis, daß ihre Entfernung den Blutcalciumspiegel unter den Normalwert sinken läßt und damit eine Tetanie auslöst, legten den Grundstein für die Isolierung des Parathormons, die Collip Mitte der zwanziger Jahre gelang. Zu diesem Zeitpunkt hatte man mit den Fällen von Albert und Kapitän Martell gerade das klinische Krankheitsbild des Hyperparathyreoidismus definiert; beide Patienten waren durch die Entfernung eines PTH-sezernierenden Nebenschilddrüsentumors von ihrem Leiden befreit worden. In den vierziger Jahren beschrieben dann Fuller Albright und seine Mitarbeiter ein neues und bemerkenswertes Syndrom, bei dem die Patienten eine Parathormonresistenz aufwiesen. Da das PTH nicht wirksam werden konnte, entwickelten die betroffenen Personen aufgrund niedriger Calciumwerte im Blut Symptome der Tetanie.

Das war der erste Bericht über eine Erkrankung beim Menschen, bei der sich die Zielorte als resistent gegenüber der Hormonwirkung erwiesen; die Gründe für diese Resistenz waren aber damals noch unbekannt. Erst viel später brachte man Membranrezeptoren ins Spiel und entwickelte die Vorstellung, daß sich Hormone in ihrem Zielgewebe an Zellrezeptoren binden und dadurch eine Kette von Stoffwechselprozessen im Zellinneren auslösen.

Die Hauptaufgabe des Parathormons besteht darin, den Blutcalciumspiegel innerhalb eines engen Normbereiches zu regulieren. Dies soll gewährleisten, daß sämtliche Zellen im Körper von einer extrazellulären Flüssigkeit umspült werden, die genau die richtige Calciumionenkonzentration aufweist, um die Funktionstüchtigkeit der Zellen aufrechtzuerhalten. Das Parathormon erfüllt seine lebenswichtige Aufgabe vor allem an zwei Stellen im Körper: an den Knochen und an den Nieren. Die Osteoklasten im Knochen werden durch das Parathormon stimuliert, Knochensubstanz abzubauen, wodurch Calcium freigesetzt und ans Blut abgegeben wird. Gleichzeitig greift PTH an den Zellen der Nierenkanälchen an und bewirkt die Rückresorption von Calcium in das Blut. Dadurch wird verhindert, daß Calcium mit dem Urin verlorengeht. Darüber hinaus fördert PTH in den Zellen der Niere die Synthese von 1,25-Dihydroxycholecalciferol aus 25-Hydroxycholecalciferol. Dies wiederum führt zu einem erhöhten Transport von Nahrungscalcium aus dem Darm in das Blut. Aufgrund seiner direkten Wirkung auf das Knochengewebe und die Nieren sowie seiner indirekten Wirkung auf die Calciumresorption im Darm ist das Parathormon also ein entscheidender Faktor für die Aufrechterhaltung einer normalen Calciumkonzentration im Blut.

Das Startsignal für die Freisetzung von PTH aus den Nebenschilddrüsen in das Blut gibt ein fallender Blutcalciumspiegel; wenn der Spiegel steigt, wird die PTH-Sekretion gedrosselt. Der Mechanismus, über den die Calciumkonzentration im Blut Synthese und Abgabe von PTH durch die Nebenschilddrüsenzellen kontrolliert, ist bislang noch unbekannt. Dieses hochempfindliche Rückkopplungssystem arbeitet jedenfalls so perfekt, daß der Blutcalciumspiegel stets exakt eingestellt bleibt.

Die Synthese des Parathormons in den Zellen der Nebenschilddrüsen ist ein aufwendiger Prozeß. Er beginnt mit der Bildung einer Vorstufe aus 115 Aminosäuren, die man Prä-Pro-PTH nennt. Dieses Molekül wird innerhalb von wenigen Sekunden in Pro-PTH, das aus 90 Aminosäuren bestehende Prohormon überführt, aus dem schließlich das aktive Parathormon hervorgeht. In Sekretgranula verpackt, wartet PTH dann auf seine Freisetzung in das Blut, die erfolgt, wenn der Blutcalciumspiegel fällt. Der gesamte Prozeß ist in Bild 2.4 schematisch dargestellt; er endet mit der Abgabe des 84 Aminosäuren umfassenden PTH-Moleküls an das Blut, in dem es zu seinen Wirkungsorten, den Knochen- und Nierenzellen, strömt. Um diesen komplizierten Syntheseweg aufzuklären, bedurfte es jahrelanger Forschungsbemühungen vieler verschiedener Labors.

Das Parathormon steht im Mittelpunkt eines ausgefeilten Stoffwechselsystems, das die genaue Einstellung des Blutcalciumspiegels gewährleistet. PTH reguliert nicht nur den Calciumfluß zwischen Knochen und Blut, sondern verhindert auch die Ausscheidung von Calcium über den Urin und fördert die Umwandlung von Vitamin D in ein biologisch aktives Derivat. Wenn das Vitamin D- oder das PTH-Gleichgewicht gestört ist, kommt es zu Erkrankungen wie Rachitis, Osteomalazie, Hyperparathyreoidismus oder Tetanie. Den wissenschaftlichen Erkenntnissen unseres Jahrhunderts verdanken wir, daß all diese Erkrankungen inzwischen richtig diagnostiziert und erfolgreich behandelt werden können. Damit haben wir ein weiteres Beispiel für die dramatischen Fortschritte in der Hormonforschung vor uns.

# Die Neuropeptidrevolution

*Hier gibt's nichts als Computer – soweit das Auge reicht.*

Anonymer Jogger,
Stanford Foothills, 1985

Es ist noch nicht allzu lange her, als ich auf einem der Hügel hinter dem Campus der Stanford-Universität stand und über das Santa Clara Valley in Richtung San José blickte. Ein Jogger kam heraufgekeucht und murmelte die obenstehenden Worte, bevor er den Hügel wieder hinablief. Er war mit Schweißband und supermodernen Joggingschuhen ausstaffiert und vermittelte unweigerlich den Eindruck, daß er wußte, wovon er redete. Ich sann über seine Aussage nach: Meinte er nur die Computerindustrie in Silicon Valley oder auch die Menschen? Der Gedanke, daß wir „nichts als Computer" sein könnten, weckte in mir ein unangenehmes Gefühl. Denn gerade die Neuropeptidrevolution, die in den letzten Jahren in der Neurochemie und der Hormonphysiologie stattgefunden hat, bringt unsere alten Vorstellungen von Willens- und Handlungsfreiheit ins Wanken.

Meiner Meinung nach bedeutet ein tieferes Verständnis der Wirkungsweise von Hormonen und Neurotransmittern allerdings nicht unbedingt, daß Willensfreiheit zu einem fragwürdigen Begriff wird und wir auf die Stufe eines starren biologischen Determinismus hinabgleiten. Vielmehr sollte dieses Wissen unseren geistigen Horizont erweitern, uns intensiver über individuelle Freiheiten reflektieren lassen und eine Grundlage schaffen für die Behandlung jener Krankheiten von Geist und Körper, die diese Freiheiten einschränken.

Der Kreis schließt sich. Im ersten Kapitel haben wir mit der Evolution von Peptidbotenstoffen begonnen, die schon bei niederen Organismen vorhanden waren und bei den höher entwickelten Lebewesen den Funktionswandel zum Hormon vollzogen haben. Und nun – am Ende dieses Buches – kommen wir zu der aufsehenerregenden Entdeckung von Peptiden, die im Gehirn und anderswo im Nervensystem als Botenstoffe eingesetzt werden. Diese kleinen unauffälligen Moleküle, die aus kettenförmig aneinandergereihten Aminosäuren bestehen, spielen sehr wahrscheinlich eine wichtige Rolle bei der Schmerzwahrnehmung sowie bei der Regulation von Körpertemperatur, Hunger, Intellekt und zahlreichen Gemütszuständen.

Opium war bereits im alten Griechenland ein wohlbekanntes Schmerz- und Suchtmittel; das Wort selbst leitet sich vom griechischen *opion* für „Mohnsaft" ab. Anfang des 19. Jahrhunderts stellte man fest, daß Opium das Alkaloid Morphin enthält. Morphin kommt in zwei spiegelbildlichen Formen, sogenannten Stereoisomeren, vor, die man als Levomorphin und Dextromorphin bezeichnet (siehe Bild 10.1). Um eine Vorstellung davon zu bekommen, wie ähnlich sich solche Stereoisomere sind, wollen wir uns folgende morgendliche Situation vorstellen: Man tappt zu früher Stunde verschlafen ins Badezimmer, um mit einem Schwall kalten Wassers gegen die Stirn die Lebensgeister zu wecken, und wirft dabei einen mißmutigen Blick in den Spiegel; jetzt vergesse man einmal den üblichen Schrecken darüber, daß es schon wieder viel zu spät ist, und konzentriere sich ganz auf das Spiegelbild. Was einen dort anblickt, ist das eigene Stereoisomer – ein Abbild, das einem aufs Haar gleicht, wenn man davon absieht, daß alles seitenverkehrt erscheint. Die linke Hand des Spiegelbilds etwa ist die eigentliche rechte Hand und so weiter. Im Falle von Morphin ist das Levoisomer die biologisch aktive Substanz, die Euphorie hervorruft und schmerzlindernd wirkt; das Dextroisomer dagegen erweist sich als völlig unwirksam. Wie können sich zwei strukturell nahezu identische Moleküle in ihrer Aktivität so grundlegend unterscheiden? Diese Frage führte Wissenschaftler zu der Annahme, daß das Gehirn über hochspezifische Rezeptoren für das Levoisomer des Morphins und andere morphinähnliche Schmerzmittel verfügt. Solche Rezeptoren müßten also in der Lage sein, die Levoisomere von den spiegelbildlichen Dextroisomeren zu unterscheiden. Wie wir sehen werden, haben die Forschungsbemühungen um diese stereospezifischen Rezeptoren eine Flut von neuen Erkenntnissen über die Wirkungsweise morphinähnlicher Substanzen, sogenannter Opioide, erbracht und dadurch schließlich die Neuropeptidrevolution ausgelöst. (Der Begriff Opioid wird zunehmend als Sammelbezeichnung für die „klassischen" Opiate, also die Opiumalkaloide und deren halbsynthetische und synthetische Derivate, sowie für die körpereigenen Substanzen mit opiatähnlicher Wirkung verwendet.)

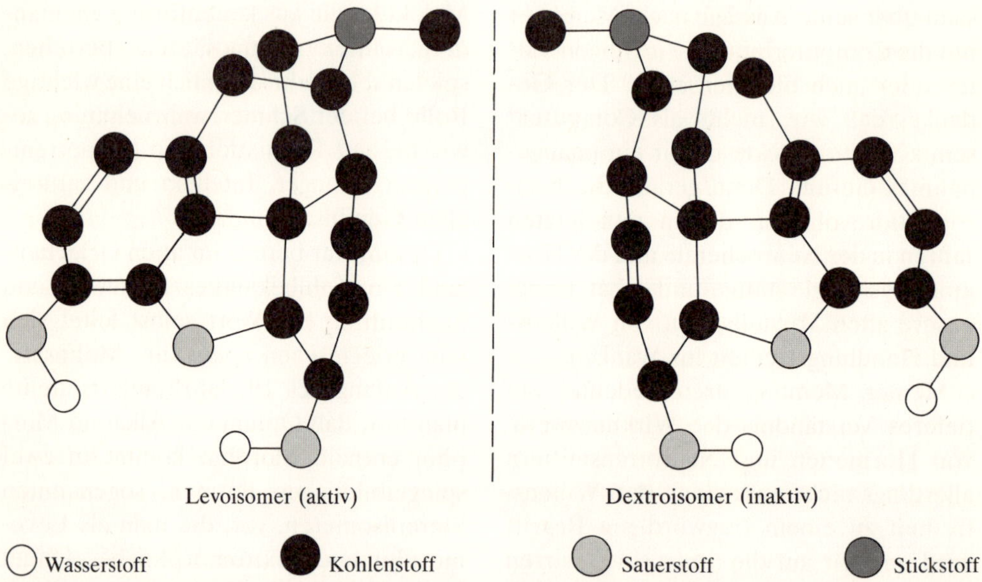


Bild 10.1: Die beiden spiegelbildlichen Formen einer chemischen Verbindung werden Stereoisomere genannt. Hier sind das Levoisomer und das Dextroisomer des Morphins gezeigt. (Zur Vereinfachung ist das Kohlenstoffgerüst ohne die anhängenden Wasserstoffatome wiedergegeben; bei den Hydroxylgruppen hingegen sind die H-Atome eingezeichnet.) Obwohl die Isomere in ihrer Zusammensetzung identisch sind, ist lediglich das Levomorphin als Narkotikum im Organismus wirksam.

## Die Suche nach den Opioidrezeptoren

Auf den ersten Blick sollte es gar nicht so schwer sein, Opioidrezeptoren im Gehirn von Tieren zu identifizieren. Man kann radioaktiv markierte Morphinderivate herstellen und diese zu homogenisiertem Hirngewebe geben. Mit Hilfe von Strahlungsmeßgeräten läßt sich dann die Radioaktivität der Homogenate bestimmen, die ein Maß für die Bindung des radioaktiven Derivats an vorhandene Opioidrezeptoren ist. Die Schwierigkeit liegt jedoch darin, daß das Morphin an vielen Stellen des Gehirns unspezifisch gebunden wird; folglich kann man die Bindung an die hochspezifischen Opioidrezeptoren nicht erkennen.

Im Jahre 1971 unternahm Avram Goldstein an der Stanford University School of Medicine den ersten entscheidenden Versuch, dieses Problem zu bewältigen. Er ging von folgender Überlegung aus: Der Anteil eines radioaktiv markierten Morphinderivats (in diesem Fall Levorphanol), der von Opioidrezeptoren stereospezifisch gebunden wird, müßte sich ermitteln lassen, indem man von der Gesamtbindung den Anteil an unspezifischer Bindung abzieht. Goldstein homogenisierte Gehirne von Mäusen und stellte von diesem Homogenat durch Zentrifugation verschiedene Fraktionen her. Als nächstes bestimmte er, wieviel radioaktiv markiertes Opiat insgesamt von den Homogenaten gebunden wurde. Der Anteil der unspezifischen Bindung wurde dann anhand einer Versuchsserie ermittelt, bei der nicht radioaktives Opiat und sein Stereoisomer mit dem radioaktiven Opiat um die verschiedenen Bindungsstellen konkurrieren mußten. Durch diese Verdrängungsexperimente konnte Goldstein feststellen, daß 53 Prozent der Opiatbindung unspezifisch waren; weitere 45 Prozent beruhten darauf, daß die Opiate „hängenblieben", und nur zwei Prozent erwiesen sich als spezifisch. Diese enttäuschenden zwei Prozent stereospezifischer Bindung waren möglicherweise auf die Existenz von Opioidrezeptoren zurückzuführen, doch konnte dies wegen des außerordentlich hohen Anteils an unspezifischer Bindung mit derartigen Experimenten nicht mit letzter Sicherheit entschieden werden. Trotzdem war Goldsteins Entschluß, Stereoisomere einzusetzen, ein gewaltiger Schritt vorwärts.

Der eigentliche Durchbruch erfolgte im Jahre 1973, als Candace Pert und Solomon Snyder an der Johns Hopkins University School of Medicine die Existenz von Opioidrezeptoren im Rattengehirn und in Nervenzellen aus dem Darm von Meerschweinchen nachwiesen. Der Erfolg ihrer Experimente basierte auf zwei wichtigen technischen Neuentwicklungen, die bereits bei der Identifizierung von Insulinrezeptoren Verwendung gefunden hatten.

Die erste Neuerung bestand im Einsatz hoch radioaktiver Opiate. Pert und Snyder hatten für ihre Versuche Naloxon (siehe Bild 10.2) gewählt; als hochwirksamer Morphinantagonist verhindert Naloxon die Bindung von Morphin an Opioidrezeptoren, indem es mit diesem direkt um die Bindungsstellen konkurriert. Die außerordentlich hohe Radioaktivität erlaubte es Pert und Snyder, Naloxon in äußerst niedriger Konzentration zuzusetzen. Dadurch verringerte sich der Anteil unspezifischer Bindung, ohne die Bindung an Opioidrezeptoren von hoher Affinität zu beeinträchtigen.

Der zweite technische Fortschritt machte es möglich, Membranfragmente

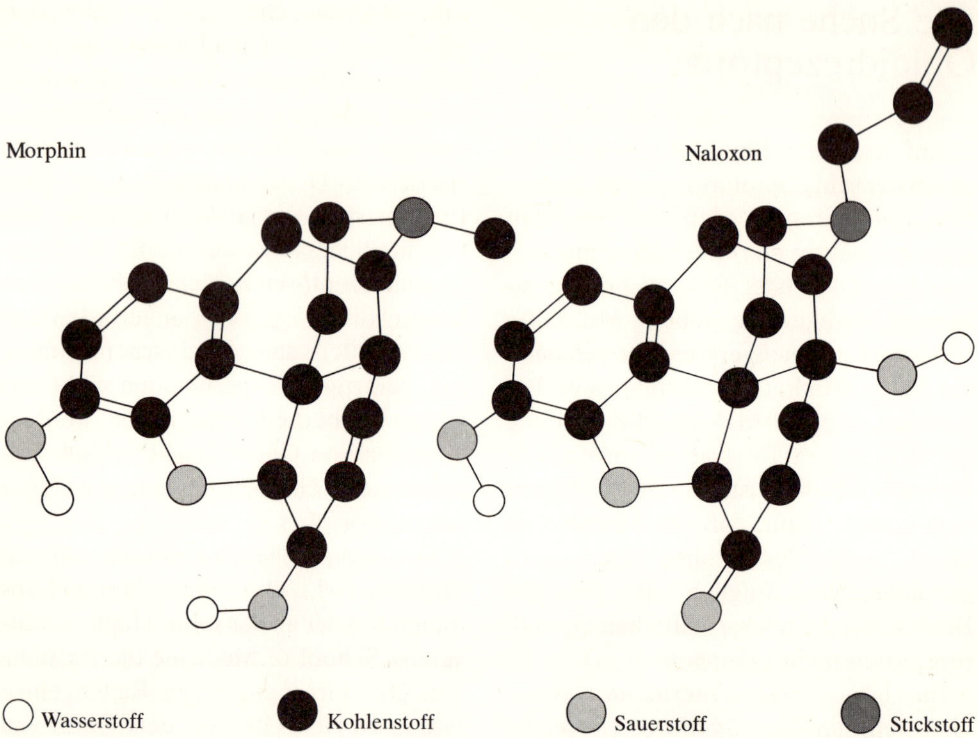


Bild 10.2: Naloxon ist ein hochwirksamer Antagonist, ein Gegenspieler, von Morphin. Aufgrund seiner morphinähnlichen Struktur vermag es sich an Opioidrezeptoren im Körper zu binden. Dadurch verdrängt es die Morphinmoleküle von ihrer „Anlegestelle" und hebt so deren Wirkung auf.

von homogenisierten Hirnzellen auf Filtern aufzufangen, die sehr schnell ausgewaschen werden konnten. Auch dieses Verfahren trug zur Verminderung der unspezifischen Bindung bei. So erhielten Pert und Snyder in ihren Homogenaten aus Ratten-, Mäuse- und Meerschweinchengehirnen ein sehr hohes Maß an spezifischer Bindung. Diese nahm sofort stark ab, wenn das Morphinderivat Levorphanol im Überschuß zugesetzt wurde; ein Überschuß an Dextrorphanol, dem inaktiven Stereoisomer von Levorphanol, hatte dagegen keine Wirkung. Pert und Snyder zeigten außerdem, daß auch viele andere Morphinagonisten (also Substanzen, die wie Morphin wirken) im Überschuß die Bindung von Naloxon verhindern. All dies unterstützte die Hypothese, daß sich radioaktiv markiertes Naloxon an Opioidrezeptoren bindet.

Ähnliche Resultate erhielt man für Rezeptoren, die aus dem Darm von Meerschweinchen isoliert worden waren. Im Darmbereich mindern Narkotika die Kontraktionsstärke der glatten Muskulatur. Der Brückenschlag zwischen den Opioidrezeptoren im Darm und denen im Gehirn erwies sich als entscheidend für die Identifizierung der körpereigenen opioiden Peptide, jener faszinierenden Eiweißmoleküle, die der Organismus selbst herstellt und die an den gleichen Rezeptoren wirksam werden wie das Morphin.

Außer Pert und Snyder entdeckten im selben Jahr noch zwei weitere Forschungsgruppen, die eine im schwedischen Uppsala, die andere in New York, Opioidrezeptoren im Gehirn. Damit wurde 1973 zu einem äußerst fruchtbaren Jahr für die Erforschung der Wirkungsweise von Morphin und seinen Derivaten. All diese Entdeckungen zusammen ebneten den Weg für den nächsten wichtigen Schritt in der Opioidforschung: die Isolierung körpereigener morphinähnlicher Verbindungen, die die Schmerzwahrnehmung und verschiedene Gemütszustände kontrollieren.

## Die Entdeckung der Enkephaline

Nachdem bekannt war, daß im Gehirn zahlreicher Tiere Opioidrezeptoren vorkommen, stellte man sich natürlich die Frage, wozu sie gut seien. Sicherlich existierten sie nicht, um mit den Opiumderivaten aus dem Mohnsaft in Wechselwirkung zu treten. Viel wahrscheinlicher war es, daß diese Rezeptoren als Bindungsstellen für opiumähnliche Substanzen dienen, die im Gehirn selbst oder auch anderswo im Körper gebildet werden. Damit begann die Suche nach jenen hypothetischen inneren Narkotika, die man als körpereigene oder *endogene Opioide* bezeichnete. Anfangs beschränkte man sich darauf, homogenisierte Hirnextrakte nach Substanzen mit den chemischen Eigenschaften von morphinähnlichen Alkaloiden abzusuchen. Als man dabei jedoch nicht fündig wurde, änderte man die Suchstrategie und testete die Hirnextrakte auf ein weites Spektrum von Stoffklassen.

Der Erfolg stellte sich 1974 ein, als Lars Terenius und seine Mitarbeiter von der Universität Uppsala aus den Extrakten von Rattengehirnen einen Faktor isolierten, der sich mit hoher Affinität an Opioidrezeptoren band. Unabhängig davon hatte Terenius bereits aus Rattenhirnhomogenaten Opioidrezeptoren isoliert, die mit dem Morphinderivat Dihydromorphin eine hoch selektive Bindung eingingen. Mit diesem Assay begann er nun, in Extrakten von Rattenhirnhomogenaten nach endogenen Opioiden zu suchen. Seine ersten Versuche, einen endogenen Hirnfaktor zu isolieren, der mit Opioidrezeptoren eine feste Bindung eingeht, blieben allerdings wegen Fehlern im Extraktionsverfahren erfolglos. Mit einer veränderten Extraktionstechnik konnte er aber schließlich eine Substanz aus Rattengehirnen isolieren, die die Bindung von Dihydromorphin an Opioidrezeptoren blockierte. Der gereinigte Faktor ist wasserlöslich, hat ein sehr niedriges Molekulargewicht und besitzt chemische Eigenschaften, die auf ein kleines Peptid schließen lassen. Er blockiert auch die Dihydromorphinbindung an Opioidrezeptoren des Meerschweinchendarmes.

Terenius stand mit seiner Entdeckung eines endogenen Faktors mit opioiden Eigenschaften jedoch nicht alleine da. An der Universität Aberdeen in Schottland trieben zur gleichen Zeit John Hughes, Hans Kosterlitz und dessen Mitarbeiter jene Arbeiten voran, die schließlich zur Entdeckung der *Enkephaline* führten. Die Enkephaline brachen über die Welt der Hirnforschung herein wie eine mächtige Welle, die einen ungeübten Surfer überrollt. Zwei zuvor unbekannte kleine Peptide aus nur fünf Aminosäuren entpuppten sich als im Wirbeltiergehirn gebildete Opioide, die wie Morphin mit Opioidrezeptoren in Wechselwirkung treten. Beide scheinen eine wichtige Rolle bei der Regulation der von den peripheren Nerven zum Gehirn ziehenden Schmerzbahnen zu spielen und an der Unterdrückung von Muskelkontraktionen, zum Beispiel im Darm, beteiligt zu sein.

Die Isolierung der Enkephaline baute auf einem einzigartigen Bioassay auf, den Hughes und Kosterlitz entwickelt hatten, um die Wirkung von Morphin und anderen opioiden Substanzen zu testen. Die Grundlage bildete in Streifen geschnittenes Muskelgewebe aus dem Darm des Meerschweinchens und aus dem Samenleiter der Maus. Auf elektrische Reize hin zogen sich diese Muskelstreifen zusammen. Die Kontraktionen blieben jedoch aus, wenn man geringe Mengen an Opioiden zusetzte. Dieser Bioassay eignete sich daher auch als Testsystem, um Hirnextrakte von Schweinen und anderen Tieren auf endogene Opioide zu prüfen. Das Forscherteam aus Aberdeen begann daraufhin mit der chromatographischen Reinigung der Extrakte, wobei für den Rohextrakt 300 Gramm Schweinehirn verarbeitet wurden. Der gereinigte Extrakt entfaltete im Samenleitertest eine starke Hemmwirkung auf die Muskelaktivität, die durch den Morphinantagonisten Naloxon vollständig aufgehoben werden konnte. Ähnliche Resultate erzielte man auch im Meerschweinchendarmtest, allerdings war die biologische Aktivität des Extraktes hier um 80 Prozent geringer als im Samenleitertest. Die schottischen Wissenschaftler folgerten, daß der Hirnextrakt ein endogenes Opioid enthielt, das an den Morphinrezeptoren im Samenleiter der Maus und im Darm des Meerschweinchens wirksam wird. Um die Identität dieses körpereigenen Opioids zu klären, waren jedoch noch weitere Untersuchungen notwendig.

Auch andere Wissenschaftler kamen den endogenen Opioiden immer mehr auf die Spur. An der Johns-Hopkins-Universität identifizierte Snyder eine morphinähnliche Substanz in den Gehirnen von Kälbern und Ratten, die radioaktiv markiertes Naloxon und Dihydromorphin von Opioidrezeptoren verdrängte. Diese Verbindung schien ähnliche chemische und physikalische Eigenschaften zu besitzen wie die von Terenius sowie von Hughes und Kosterlitz isolierten Faktoren. In der Zwischenzeit extrahierte Goldstein in Stanford aus Rinderhypophysen ein Peptid, das sich in verschiedenen Tests wie Morphin verhielt; es war jedoch größer und unterschied sich auch chemisch von den anderen Hirnopioiden.

Der Durchbruch, der die Neuropeptidrevolution begründete, gelang schließlich Hughes und Kosterlitz. Er fand seinen Ausdruck in einer knappen, wunderbar prägnanten, dreiseitigen Veröffentlichung mit dem Titel *Identification of Two Related Pentapeptides from the Brain with Potent Opiate Agonist Activity* („Die Identifizierung zweier verwandter Pentapeptide aus dem Gehirn, die als Opiatagonisten wirken"). Diese bahnbrechende Arbeit, die im Dezember 1975 erschien, beschreibt, wie ein Extrakt aus Schweinegehirnen verschiedenen Reinigungsschritten und anschließend einer Aminosäureanalyse unterzogen wurde. Für die ersten vier Aminosäuren ergab sich folgende Sequenz: Tyrosin–Glycin–Glycin–Phenylalanin, abgekürzt Tyr–Gly–Gly–Phe. Die Bestimmung der Aminosäure in Position 5 machte Schwierigkeiten, weil der Extrakt tatsächlich zwei Peptide mit unterschiedlichen Aminosäuren in dieser Position enthielt. Das Problem wurde gelöst, als man den gereinigten Schweinehirnextrakt einer massenspektrometrischen Analyse unterwarf, deren Ergebnis für die Existenz eben dieser beiden Verbindungen

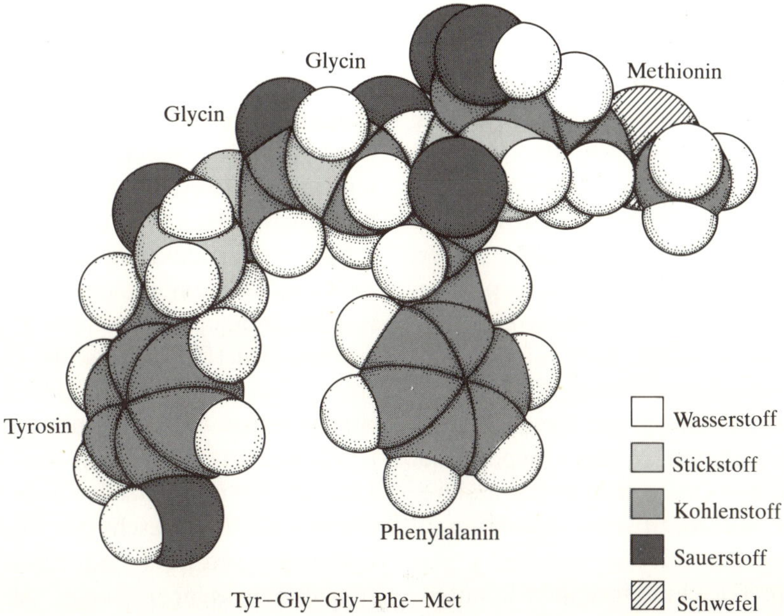


Bild 10.3: Die ursprünglich in Schweinegehirnen entdeckten Enkephaline haben sich als hochwirksame Narkotika erwiesen. Als Pentapeptide bauen sie sich aus fünf Aminosäuren auf. Aufgrund der Aminosäure in Position 5 unterscheidet man zwei Enkephaline: Das hier abgebildete Met-Enkephalin besitzt das schwefelhaltige Methionin als fünfte Aminosäure, das Leu-Enkephalin dagegen Leucin.

sprach: Das eine Peptid wies in fünfter Position die Aminosäure Methionin auf (siehe Bild 10.3), das andere die Aminosäure Leucin. Die neuen Hirnpeptide erhielten die Bezeichnung Met-Enkephalin und Leu-Enkephalin. Beide Enkephaline sind hochwirksame Morphinagonisten, die im Samenleitertest eine 20mal höhere Aktivität als Morphin zeigen.

## Endorphine und hypophysäre Opioide

Nach der Entdeckung der Enkephaline erschien das Gehirn in einem vollkommen neuen Licht. Es war nun offenkundig, daß kleine Peptidmoleküle eine entscheidende Rolle bei der Übertragung von Nervenimpulsen spielen und möglicherweise als Neurotransmitter an Synapsen freigesetzt werden. Die neue Betrachtungsweise führte zur Entdeckung einer erstaunlichen Fülle von opioiden und nichtopioiden Peptiden sowohl im Gehirn als auch anderswo im Nervensystem. Überall tauchten Peptide auf und warfen die traditionellen Ansichten der Hirnchemie völlig über den Haufen.

Die Geschichte der *Endorphine* und der hypophysären Opioide beginnt dort, wo die der Enkephaline aufhörte. Kosterlitz und Hughes stellten fest, daß die Aminosäuresequenz des Met-Enkephalins (Tyr–Gly–Gly–Phe–Met) in dem viel größeren, 91 Aminosäuren umfassenden Peptid Beta-Lipotropin enthalten ist; dieses ungewöhnliche Peptid, dessen Funktion man bis heute nicht genau kennt, war 1964 von C. H. Li in Berkeley in der Hypophyse entdeckt worden. Es ist zwar ein rätselhaftes Molekül, das dort in der Hirnanhangsdrüse auf seinen Einsatz wartet, doch eines von außerordentlicher Bedeutung, denn es steht am Scheideweg zwischen den Enkephalinen und der als nächstes entdeckten Gruppe von endogenen Opioiden, den Endorphinen, die aus ihm hervorgehen. Li stolperte über das Beta-Lipotropin, als er versuchte, ACTH aus Schafshypophysen zu isolieren. Inzwischen ist Beta-Lipotropin als Peptid aus 91 Aminosäuren bei Mensch, Schaf und anderen Tierarten nachgewiesen. Die große Frage lautet, was dieses Peptid in der Hypophyse macht, in einer Drüse, die so viele andere Hormone mit spezifischen Funktionen produziert.

Mehrere Forschungsgruppen konnten zeigen, daß aus dem Beta-Lipotropin eine ganze Reihe von Peptiden hervorgeht, die sich alle in den verschiedenen Tests als hochwirksame Morphinagonisten erwiesen haben. Die opioiden Peptide nennt man Endorphine (Kurzwort für *endo*gene M*orphine*). Sie lassen sich entweder direkt aus der Hypophyse isolieren oder durch Inkubation von Beta-Lipotropin mit Hirnextrakten freisetzen. Demnach dürfte das Beta-Lipotropin wohl eher die Vorstufe der Endorphine sein und im wesentlichen keine eigene Wirkung besitzen.

Nach der Entdeckung der Endorphine stieß man auf ein einzelnes sehr langes Hypophysenpeptid, das man Pro-Opiomelanocortin (POMC) nannte. Es enthält die Sequenzen für ACTH, Beta-Lipotropin und einige andere Peptide (siehe Bild 10.4). Bei Streß wird von den POMC-haltigen Hypophysenzellen nicht nur vermehrt ACTH ausgeschüttet; auch Beta-Lipotropin und Beta-Endorphin werden in größeren Mengen freigesetzt. ACTH kurbelt natürlich die Cortisolsekretion in der Nebennierenrinde an; welche Rolle dem Beta-Lipotropin und dem opioiden Peptid Beta-Endorphin bei Streßbelastungen zufällt, ist nach wie vor unbekannt. Sicherlich hat sich die Natur etwas dabei gedacht, als sie diese beiden inter-

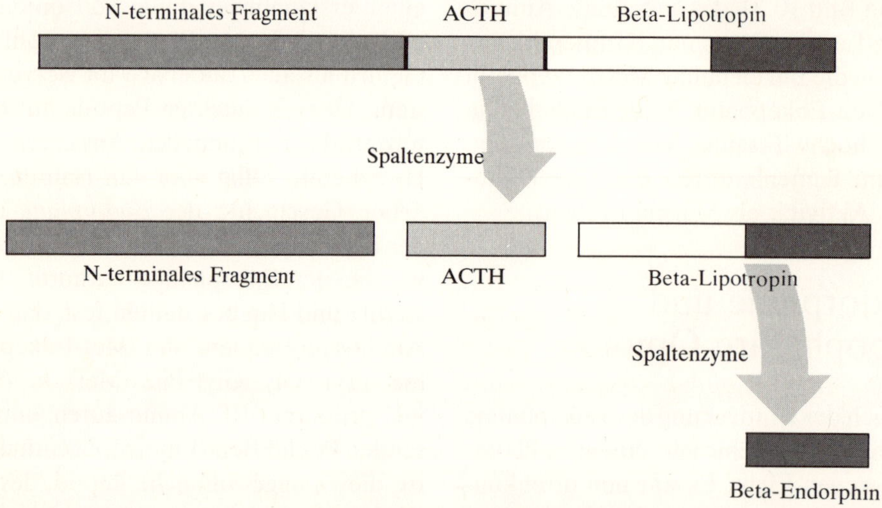


Bild 10.4: Pro-Opiomelanocortin (POMC) ist ein langes Vorläufermolekül, aus dem unterschiedliche Botenstoffe hervorgehen. Es enthält Aminosäuresequenzen für mehrere verschiedene Peptide, darunter ACTH und Beta-Lipotropin. Beta-Lipotropin wiederum ist die Vorstufe der Endorphine. In der Adenohypophyse kommen Enzyme vor, die POMC in diese kleineren Peptide aufspalten.

essanten Peptide schuf, doch sind wir ihr noch nicht auf die Schliche gekommen. Es dürfte höchst unwahrscheinlich sein, daß das POMC-Gen im Laufe der Evolution erhalten geblieben wäre, wenn sich die Funktion des von ihm codierten Peptids allein in der Freisetzung von ACTH erschöpft.

Während die Strukturen der Enkephaline und Endorphine aufgeklärt wurden, kämpften Goldstein und seine Mitarbeiter in Stanford um die Identifizierung eines neuen, hochwirksamen Opioids, das sie 1975 in Extrakten von Schweinehypophysen entdeckt hatten. Es erwies sich als ausgesprochen schwierig, dieses Peptid in so großen Mengen zu reinigen, daß eine chemische Strukturbestimmung durchgeführt werden konnte. Dank verbesserter Sequenzierungsverfahren in der Peptidchemie gelang es jedoch 1979, diesen Eiweißstoff als Dynorphin zu identifizieren. Das Hypophysenpeptid Dynorphin ist fast tausendfach wirksamer als Leu-Enkephalin. Es besteht aus 17 Aminosäuren und weist an seinem N-terminalen Ende die Sequenz von Leu-Enkephalin auf. Dynorphin ist das wirksamste opioide Peptid, das man bislang aus tierischen Gehirnen isoliert hat. Es kommt sowohl im ganzen Zentralnervensystem als auch in der Hypophyse und im Darm vor.

Welche Rolle diese interessanten opioiden Peptide bei der Regulation von Hirn- und Körperfunktionen spielen, wissen wir noch nicht genau. Vieles spricht aber dafür, daß sie für die Kontrolle der Schmerzbahnen und von Gemütszuständen von Bedeutung sind. Die Schmerzlinderung, die man mit Akupunktur oder Placebos erzielt, könnte sehr wohl von körpereigenen Opioiden vermittelt werden. Regionen des Zentralnervensystems, bei denen sich die Schmerzempfindung durch elektrische Reizung aufheben läßt, sind offenbar besonders reich an Opioidrezeptoren sowie an Endorphinen oder Enkephalinen. Außerdem scheint jedes dieser endogenen Opioide ein charakteristisches Verteilungsmuster im Nervensystem zu besitzen und in der Lage zu sein, mit zahlreichen verschiedenen Typen von Opioidrezeptoren in Wechselwirkung zu treten. Intravenöse Injektionen der opioiden Peptide führen beim Menschen zu charakteristischen Sekretionsschwankungen der Hypophysenhormone ACTH, LH, FSH, Prolactin und Wachstumshormon. Injektionen in die verschiedenen Hirnventrikel wirken dagegen schmerzlindernd. Trotz dieser interessanten Beobachtungen sind wir noch weit davon entfernt, die Rolle der opioiden Peptide für die Regulation der Hirnfunktion zu verstehen.

## Hirnpeptide in Hülle und Fülle

Mit der Isolierung der Hypothalamuspeptide TRH, LHRH und Somatostatin sowie der endogenen opioiden Peptide mußten die bisherigen Vorstellungen über die Botenstoffe des Gehirns weitgehend revidiert werden. Vor diesen revolutionären Entdeckungen waren nur einige wenige Typen neuraler Botenstoffe in unser Blickfeld gelangt. In erster Linie handelte es sich um die klassischen Neurotransmitter, die in Nervenzellen gebildet werden und der Informationsübertragung zwischen benachbarten Neuronen dienen. Zahlenmäßig war es eine kleine Kollektion von Substanzen wie Acetylcholin, Noradrenalin, Dopamin und Serotonin, die alle auf enzymatischem Wege aus einfachen Vorstufen entstehen.

Diese sogenannten Amine werden in den Nervenendigungen gespeichert und aufgrund einlaufender Erregungen ausgeschüttet, um in Nervenimpulsen verschlüsselte Information auf benachbarte Nervenzellen zu übertragen. Später entdeckte man, daß auch einfache Aminosäuren wie Glycin, Gamma-Aminobuttersäure (GABA) und Glutaminsäure als Neurotransmitter dienen können. Jene Handvoll Amine und Aminosäuren galt so lange als alleinige Grundlage der neuralen Erregungsübertragung, bis die Entdeckung der Neuropeptide das klassische Konzept völlig über den Haufen warf.

Um hypothalamische und opioide Peptide nachzuweisen, hatte man im Laufe der Zeit Verfahren entwickelt, die mit Antikörpern oder chemischen Farbstoffen als Markern arbeiteten. Dadurch war es möglich geworden, diesen Substanzen auch in ungewöhnlichen Regionen des Nervensystems und anderswo im Körper nachzuspüren. Die ersten Neuronen, die man als Peptidfabriken enttarnte, waren jene Nervenzellen des Hypothalamus, die Vasopressin und Oxytocin herstellen. Nach der Synthese in den Zellkörpern dieser auffällig großen Neuronen werden die Peptidhormone in Granula verpackt, entlang des Axons zu den in der Neurohypophyse gelegenen Endknöpfen transportiert und dort bis zur Abgabe an das Blut gespeichert. Vasopressin bewirkt in der Niere die Rückresorption des Wassers aus dem Primärharn, während Oxytocin Uteruskontraktionen auslöst. Kürzlich hat man sogar überraschend festgestellt, daß einige der vasopressinhaltigen Hypothalamusneuronen ihre Axone ins Zentralnervensystem entsenden, wo sie im Thalamus und anderen Bereichen des Hirnstammes sowie im Rückenmark enden. Vasopressin kann also als Hormon fungieren, wenn die Axone zur Neurohypophyse laufen, und als Neurotransmitter, wenn die Axone mit anderen Nervenzellen im Gehirn oder im Rückenmark in Kontakt treten. Die Natur hat hier dasselbe Peptid als Wirkstoff in beiden Kommunikationsnetzen ausgewählt.

Außer den Vasopressin und Oxytocin produzierenden Neuronen weist der Hypothalamus noch andere Nervenzellen auf, die Peptide synthetisieren. Alle hypothalamischen Peptide, die die Hormonsekretion der Adenohypophyse kontrollieren, werden in den Zellkörpern von Neuronen gebildet, die in verschiedenen Hypothalamusregionen liegen. Diese Peptide werden an den Axonendigungen in das Blut des Pfortadersystems ausgeschüttet, das sich im oberen Bereich des Hypophysenstiels befindet, und dann zur Adenohypophyse transportiert. Dort treten sie mit jenen Zellen in Wechselwirkung, die die Hypophysenhormone ACTH, TSH, LH, FSH, Wachstumshormon und Prolactin herstellen.

Eines der Schlüsselereignisse, die uns in das Zeitalter der Neuropeptide katapultiert haben, war die Leistung von Schally und Guillemin, die als erstes Releasing-Hormon des Hypothalamus das TRH isolierten. Die TRH-Story war jedoch mit dieser aufregenden Entdeckung noch nicht zu Ende. Mit neu entwickelten, hochempfindlichen Tests spürte man TRH nämlich auch in anderen Hirnregionen auf. Tatsächlich sind etwa 80 Prozent des TRH im Rattengehirn außerhalb des Hypothalamus zu finden. Das gleiche Verteilungsmuster gilt auch für die TRH-Rezeptoren. Was zunächst als ein Peptid erschien, das lediglich in Hypothalamusneuronen zur Regulation der TSH-Sekretion hergestellt wird, hat sich schließlich bei näherem Betrachten als ein weitaus vielseitigerer Faktor entpuppt.

Das überall im Gehirn anzutreffende TRH erfüllt bei einer Vielzahl von Neuronen zweifellos die Aufgabe eines Neurotransmitters. Möglicherweise ist es an der Regulation von Hunger und verschiedenen Gemütszuständen beteiligt, doch wissen wir gegenwärtig noch nichts Genaues über seine Funktion im Gehirn. TRH gehört zu den Peptiden mit einer Doppelfunktion: Als Hormon kontrolliert es die Hypophysenzellen, und als Neurotransmitter steuert es die Erregungszustände von Gehirnneuronen.

Mit der Entdeckung des Somatostatins durch Guillemin und seine Mitarbeiter war die Theorie von einer hypothalamischen Kontrolle der Hypophyse endgültig bestätigt worden. Doch keiner hätte sich zum damaligen Zeitpunkt träumen lassen, daß sich das Somatostatin als ein allgegenwärtiger Botenstoff herausstellen würde, der an den verschiedensten Stellen im Körper anzutreffen ist. Die in Hypothalamusneuronen aus 14 Aminosäuren synthetisierte Verbindung ist ein Alleskönner unter den Peptiden. Bei der Adenohypophyse als Zielorgan hemmt Somatostatin die Sekretion von Wachstumshormon. Bei den Gehirnneuronen außerhalb des Hypothalamus dient es höchstwahrscheinlich als Neurotransmitter; nachgewiesen ist es außerdem in afferenten Nerven des Rückenmarks. Ferner kommt es in Magen und Darm vor, wo es die Gastrinausschüttung hemmt, sowie in der Bauchspeicheldrüse, wo es die Sekretion von Insulin und Glucagon unterbindet. Somatostatin fungiert also als Hypothalamushormon, als Neurotransmitter und im Falle der Bauchspeicheldrüse als „parakriner" Regulator, der die Hormonsekretion direkt benachbarter Alpha- und Beta-Zellen hemmt. Die Evolution hat damit eine Substanz geschaffen, die sich aufgrund ihrer Funktionsvielfalt für ein weites Spektrum von regulatorischen Zwecken einsetzen läßt.

Dieser außergewöhnliche Zusammenschluß von Hormonsystem und Nervensystem, die man ursprünglich als voneinander völlig unabhängige Kontrollsysteme betrachtet hatte, verdeutlicht einmal mehr das Wirtschaftlichkeitsprinzip der Natur. Die Enkephaline und ihre Rezeptoren sind in Gehirn, Rückenmark und Darmsystem weit verbreitet. Da es sich bei den Enkephalinen um körpereigene Opioide handelt, findet man enkephalinhaltige Neuronen, wie zu erwarten, besonders reichlich in jenen Regionen des Nervensystems, die im Dienste der Schmerzwahrnehmung stehen. Die Neuronen, die Enkephaline als Neurotransmitter einsetzen, hemmen Nervenzellen, die für die Schmerzleitung von den Schmerzrezeptoren zum Rückenmark und zum Gehirn verantwortlich sind. Ähnliche enkephalinhaltige Nervenbahnen befinden sich auch in Hirnregionen, die den Gemütszustand regulieren, sowie in Zentren des Hirnstammes, die die Atmung kontrollieren. Die enkephalinhaltigen Nervenzellen im Darmsystem scheinen dagegen die Kontraktionsbereitschaft der Muskulatur zu beeinflussen. Diese Befunde stimmen sehr gut mit den wohlbekannten klinischen Beobachtungen überein, daß Morphin und andere Opiate gleichzeitig Schmerzen lindern, Euphorien hervorrufen und zu schweren Verstopfungen und Atembeschwerden führen können.

Somatostatin und die Enkephaline sind jedoch nicht die einzigen Peptide, die in Gehirn und Darmsystem sowohl als Hormon wie auch als Neurotransmitter in Erscheinung treten. In beiden Organsystemen hat man etliche solcher Peptide mit potentieller Doppelfunktion entdeckt (siehe Tabelle 10.1). Diese Peptide tragen so ungewöhnliche Bezeichnungen wie Substanz P, Bombesin, VIP, Neurotensin und CCK-8. Sicherlich sind sie nur der erste Schwung einer ganzen Ladung von Peptiden, die im einzelnen noch aufgespürt werden müssen. Einige Wissenschaftler schätzen, daß im Gehirn etwa 200 Peptide die Aufgabe von Neurotransmittern erfüllen. Wie groß ihre Zahl auch tatsächlich sein mag – mehr als die 20 bis 30 bereits identifizierten Peptide werden es bestimmt sein.

Bei Untersuchungen über die Verteilung von Acetylcholin in verschiedenen Geweben des Pferdes stießen von Euler und Gaddum auf eine neue Verbindung; sie kam besonders reichlich in Hirn- und Darmgewebe vor und wirkte bei Kaninchen blutdrucksenkend und auf die Darmmuskulatur kontraktionsfördernd. Vierzig Jahre später lag diese als Substanz P bezeichnete Verbindung in reiner Form vor: Es handelt sich um ein Peptid aus elf Aminosäuren. Dieser im peripheren und zentralen Nervensystem weit verbreitete Wirkstoff scheint an Nervenprozessen beteiligt zu sein, die Schmerzwahrnehmung und Gemütszustände regulieren.

Eine ähnliche Verteilung wie die Enkephaline und Substanz P zeigt auch das Neurotensin. Diese Verbindung wurde erstmals 1973 im Verlauf einer Reinigung von Substanz P isoliert. Neurotensin ist ein Peptid aus 13 Aminosäuren, das bei Ratten blutdrucksenkend und auf Darmgewebe von Meerschweinchen kontraktionsfördernd wirkt. Seine Verteilung im Gehirn ähnelt auffallend derjenigen der Enkephaline, obwohl diese beiden Substanzen offensichtlich in verschiedenen Neuronen lokalisiert sind. Die Schmerzlinderung durch Neurotensin läßt sich durch den Morphinantagonisten Naloxon nicht aufheben, so daß anzunehmen ist, daß die Schmerzbahnen spezifische Rezeptoren für Neurotensin besitzen. Trotz der Ähnlichkeit dieses im ganzen Nervensystem vorkommenden Peptids mit Substanz P und den Enkephalinen wissen wir noch nicht genau, welche Funktion es hat.

**Tabelle 10.1: Peptide, die sowohl im Gehirn als auch im Darmsystem vorkommen**

| |
|---|
| Bombesin |
| Cholecystokinin-Octapeptid (CCK-8) |
| Glucagon |
| Insulin |
| Leu-Enkephalin |
| Met-Enkephalin |
| Neurotensin |
| Substanz P |
| vasoaktives Intestinalpolypeptid (VIP) |

Verschiedene Peptide, die ursprünglich als verdauungsfördernde Hormone des Dünndarmes entdeckt worden waren, hat man vor kurzem auch im Gehirn nachgewiesen. Das vasoaktive Intestinalpolypeptid, kurz VIP genannt, wurde 1970 erstmals isoliert; es besteht aus 28 Aminosäuren und besitzt eine ganz ähnliche Struktur wie Sekretin und Glucagon. VIP hat ein breites Wirkungsspektrum: Unter anderem senkt es durch Gefäßerweiterung den Blutdruck, fördert die Bildung von Glucose aus Glykogen, steigert die Sekretionsleistung des Darmsystems und der Bauchspeicheldrüse und hemmt die Ausschüttung von Magensäure. VIP ist im gesamten Magen-Darm-Trakt zu finden, und kürzlich hat man es auch in Neuronen des Gehirns entdeckt. Dort kommt es hauptsächlich in der Großhirnrinde vor, wo es offenbar die zu vertikalen Säulen angeordneten Nervenzellen in der äußeren Rindenzone aktiviert. Neben seiner Rolle als blutdruckregulierendes und Verdauungsfunktionen kontrollierendes Hormon scheint VIP zumindest bei der Großhirnrinde auch eine Neurotransmitterfunktion zu erfüllen.

Cholecystokinin (CCK) ist ein weiteres Peptidhormon, das man zunächst im Dünndarm entdeckt und später auch im Gehirn nachgewiesen hat. Es besteht aus 33 Aminosäuren und verdankt seinen Namen der Tatsache, daß es die Gallenblase (*Cholecystis*) zu Kontraktionen anregt. Als Hormon ist es dazu bestimmt, die Verdauung zu fördern, indem es neben der Gallenblase auch die Bauchspeicheldrüse stimuliert, Verdauungssäfte in den Dünndarm auszuschütten. Während das in den Epithelzellen des Dünndarmes gebildete CCK aus 33 Aminosäuren besteht, geht die im Gehirn nachgewiesene CCK-Aktivität ausschließlich auf CCK-8 zurück, ein Peptid, dessen Acht-Aminosäuren-Sequenz im Carboxylende von CCK-33 enthalten ist. CCK-8 kommt überall im Nervensystem vor, etwa in der Großhirnrinde, im Hypothalamus, im Hirnstamm und in afferenten Nerven des Rückenmarks. Zusammen mit VIP scheint es das einzige Hirnpeptid der Großhirnrinde (Cortex) zu sein; es übt dort eine starke erregende Wirkung auf corticale Neuronen aus. Einiges spricht dafür, daß CCK-8 bei Tieren eine wichtige Rolle bei der Kontrolle des Freßverhaltens spielt.

Bombesin ist ein Peptid aus 14 Aminosäuren, das ursprünglich aus der Haut der Rotbauchunke (*Bombina bombina*) isoliert wurde. Bei einer solch ungewöhnlichen Quelle dachte damals keiner daran, daß diese Verbindung auch als Neuropeptid bei Säugetieren vorkommen könnte. Es stellte sich jedoch heraus, daß Bombesin bei verschiedenen Säugetierarten die Sekretion von Magensäure und Bauchspeicheldrüsenenzymen anregt sowie kontraktionsfördernd auf die Gallenblase wirkt. Eine intravenöse Infusion von Bombesin läßt beim Menschen die Konzentration von Insulin, Glucagon, CCK, Gastrin und anderen Hormonen im Blut ansteigen. Mit Hilfe von Antikörpern gegen Bombesin ist es gelungen, dieses Peptid in Gehirn, Lunge und Magen-Darm-Trakt nachzuweisen. Injiziert man Bombesin in das Gehirn von Ratten, sinkt deren Körpertemperatur. Bombesin oder bombesinähnliche Peptide scheinen demnach ein breites Wirkungsspektrum zu besitzen; zu ihren zahlreichen Zielorganen gehören auch das Gehirn und das Verdauungssystem.

Begonnen hat die Neuropeptidrevolution mit der Isolierung von Vasopressin und Oxytocin, die in Hypothalamusneuronen synthetisiert und in der Neurohypophyse gespeichert werden. Mit der Entdeckung von TRH, LHRH und Somatostatin erweiterte sich das Bild: Peptide aus dem Hypothalamus kontrollieren Synthese und Ausschüttung der Adenohypophysenhormone. Die Identifizierung der Enkephaline schließlich hat uns dazu verholfen, die Tür ins Innere des Gehirns aufzustoßen, wo man inzwischen zahlreiche verschiedene Peptide als potentielle Neurotransmitter ausfindig gemacht hat. Daß im Gehirn endogene Opioide vorkommen, hatte man zwar für wahrscheinlich gehalten, doch kaum jemand hätte sich träumen lassen, daß man auch Peptide wie Bombesin, Insulin, VIP, TRH und CCK-8 ebenfalls im Gehirn aufspüren würde und damit die traditionellen Vorstellungen von der Physiologie der Hirnneuronen über Bord werfen mußte.

Damit sind wir fast am Schluß angelangt. Nachdem wir das unendlich erscheinende Labyrinth der Botenstoffe Schritt für Schritt erschlossen und uns erfolgreich durch einen wahren Dschungel von Hormonen und Neurotransmittern gekämpft haben, können wir uns getrost zurücklehnen, ein paar Spinnweben von unserer Großhirnrinde abschütteln und das ganze Bild noch einmal kurz an uns vorüberziehen lassen.

Kehren wir zurück in die Zeit vor Jahrmilliarden, als völliges Chaos auf der Erde herrschte (manche dürften darin keinen großen Unterschied zu heute sehen). Aus einem Meer einfacher Atome und Moleküle begann damals lebende Materie aufzutauchen und sich zu einzelligen Lebewesen zu formieren. Schon früh erschienen dann Botenstoffe auf der Bildfläche, um die Kommunikation zwischen einzelnen Zellen zu erleichtern. Die Koordination verschiedener Vorgänge erhöhte die Überlebenschancen in einer Welt, in der täglich um das Überleben gerungen werden mußte. Der Verlauf der Evolution der Botenstoffe von den einfachsten Lebewesen bis zum Menschen zeigt, daß viele wertvolle Peptide jahrmilliardenlang mit erstaunlich wenig Veränderungen erhalten geblieben sind. Sie haben ihren Weg in alle Ecken und Winkel des Körpers gefunden, die Kontrollfunktionen ausüben: in die Großhirnrinde, den Hypothalamus, den Magen-Darm-Trakt und sicher noch viele bislang nicht in Betracht gezogene Körperregionen.

Diese Boten des Lebens sind nicht von heute auf morgen aus dem Nichts entstanden. Die Natur hat sich vielmehr Zeit gelassen und lange an ihrem Werk herumgebastelt, indem sie hier ein Stückchen und dort ein Stückchen aufhob und zu einem harmonisch gestalteten Flickenmuster zusammenfügte. Aus den Peptiden von Bakterien und anderen niederen Lebewesen sind nach und nach ähnliche Peptide in den Hormondrüsen und im Nervensystem der höheren Organismen hervorgegangen. Als die Evolution den Meißel ansetzte, um ihr einzigartiges Machwerk herauszuarbeiten, wurden einfache Signale zu komplexen Signalen. Keiner weiß, was die Evolution in Zukunft noch alles hervorbringen wird, doch eines ist sicher: Welche Lebensformen sie auch immer kreiert, sie werden – langsam und ohne exakten Plan – aus den Überbleibseln von heute entstehen.

Im Moment können wir nichts anderes tun, als den Atem anzuhalten und die Dinge, wie sie heute existieren, weiter zu erforschen. Dieses Streben nach Erkenntnis wird uns sicher helfen, die Funktionsweise des menschlichen Gehirns besser zu verstehen, und uns hoffentlich auch erfolgreichere Behandlungsmöglichkeiten für jene Gehirnerkrankungen erschließen, unter denen wir Menschen seit alters her zu leiden haben. Man stelle sich eine Welt vor, in der die Behandlung von Krankheiten wie Schizophrenie, psychogene Depression und Alzheimer-Syndrom kein Problem mehr ist! In dem erstaunlichen Labyrinth von Botenstoffen liegt also eine gewisse Hoffnung für die Zukunft – falls wir gewillt sind, die Herausforderung anzunehmen, und uns mit Elan auf die vor uns liegenden Forschungsaufgaben stürzen.

# Literatur


**Die Evolution von Botenstoffen**

Bayliss, W. M.; Starling, E. H. *The Mechanism of Pancreatic Secretion.* In: *Journal of Physiology (London).* Bd. 28 (1902) S. 325–353.

Dickerson, R. E. *Chemical Evolution and the Origin of Life.* In: *Scientific American.* Bd. 239 (1978) S. 70–86.

Jacob, F. *Evolution and Tinkering.* In: *Science.* Bd. 196 (1977) S. 1161–1166. (Siehe auch: Jacob, F. *Das Spiel der Möglichkeiten.* München (Piper) 1983.)

Martin, C. J. *Ernest Henry Starling – Life and Work.* In: *British Medical Journal.* Bd. 1 (1927) S. 900–904.

Medvei, V. C. *A History of Endocrinology.* Lancaster (MTP Press) 1982. (Dieses Werk wurde im gesamten Buch als Quelle für historische Informationen benutzt.)

Roth, J.; LeRoith, D.; Shiloach, J.; et al. *The Evolutionary Origins of Hormones, Neurotransmitters, and Other Extracellular Chemical Messengers.* In: *New England Journal of Medicine.* Bd. 306 (1982) S. 523–527.

Schaefer, E. A. *Internal Secretions.* In: *Lancet.* Bd. 2 (1895) S. 321–324.

Starling, E. H. *The Chemical Correlation of the Functions of the Body.* In: *Lancet.* Bd. 2 (1905) S. 339–341.

Sutherland, E. W. *Studies on the Mechanism of Hormone Action.* In: *Science.* Bd. 177 (1972) S. 401–408.

Thomas, L. *Das Leben überlebt. Geheimnis der Zellen.* München (Goldmann) 1985. S. 30–35. (Originalausgabe: *The Lives of a Cell: Notes of a Biology Watcher.* New York (Bantam Books) 1975.)

Wilson, E. O. *Pheromones.* In: *Scientific American.* Bd. 208 (1963) S. 100–114.

Yalow, R. S. *Radioimmunoassay: A Probe for the Fine Structure of Biologic Systems.* In: *Science.* Bd. 200 (1978) S. 1236–1245.

**Über Hormone und anderes**

Catt, K. J.; Dufau, M. L. *Hormone Action: Control of Target-Cell Function by Peptide, Thyroid, and Steroid Hormones.* In: Felig, P.; Baxter, J. D.; Broadus, A. E.; et al. (Hrsg.). *Endocrinology and Metabolism.* San Francisco (McGraw-Hill) 1981. S. 61–105.

Federman, D. D. *General Principles of Endocrinology.* In: Williams, R. H. (Hrsg.). *Textbook of Endocrinology.* Philadelphia (Saunders) 1981. S. 1–14.

Habener, J. F. *Hormone Biosynthesis and Secretion.* In: Felig, P.; Baxter, J. D.; Broadus, A. E.; et al. (Hrsg.). *Endocrinology and Metabolism.* San Francisco (McGraw-Hill Book Company) 1981. S. 29–59.

Roth, J.; Grunfeld, C. *Endocrine Systems: Mechanisms of Disease, Target Cells, and Receptors.* In: Williams, R. H. (Hrsg.). *Textbook of Endocrinology.* Philadelphia (Saunders) 1981. S. 15–72.

**Eine Million Schweine**

Guillemin, R.; Brazeau, P.; Bohlen, P.; et al. *Growth Hormone-Releasing Factor from a Human Pancreatic Tumor that Caused Acromegaly.* In: *Science.* Bd. 218 (1982) S. 585–587.

Guillemin, R.; Burgus, R. *The Hormones of the Hypothalamus.* In: *Scientific American.* Bd. 227 (1972) S. 24–33.

Harris, G. W. *Humours and Hormones.* In: *Journal of Endocrinology.* Bd. 53 (1972) S. II–XXII.

Harris, G. W. *Neural Control of the Pituitary Gland.* London (Arnold) 1955.

Krieger, D. T.; Hughes, J. C. (Hrsg.). *Neuroendocrinology.* Sutherland, Mass. (Sinauer) 1980.

Meites, J.; Donovan, B. T.; McCann, S. M. (Hrsg.). *Pioneers in Neuroendocrinology.* New York (Plenum Press) 1965. (Dieses Buch enthält mehrere kurze Artikel über die Regulation der Hypophyse durch den Hypothalamus, die von aktiv an der Grundlagenforschung beteiligten Wissenschaftlern verfaßt wurden, darunter Schally und Guillemin.)

Rivier, J.; Spiess, J.; Thorner, M.; et al. *Characterization of a Growth Hormone-Releasing Factor from a Human Pancreatic Islet Tumor.* In: *Nature.* Bd. 300 (1982) S. 276–278.

Schally, A. V.; Arimura, A.; Kastin, A. J. *Hypothalamic Regulatory Hormones.* In: *Science.* Bd. 179 (1973) S. 341–350.

Vale, W.; Spiess, J.; Rivier, C.; et al. *Characterization of a 41 Residue Ovine Hypothalamic Peptide that Stimulates Secretion of Corticotropin and β-Endorphin.* In: *Science.* Bd. 213 (1981) S. 1394–1397.

Wade, N. *The Nobel Duel: Two Scientists' 21-Year Race to Win the World's Most Coveted Research Prize.* Garden City/New York (Anchor Press/Doubleday) 1981. (Ein spannendes Buch über den Wettlauf zwischen Schally und Guillemin, die beide die Struktur von Hypothalamushormonen aufzuklären versuchten. Viele Details ihrer enormen Forschungsbemühungen sind diesem Buch entnommen.)

**Die Superdrüse**

Brownstein, M. J.; Russell, J. T.; Gainer, H. *Synthesis, Transport, and Release of Posterior Pituitary Hormones.* In: *Science.* Bd. 207 (1980) S. 373–378.

Greep, R. O. *History of Research on Anterior Hypophysical Hormones.* In: Geiger, S. R. (Hrsg.). *Handbook of Physiology.* Sektion 7, Bd. IV, Teil 2. Washington, D. C. (American Physiological Society) 1974. S. 1–28.

Heller, H. *History of Neurophysical Research.* In: Geiger, S. R. (Hrsg.). *Handbook of Physiology.* Sektion 7, Bd. IV, Teil 1. Washington, D. C. (American Physiological Society) 1974. S. 103–118.

Major, R. H. *Classic Description of Disease.* 3. Aufl. Springfield, Ill. (Thomas) 1945.

**Der geheimnisvolle Zapfen**

Cardinali, D. P. *Melatonin: A Mammalian Pineal Hormone.* In: *Endocrine Reviews.* Bd. 2 (1981) S. 327–346.

McCord, C. P.; Allen, F. P. *Evidences Associating Pineal Gland Function with Alterations in Pigmentation.* In: *Journal of Experimental Zoology.* Bd. 23 (1917) S. 207–224.

Neuwelt, E. A.; Lewy, A. J. *Disappearance of Plasma Melatonin after Removal of a Neoplastic Pineal Gland.* In: *New England Journal of Medicine.* Bd. 308 (1983) S. 1132–1135.

Preslock, J. P. *The Pineal Gland: Basic Implications and Clinical Correlations.* In: *Endocrine Reviews.* Bd. 5 (1984) S. 282–308.

Reiter, R. J. *The Pineal and Its Hormones in the Control of Reproduction in Mammals.* In: *Endocrine Reviews.* Bd. 1 (1980) S. 109–131.

Wurtman, R. J. *The Pineal as a Neuroendocrine Transducer.* In: *Hospital Practice.* Bd. 15 (1980) S. 82–92.

Wurtman, R. J.; Axelrod, J. *The Pineal Gland.* In: *Scientific American.* Bd. 213 (1965) S. 2–12.

Wurtman, R. J.; Moskowitz, M. A. *The Pineal Organ.* In: *New England Journal of Medicine.* Bd. 296 (1977) S. 1329–1333, 1383–1386.

**Es ist ein Mädchen!**

Crawford, J. D. *It's a Boy?* In: *New England Journal of Medicine.* Bd. 291 (1974) S. 976 f.

Federman, D. D. *Abnormal Sexual Development.* Philadelphia (Saunders) 1967.

Federman, D. D. *His and Hers.* In: *New England Journal of Medicine.* Bd. 290 (1974) S. 1137.

Haseltine, F. P.; Ohno, S. *Mechanisms of Gonadal Determination and Gametogenesis.* In: *Science.* Bd. 211 (1981) S. 1272–1278.

Imperato-McGinley, J.; Peterson, R. E.; Gautier, T.; et al. *Androgens and the Evolution of Male-Gender Identity among Male Pseudohermaphrodites with 5α-Reductase Deficiency.* In: *New England Journal of Medicine.* Bd. 300 (1979) S. 1233–1277.

Jost, A. *Problems of Fetal Endocrinology: The Gonadal and Hypophyseal Hormones.* In: *Recent Progress in Hormone Research.* Bd. 8 (1953) S. 379–418.

Levine, S. *Sexual Differentiation: The Development of Maleness and Femaleness.* In: *Western Journal of Medicine.* Bd. 114 (1971) S. 12–17.

Naftolin, F. *Understanding the Bases of Sex Differences.* In: *Science.* Bd. 211 (1981) S. 1263f.

Wilson, J. D.; George, F. W.; Griffin, J. E. *The Hormonal Control of Sexual Development.* In: *Science.* Bd. 211 (1981) S. 1278–1284.

Wilson, J. D.; Griffin, J. E.; Leshin, M.; et al. *The Androgen Resistance Syndromes: 5α-Reductase Deficiency, Testicular Feminization, and Related Disorders.* In: Stanbury, J. B; Wyngaarden, J. B.; Fredrickson, D. S.; et al. (Hrsg.). *The Metabolic Basis of Inherited Disease.* 5. Aufl. San Francisco (McGraw-Hill) 1983. S. 1001–1026.

**Riesen und Zwerge**

Bergland, R. M. *New Information Concerning the Irish Giant.* In: *Journal of Neurosurgery.* Bd. 23 (1965) S. 265–269.

Daughaday, W. H. *Extreme Gigantism.* In: *New England Journal of Medicine.* Bd. 297 (1977) S. 1267–1269.

Friesen, H. G. *Raben Lecture 1980: A Tale of Stature.* In: *Endocrine Reviews.* Bd. 1 (1980) S. 309–318.

Hintz, R. L.; Wilson, D. M.; Finno, J.; et al. *Biosynthetic Methionyl Human Growth Hormone Is Biologically Active in Adult Man.* In: *Lancet.* Bd. 1 (1982) S. 1276–1279.

Laron, Z. *Syndrome of Familial Dwarfism and High Plasma Immunoreactive Growth Hormone.* In: *Israel Journal of Medical Science.* Bd. 10 (1974) S. 1247–1253.

Marimee, T. J.; Zapf, J.; Froesch, E. R. *Dwarfism in the Pigmy: An Isolated Deficiency of Insulin-like Growth Factor I.* In: *New England Journal of Medicine.* Bd. 305 (1981) S. 965–968.

Phillips, L. S.; Vassilopoulou-Sellin, R. *Somatomedins.* In: *New England Journal of Medicine.* Bd. 302 (1980) S. 371–380, 438–444.

Rudman, D.; Kutner, M. H.; Blackston, R. D.; et al. *Children with Normal-Variant Short Stature: Treatment with Human Growth Hormone for Six Months.* In: *New England Journal of Medicine.* Bd. 305 (1981) S. 123–131.

Van Wyk, J. J.; Underwood, L. E. *Growth Hormone, Somatomedins, and Growth Failure.* In: *Hospital Practice.* Bd. 13 (1978) S. 57–67.

**Eine Therapie aus Toronto**

Bliss, M. *The Discovery of Insulin.* Chicago (University Press) 1982.

Burrow, G. N.; Hazlett, B. E.; Phillips, M. J. *A Case of Diabetes Mellitus.* In: *New England Journal of Medicine.* Bd. 306 (1982) S. 340–343.

Cahill, G. F. *Metabolic Fuels.* In: *Anesthesia Analgesia Current Research.* Bd. 44 (1965) S. 478 bis 486.

Cahill, G. F. *Starvation in Man.* In: *New England Journal of Medicine.* Bd. 282 (1970) S. 668–675.

Kerndt, P. R.; Naughton, J. L.; Driscoll, C. E.; et al. *Fasting: The History, Pathophysiology, and Complications.* In: *Western Journal of Medicine.* Bd. 137 (1982) S. 379–399.

Medvei, V. C. *A History of Endocrinology.* Lancaster, England (MTP Press) 1982, S. 454–470.

Orci, L.; Unger, R. H. *Functional Subdivision of Islets of Langerhans and Possible Role for D Cells.* In: *Lancet.* Bd. 2 (1975) S. 1243 f.

**Gebeine und Steine**

Albright, F. *A Page Out of the History of Hyperparathyroidism.* In: *Journal of Clinical Endocrinology and Metabolism.* Bd. 8 (1948) S. 637–657.

Baur, W.; Federman, D. D. *Hyperparathyroidism Epitomized: The Case of Captain Charles E. Martell.* In: *Metabolism.* Bd. 11 (1962) S. 21–29.

DeLuca, H. F. *The Vitamin D Hormonal System: Implications for Bone Diseases.* In: *Hospital Practice.* Bd. 15 (1980) S. 57–63.

Haussler, M. R.; McCain, T. A. *Basic and Clinical Concepts Related to Vitamin D Metabolism and Action.* In: *New England Journal of Medicine.* Bd. 297 (1977) S. 794–831, 1041–1050.

Kodicek, E. *The Story of Vitamin D from Vitamin to Hormone.* In: *Lancet.* Bd. 1 (1974) S. 325–329.

**Die Neuropeptidrevolution**

Goldstein, A. *Opioid Peptides (Endorphins) in Pituitary and Brain.* In: *Science.* Bd. 193 (1976) S. 1081–1086.

Hughes, J.; Smith, T. W.; Kosterlitz, H. W.; et al. *Identification of Two Related Pentapeptides from the Brain with Potent Opiate Agonist Activity.* In: *Nature.* Bd. 258 (1975) S. 577–579.

Kosterlitz, H. W.; McKnight, A. T. *Endorphins and Enkephalins.* In: *Advances in Internal Medicine.* Bd. 26 (1980) S. 1–36.

Krieger, D. T.; Liotta, A. S. *Pituitary Hormones: Where, How, Why?* In: *Science.* Bd. 205 (1979) S. 366–372.

Krieger, D. T.; Martin, J. B. *Brain Peptides.* In: *New England Journal of Medicine.* Bd. 304 (1981) S. 876–885, 944–951.

Snyder, S. H. *Brain Peptides as Neurotransmitters.* In: *Science.* Bd. 209 (1980) S. 976–983.

Snyder, S. H. *Opiate Receptors and Internal Narcotics.* In: *Scientific American.* Bd. 236 (1977) S. 44–56.

*Brain Peptides – New Synaptic Messengers?* In: *Lancet.* Bd. 2 (1980) S. 895 f.

*Endogenous Opiates and Their Actions.* In: *Lancet.* Bd. 2 (1982) S. 305–307.

**Ergänzende deutschsprachige Literatur**

*Endokrinologie I–III.* In: Gauer, O. H.; Kramer, K.; Jung, R. (Hrsg.). *Physiologie des Menschen.* Bd. 18–20. München (Urban & Schwarzenberg) 1977.

Faber, H. v.; Haid, H. *Endokrinologie. Biochemie und Physiologie der Hormone.* 3. Aufl. Stuttgart (UTB) 1980.

Hanke, W. *Biologie der Hormone.* Heidelberg (Quelle und Meyer) 1982.

Klein, E.; Reinwein, D. *Klinische Endokrinologie.* Stuttgart (Schattauer) 1978.

Malkinson, A. M. *Wirkungsmechanismen der Hormone.* Stuttgart (G. Fischer) 1977.

Marks, F. *Molekulare Biologie der Hormone.* Stuttgart (UTB) 1979.

Reinboth, R. *Vergleichende Endokrinologie.* Stuttgart (Thieme) 1980.

Träger, L. *Steroidhormone. Biosynthese, Stoffwechsel, Wirkung.* Berlin/Heidelberg/New York (Springer) 1977.

Ziegler, R. *Endokrinologie. Kurzgefaßte Pathophysiologie und Klinik endokrinologischer Erkrankungen.* Stuttgart (G. Fischer) 1976.

# Quellen

Das im folgenden angegebene Bild- und Textmaterial wurde mit freundlicher Genehmigung der aufgeführten Personen und Institutionen verwendet.

Titelbild: Dr. Heinz Bosshard, EMBL, Heidelberg; mit Daten der Brookhaven Protein Data Bank, nach Smith, J. D. et al. *The Structure of Des-Phe B1 Bovine Insulin.* In: *Acta Crystallogr. Sect. B* 38 (1982) S. 3028.

Zitat Seite 1: Jacob, F. *Evolution and Tinkering.* In: *Science* 196 (1977) S. 1164. Copyright © 1977 bei AAAS.

Zitat Seite 7: Martin, C. J. *Ernest Henry Starling – Life and Work.* In: *British Medical Journal* 1 (1927) S. 902.

Zitat Seite 14: Thomas, L. *Das Leben überlebt. Geheimnis der Zellen.* München (Goldmann) 1985, S. 31 f.

Bilder 2.3 und 2.4: Haebner, J.; Potts, J. *Biosynthesis of Parathyroid Hormone.* In: *New England Journal of Medicine* 299 (1978) S. 582 und S. 636.

Bild 4.2: Pergamonmuseum, Berlin/DDR.

Bild 4.3: Evans, H. et al. *The Growth and Gonad-Stimulating Hormones of the Anterior Hypophysis.* In: *Memoirs of the University of California.* Bd. II. Berkeley (University of California Press) 1933.

Bild 5.4: Wurtman, R. J. *The Effects of Light on the Human Body.* In: *Scientific American* 233 (1975) S. 71.

Bild 5.5: Reiter, R. *The Pineal and Its Hormones in the Control of Reproduction in Mammals.* In: *Endocrine Reviews* 1 (1980) S. 122.

Bild 5.6: Neuwelt, E.; Lewy, A. *The Disappearence of Plasma Melatonin after Removal of a Neoplastic Pineal Gland.* In: *New England Journal of Medicine* 308 (1983) S. 1134.

Bild 6.1: Stanford Medical Center, Cytogenetics Laboratory.

Bild 6.2: Giffin, J. E.; Wilson, J. D. *The Syndromes of Androgen Resistance.* In: *New England Journal of Medicine* 302 (1980) S. 1278.

Bilder 6.3 und 6.4: Wilson, J. D. et al. *The Hormonal Control of Sexual Development.* In: *Science* 211 (1981) S. 1279. Copyright © 1981 bei AAAS.

Bild 6.5: Giffin, J. E.; Wilson, J. D. *The Syndromes of Androgen Resistance.* In: *New England Journal of Medicine* 302 (1980) S. 1278.

Bild 7.1: Daughaday, W. H. *Extreme Gigantism.* In: *New England Journal of Medicine* 297 (1977) S. 1267.

Bild 7.2: Behrens, L. H.; Barr, D. P. *Hyperpituitarism Beginning in Infancy.* In: *Endocrinology* 16 (1932) S. 125.

Bilder 7.3 und 7.4: The President and Council of the Royal College of Surgeons of England.

Bild 7.5: Rimoin, D; Horton, W. *Short Stature.* In: *The Journal of Pediatrics* 92 (1978) S. 523.

Bild 8.1: Bliss, M. *The Discovery of Insulin.* Chicago (University Press) 1981.

Bild 8.2: *F. G. Banting Papers.* Thomas Fisher Rare Book Library, University of Toronto.

Tabelle 8.1: Cahill, G. F. *Starvation in Man.* In: *New England Journal of Medicine* 282 (1970) S. 669.

Tabelle 8.2: Kerndt, P. R. et al. *Fasting: The History, Pathophysiology, and Complications.* In: *Western Journal of Medicine* 137 (1982) S. 385.

Bild 9.1: Albright, F. *Hyperparathyroidism.* In: *The Journal of Clinical Endocrinology* 8 (1948) S. 653.

Bilder 10.1 bis 10.3: Nach Snyder, S. H. *Opiate Receptors and Internal Opiates.* In: *Scientific American* 236 (1977) S. 46 und S. 52.

Bild 10.4: Nach Marx, J. L. *Synthesizing the Opioid Peptides.* In: *Science* 220 (1983) S. 395. Copyright © 1983 bei AAAS.

# Index

## R



## S



## T



## U



## V

Originaltitel:
Hormones
The messengers of life
Aus dem Amerikanischen übersetzt von Dr. Ingrid Horn

CIP-Kurztitelaufnahme der Deutschen Bibliothek

**Crapo, Lawrence:**
Hormone: d. chem. Boten d. Körpers / Lawrence Crapo. [Aus d. Amerikan. übers. von Ingrid Horn.] – 3. Aufl. 1988. – Heidelberg: Spektrum-der-Wiss.-Verlagsgesellschaft.
Einheitssacht.: Hormones, messengers of life ⟨dt.⟩
ISBN 3-922508-15-4


Amerikanische Erstausgabe bei W. H. Freeman and Company
New York und Oxford

3. Auflage 1988



Lektorat: Frank Wigger

Produktion: Karin Kern

Umschlaggestaltung: Henri Wirthner

Gesamtherstellung: Colordruck Kurt Weber GmbH, 6906 Leimen